初めて学ぶ人のための
行列と行列式
［改訂版］

石黒賢士・桑江一洋・佐野友二
白石修二・藤木淳・宮内敏行
共著

JN001918

培風館

まえがき

　本書は「初めて学ぶ人のための行列と行列式」の改訂版である．高等学校の新学習指導要領においてベクトルの扱いが変更されるため，導入部分を容易に理解できるよう記述することに努めた．実際に授業で使うことを目的としているため，学生にとって読みやすいことと教員が指導するのに分量として適当であることを考慮し，週1回90分授業で，前期14回で第Ⅰ部の第1章から第3章まで，後期14回で第Ⅱ部の第4章から第6章までが対象となるように構成した．理論の応用となる第6章については大幅に書き換えているが，それ以外の章は適切な修正に留めている．加えて多くの付録部分はオンライン対応とすることでスリム化されている．

　本書で取り扱っている内容の概略を述べる．大学初年次教育のため，抽象的な線形代数の議論はできるだけ行わず，実際の計算を通して行列と行列式について基礎的な内容をわかりやすく記述することに努め，引き続き全体を通して説明はおもに2次と3次の行列を用いて行っている．第Ⅰ部は，行列や行列式の基礎理論を扱う．まず第1章で，平面ベクトルや空間ベクトルを含む初等的な内容に加え行列に関する基本的な定義と性質を学ぶ．第2章で行列を用いた連立1次方程式の解法を習得した後，背景となる理論を学ぶ．第3章ではおもに3次の行列式の理論を学ぶが，2次の行列式についても述べている．4次以上の行列式については付録の部分に記述した．第Ⅱ部の目標は，行列の対角化とその応用である．まず第4章で，数ベクトル空間に関する基礎的な事項から始め，その後の内容は，全体として，2次と3次の行列について述べている．固有値と固有ベクトルの定義と性質を理解した後，第5章で行列の対角化の具体的な方法を学ぶ．おもに3次の行列について対角化可能の条件を調べる．第6章では行列の理論のいくつかの応用にふれている．発展的な内容であるため補足的に活用されることを望む．

　演習問題は数値が複雑になりすぎないよう配慮し，解きやすい問題を精選している．章末問題については難易度別に問題 A と問題 B の 2 種類に分けた．また，本書には定義された内容の幾何的な意味を考えることができるように図形を用いた説明もある．行列と行列式について学び線形性に関するさまざまな性質を理解することにより，線形代数学への入門となるような記述も試みた．

　本書の改訂にあたって，多くの先生方に貴重なご意見をお寄せいただきましたことに心より感謝申し上げますとともに，お気づきの点がございましたら今後ともご教示いただけますようお願い申し上げます．

　　2022 年 10 月

著 者 一 同

目　　次

第 II 部　固有値と対角化　　　　　　　　　　　　91

第 4 章　固有値と固有ベクトル ………………………………… 93

第 5 章　行列の対角化 ……………………………………………… 116

第 6 章　行列の多項式と指数関数 ……………………………… 142

第 III 部　付　　録　　　　　171

第Ⅰ部

行列と行列式の性質

第**1**章　ベクトルと行列

　本章では，まず高校で学んだベクトルについて復習する．おもに平面ベクトルと空間ベクトルの和や実数 (スカラー) 倍，成分表示，そして内積の性質などを中心に，一般の n 次元ベクトルを考察する．その後，ベクトルの概念を一般化したものである行列について，その計算 (四則演算) や基礎的な性質を学び，最後に幾何学的な応用として行列を図形移動の表現に用いる．

1.1　ベクトルの性質

　矢印で向きをつけた線分 PQ を有向線分といい，点 P を**始点**とし，点 Q を**終点** という．有向線分で，その位置を問題にしないで向きと大きさだけを考えたとき，これをベクトルといい $\overrightarrow{\mathrm{PQ}}$ で表す (図 1.1)．

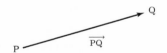

図 1.1　点 P をベクトルの始点，点 Q をベクトルの終点という

　高校ではベクトルを表すのに，$\vec{a}$, $\vec{b}$ などを用いたが，本書ではおもに太字の小文字 $\boldsymbol{a}$, $\boldsymbol{b}$ などを用いる．大きさが等しく方向が同じ 2 つのベクトル $\boldsymbol{a}$ と $\boldsymbol{b}$ は**等しい**といい，$\boldsymbol{a} = \boldsymbol{b}$ で表す (図 1.2)．

図 1.2　$\boldsymbol{a} = \boldsymbol{b}$ のとき，$\boldsymbol{a}$ と $\boldsymbol{b}$ は平行で長さが等しい

　大きさが 0 のベクトルも考え，それを**零ベクトル**といい，$\overrightarrow{0}$ または $\boldsymbol{0}$ で表す．ただし，零ベクトルについてはその方向は考えないものとする．

　始点 P と終点 Q が一致するときは $\overrightarrow{PP}$ は零ベクトルである．つまり $\overrightarrow{PP}$ $= \boldsymbol{0}$ である．

　ベクトル $\boldsymbol{a}$ と大きさが等しく方向が逆であるベクトルを $-\boldsymbol{a}$ で表す (図 1.3).

図 1.3　$\boldsymbol{a}$ と $-\boldsymbol{a}$ は平行で長さが等しい

　2 つのベクトル $\boldsymbol{a}$ と $\boldsymbol{b}$ の和は $\boldsymbol{a} = \overrightarrow{AB}$，$\boldsymbol{b} = \overrightarrow{BC}$ としたとき $\overrightarrow{AC}$ のことである (図 1.4).

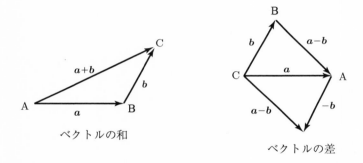

ベクトルの和

ベクトルの差

図 1.4　ベクトルの和と差は上の図のように図示される

　2 つのベクトル $\boldsymbol{a}$，$\boldsymbol{b}$ に対し $\boldsymbol{a} + (-\boldsymbol{b})$ を $\boldsymbol{a} - \boldsymbol{b}$ と書き，$\boldsymbol{a}$ から $\boldsymbol{b}$ を引いた**差**という．$\boldsymbol{a} = \overrightarrow{CA}$，$\boldsymbol{b} = \overrightarrow{CB}$ とするとき

$$\boldsymbol{a} - \boldsymbol{b} = \boldsymbol{a} + (-\boldsymbol{b}) = (-\boldsymbol{b}) + \boldsymbol{a} = \overrightarrow{BC} + \overrightarrow{CA} = \overrightarrow{BA}$$

である (図 1.4).

　正の定数 k に対し，$k\boldsymbol{a}$ は大きさが $\boldsymbol{a}$ の k 倍で $\boldsymbol{a}$ と同じ方向のベクトルであると定める．負の定数 k に対しては，$k\boldsymbol{a}$ は大きさが $\boldsymbol{a}$ の $(-k)$ 倍で $\boldsymbol{a}$ と逆方向のベクトルであると定める．さらに，$k = 0$ のとき，$0\boldsymbol{a} = \boldsymbol{0}$ とする．

　まず，図 1.5 のように図示される平面上の点について考えよう．

　平面上の点 P は x 座標と y 座標を用いて，$P\begin{pmatrix} x \\ y \end{pmatrix}$ または $P(x, y)$ と表され

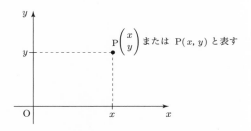

図 1.5 平面上の点の座標

る．高校では平面上の点は $P(x, y)$ で表されることが多いが，本書では，行列による変換を考える場合に扱いやすいように $P\begin{pmatrix} x \\ y \end{pmatrix}$ で表す．

点 A の座標が $\begin{pmatrix} a_1 \\ a_2 \end{pmatrix}$ のとき，平面上のベクトル $\boldsymbol{a} = \overrightarrow{\mathrm{OA}}$ を $\boldsymbol{a} = \begin{pmatrix} a_1 \\ a_2 \end{pmatrix}$ と表し，$\boldsymbol{a}$ の**成分表示**という．空間内のベクトルは x-成分，y-成分，z-成分を用いて $\boldsymbol{a} = \begin{pmatrix} a_1 \\ a_2 \\ a_3 \end{pmatrix}$ と表すことができる．これを空間ベクトルの**成分表示**という (図 1.6)．

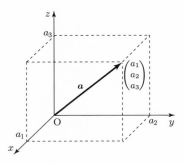

図 1.6 空間ベクトルは成分を用いて表示される

ベクトル $\boldsymbol{a} = \begin{pmatrix} a_1 \\ a_2 \\ a_3 \end{pmatrix}$ の**大きさ**を $|\boldsymbol{a}|$ で表すと $|\boldsymbol{a}| = \sqrt{a_1^2 + a_2^2 + a_3^2}$ である．

一般に，n 次元ベクトル $\boldsymbol{a} = \begin{pmatrix} a_1 \\ a_2 \\ \vdots \\ a_n \end{pmatrix}$ に対し，$|\boldsymbol{a}| = \sqrt{a_1^2 + a_2^2 + \cdots + a_n^2}$ が成

り立つ．

また，n 次元ベクトル $\boldsymbol{a} = \begin{pmatrix} a_1 \\ a_2 \\ \vdots \\ a_n \end{pmatrix}$，$\boldsymbol{b} = \begin{pmatrix} b_1 \\ b_2 \\ \vdots \\ b_n \end{pmatrix}$ に対し，次式が成立する．

ここで，k は任意の実数である．

$$\boldsymbol{a} + \boldsymbol{b} = \begin{pmatrix} a_1 \\ a_2 \\ \vdots \\ a_n \end{pmatrix} + \begin{pmatrix} b_1 \\ b_2 \\ \vdots \\ b_n \end{pmatrix} = \begin{pmatrix} a_1 + b_1 \\ a_2 + b_2 \\ \vdots \\ a_n + b_n \end{pmatrix}, \qquad k\,\boldsymbol{a} = k \begin{pmatrix} a_1 \\ a_2 \\ \vdots \\ a_n \end{pmatrix} = \begin{pmatrix} ka_1 \\ ka_2 \\ \vdots \\ ka_n \end{pmatrix}$$

成分がすべて実数である n 次列ベクトルを **n 次実列ベクトル**という．

1.2　ベクトルの内積とその計算公式

ここでは，2 次と 3 次のベクトルの**内積** (inner product) の基本的な性質といくつかの応用を考える．内積は，2 つのベクトル $\boldsymbol{a}$ と $\boldsymbol{b}$ に対して，$\langle \boldsymbol{a}, \boldsymbol{b} \rangle$ で与えられる数値 (スカラー) を対応させる積なので**スカラー積** (scalar product) ともよばれている．

平面ベクトルの内積

平面上の 2 つのベクトル $\boldsymbol{a}$ と $\boldsymbol{b}$ のなす角とは，$\boldsymbol{a}$ と $\boldsymbol{b}$ の始点を同じ点にとったとき，$\boldsymbol{a}$ と $\boldsymbol{b}$ のなす角のことである．図 1.7 では $\boldsymbol{a}$ と $\boldsymbol{b}$ のなす角は θ である (θ は $-\pi < \theta \leqq \pi$ の範囲で考える)．

零ベクトルでない 2 つのベクトル $\boldsymbol{a}$ と $\boldsymbol{b}$ のなす角が θ のとき，$\boldsymbol{a}$ と $\boldsymbol{b}$ の内積 $\langle \boldsymbol{a}, \boldsymbol{b} \rangle$ を

$$\langle \boldsymbol{a}, \boldsymbol{b} \rangle = |\boldsymbol{a}||\boldsymbol{b}| \cos \theta$$

と定める．また，$\boldsymbol{a} = \boldsymbol{0}$ または $\boldsymbol{b} = \boldsymbol{0}$ のときは，$\langle \boldsymbol{a}, \boldsymbol{b} \rangle = 0$ とする．ここで，$|\boldsymbol{a}|$ はベクトル $\boldsymbol{a}$ の**大きさ** (長さ) を表す．

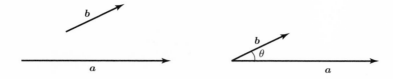

図 1.7 左の 2 つのベクトルの始点を重ねると右のようになる

注意. 2 つのベクトル a と b の内積を表す記号として，上で定義した $\langle a, b \rangle$ の他に (a, b) や $a \cdot b$ や $(a \mid b)$ などの記号が用いられる．本によって異なる記号を使っていても，それらは内積の記号として使っている限り同じ意味であることに注意しておこう．つまり

$$\langle a, b \rangle = (a, b) = a \cdot b = (a \mid b)$$

なのである．高校の教科書では，内積の記号として $a \cdot b$ を用いることが多いが，実際は，専門書などでは，さまざまな記号が内積を表す記号として用いられていることを知っておいてほしい．

例 1.2.1. $a \neq 0$ かつ $b \neq 0$ のとき，$\langle a, b \rangle = 0$ ならば a と b のなす角 θ はどうなるか調べよ．

[解] $\langle a, b \rangle = |a||b| \cos \theta = 0$ とすると $|a| \neq 0$ かつ $|b| \neq 0$ より $\cos \theta = 0$ である．ゆえに，$\theta = \dfrac{\pi}{2}$（または $\theta = -\dfrac{\pi}{2}$）である．逆に，$\theta = \dfrac{\pi}{2}$（または $\theta = -\dfrac{\pi}{2}$）のとき，$\langle a, b \rangle = |a||b| \cos \left(\pm \dfrac{\pi}{2} \right) = 0$ であるので，次のことがわかる． □

$a \neq 0$ かつ $b \neq 0$ のとき

$\langle a, b \rangle = 0 \iff a \perp b$ （a と b は垂直である）

平面ベクトルの成分表示と内積

平面上の 2 つのベクトル $a = \begin{pmatrix} a_1 \\ a_2 \end{pmatrix}$ と $b = \begin{pmatrix} b_1 \\ b_2 \end{pmatrix}$ に対して，内積 $\langle a, b \rangle$ を求めてみよう．図 1.8 の三角形に余弦定理を適用すると

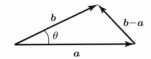

図 1.8 余弦定理を適用してみよう

$$|\boldsymbol{b} - \boldsymbol{a}|^2 = |\boldsymbol{a}|^2 + |\boldsymbol{b}|^2 - 2|\boldsymbol{a}||\boldsymbol{b}|\cos\theta$$

である．ここで，$|\boldsymbol{a}|^2 = a_1^2 + a_2^2$，$|\boldsymbol{b}|^2 = b_1^2 + b_2^2$ であることに注意しよう．また，$\boldsymbol{b} - \boldsymbol{a} = \begin{pmatrix} b_1 \\ b_2 \end{pmatrix} - \begin{pmatrix} a_1 \\ a_2 \end{pmatrix} = \begin{pmatrix} b_1 - a_1 \\ b_2 - a_2 \end{pmatrix}$ なので

$$|\boldsymbol{b} - \boldsymbol{a}|^2 = (b_1 - a_1)^2 + (b_2 - a_2)^2$$

である．したがって

$$(b_1 - a_1)^2 + (b_2 - a_2)^2 = a_1^2 + a_2^2 + b_1^2 + b_2^2 - 2|\boldsymbol{a}||\boldsymbol{b}|\cos\theta$$

である．上式を整理すると

$$|\boldsymbol{a}||\boldsymbol{b}|\cos\theta = a_1 b_1 + a_2 b_2$$

となる．このことから，次の定理が得られる．

定理 1.2.2. $\boldsymbol{a} = \begin{pmatrix} a_1 \\ a_2 \end{pmatrix}$，$\boldsymbol{b} = \begin{pmatrix} b_1 \\ b_2 \end{pmatrix}$ のとき，$\boldsymbol{a}$ と $\boldsymbol{b}$ の内積は次で与えられる．

$$\langle \boldsymbol{a}, \boldsymbol{b} \rangle = a_1 b_1 + a_2 b_2$$

●問 **1.2.3.** $\boldsymbol{a} = \begin{pmatrix} 2 \\ 3 \end{pmatrix}$，$\boldsymbol{b} = \begin{pmatrix} 3 \\ 1 \end{pmatrix}$ のとき，$\boldsymbol{a}$ と $\boldsymbol{b}$ の内積を求めよ．

●問 **1.2.4.** 零ベクトルでない 2 つのベクトル $\boldsymbol{a} = \begin{pmatrix} a_1 \\ a_2 \end{pmatrix}$ と $\boldsymbol{b} = \begin{pmatrix} b_1 \\ b_2 \end{pmatrix}$ のなす角を θ とするとき，$\cos\theta$ を a_1, a_2, b_1, b_2 を用いて表せ．

空間ベクトルの内積

平面ベクトルの場合と同じように，2 つの空間ベクトル $\boldsymbol{a}$ と $\boldsymbol{b}$ のなす角とは，$\boldsymbol{a}$ と $\boldsymbol{b}$ の始点を同じ点にとったとき，$\boldsymbol{a}$ と $\boldsymbol{b}$ のなす角のことである．$\boldsymbol{a}$

と $\boldsymbol{b}$ のなす角 θ は $-\pi < \theta \leqq \pi$ の範囲で考える.

零ベクトルでない2つの空間ベクトル $\boldsymbol{a}$ と $\boldsymbol{b}$ のなす角が θ のとき, $\boldsymbol{a}$ と $\boldsymbol{b}$ の内積 $\langle \boldsymbol{a}, \boldsymbol{b} \rangle$ を

$$\langle \boldsymbol{a}, \boldsymbol{b} \rangle = |\boldsymbol{a}||\boldsymbol{b}| \cos \theta$$

と定める. また, $\boldsymbol{a} = \boldsymbol{0}$ または $\boldsymbol{b} = \boldsymbol{0}$ のときは, $\langle \boldsymbol{a}, \boldsymbol{b} \rangle = 0$ とする. 空間ベクトルに対しても, $\boldsymbol{a} \neq \boldsymbol{0}$ かつ $\boldsymbol{b} \neq \boldsymbol{0}$ とするとき, $\langle \boldsymbol{a}, \boldsymbol{b} \rangle = 0$ は2つのベクトルが垂直 ($\boldsymbol{a} \perp \boldsymbol{b}$) であるための必要十分条件である. 平面ベクトルの場合と同様の理由で, 次の定理が得られる.

定理 1.2.5. $\boldsymbol{a} = \begin{pmatrix} a_1 \\ a_2 \\ a_3 \end{pmatrix}$, $\boldsymbol{b} = \begin{pmatrix} b_1 \\ b_2 \\ b_3 \end{pmatrix}$ のとき, $\boldsymbol{a}$ と $\boldsymbol{b}$ の内積は次で与えられる.

$$\langle \boldsymbol{a}, \boldsymbol{b} \rangle = a_1 b_1 + a_2 b_2 + a_3 b_3$$

●**問 1.2.6.** $\boldsymbol{a} = \begin{pmatrix} 1 \\ 2 \\ 3 \end{pmatrix}$, $\boldsymbol{b} = \begin{pmatrix} 3 \\ -3 \\ 1 \end{pmatrix}$ のとき, $\boldsymbol{a}$ と $\boldsymbol{b}$ の内積を求めよ.

●**問 1.2.7.** 零ベクトルでない2つのベクトル $\boldsymbol{a} = \begin{pmatrix} a_1 \\ a_2 \\ a_3 \end{pmatrix}$ と $\boldsymbol{b} = \begin{pmatrix} b_1 \\ b_2 \\ b_3 \end{pmatrix}$ のなす角を θ とするとき, $\cos\theta$ を $a_1, a_2, a_3, b_1, b_2, b_3$ を用いて表せ.

一般に, n 次元ベクトルの内積は次のように定義される.

定義 1.2.8. n 次実列ベクトル $\boldsymbol{a} = \begin{pmatrix} a_1 \\ a_2 \\ \vdots \\ a_n \end{pmatrix}$ と $\boldsymbol{b} = \begin{pmatrix} b_1 \\ b_2 \\ \vdots \\ b_n \end{pmatrix}$ に対して, $\boldsymbol{a}$ と $\boldsymbol{b}$ の内積 (inner product) を

$$\langle \boldsymbol{a}, \boldsymbol{b} \rangle = a_1 b_1 + a_2 b_2 + \cdots + a_n b_n$$

で定義する.

次の計算公式が成り立つことが知られている.

定理 1.2.9. $\boldsymbol{a}$, $\boldsymbol{b}$, $\boldsymbol{a}_1$, $\boldsymbol{a}_2$ を n 次実列ベクトルとし, k を実数とする. このとき, 次が成り立つ.

(1) $\langle \boldsymbol{a}, \boldsymbol{a} \rangle \geqq 0$ で, $\langle \boldsymbol{a}, \boldsymbol{a} \rangle = 0$ となるのは, $\boldsymbol{a} = \boldsymbol{0}$ となるときに限る.

(2) $\langle \boldsymbol{a}_1 + \boldsymbol{a}_2, \boldsymbol{b} \rangle = \langle \boldsymbol{a}_1, \boldsymbol{b} \rangle + \langle \boldsymbol{a}_2, \boldsymbol{b} \rangle$, $\langle k\boldsymbol{a}, \boldsymbol{b} \rangle = k\langle \boldsymbol{a}, \boldsymbol{b} \rangle$

(3) $\langle \boldsymbol{a}, \boldsymbol{b} \rangle = \langle \boldsymbol{b}, \boldsymbol{a} \rangle$

2 次と 3 次の零ベクトルでない 2 つのベクトル $\boldsymbol{a}$ と $\boldsymbol{b}$ に対して, $\boldsymbol{a}$ と $\boldsymbol{b}$ の内積が 0 となるとき, $\boldsymbol{a}$ と $\boldsymbol{b}$ は直交するのであった. また, $\sqrt{\langle \boldsymbol{a}, \boldsymbol{a} \rangle}$ はベクトル $\boldsymbol{a}$ の長さを表し, $|\boldsymbol{a}|$ と書いた. そこで, 一般の n 次元ベクトルに対しても次のように定義する.

定義 1.2.10. n 次実列ベクトル $\boldsymbol{a}$ と $\boldsymbol{b}$ に対して, 零ベクトルでない 2 つのベクトル $\boldsymbol{a}$ と $\boldsymbol{b}$ の内積が 0 となるとき, $\boldsymbol{a}$ と $\boldsymbol{b}$ は**直交**するという. また, $\sqrt{\langle \boldsymbol{a}, \boldsymbol{a} \rangle}$ を $|\boldsymbol{a}|$ と書き, ベクトル $\boldsymbol{a}$ の**長さ**という.

●**問 1.2.11.** ベクトル $\boldsymbol{a} = \begin{pmatrix} 1 \\ -1 \\ 0 \\ 1 \end{pmatrix}$ と $\boldsymbol{b} = \begin{pmatrix} 0 \\ 2 \\ 1 \\ -1 \end{pmatrix}$ に対して, それぞれの

長さと内積を求めよ.

1.3 行列とベクトル

いくつかの数を長方形または正方形に並べたもの, 例えば,

$$\begin{pmatrix} 3 & 5 \\ 7 & 2 \end{pmatrix}, \ \begin{pmatrix} 8 & 1 \end{pmatrix}, \ \begin{pmatrix} \dfrac{\sqrt{3}}{2} & \dfrac{-1}{2} \\ \dfrac{1}{2} & \dfrac{\sqrt{3}}{2} \end{pmatrix}, \ \begin{pmatrix} 1 & 2 & 3 \\ 4 & 5 & 6 \end{pmatrix}, \ \begin{pmatrix} 2 \\ 4 \\ 8 \end{pmatrix}, \ \begin{pmatrix} 1 & 2 & 3 \\ 4 & 5 & 6 \\ 7 & 8 & 9 \end{pmatrix}$$

などを**行列**という. これは, すでに学習している数やベクトルの概念を一般化したものである. 平面ベクトルや空間ベクトルの成分表示は, 行列の特別の場合と考えることができる. 行列の重要な応用としては, 連立 1 次方程式の解法やベクトルの 1 次変換などがあげられる.

定義 1.3.1. mn 個の数 a_{ij} (ただし, $1 \leqq i \leqq m$ かつ $1 \leqq j \leqq n$) を次のように縦 m, 横 n の長方形に並べたものを m 行 n 列の**行列** (matrix), または $m \times n$ 行列または (m, n) 行列という.

$$\begin{pmatrix} a_{11} & a_{12} & \dots & a_{1n} \\ a_{21} & a_{22} & \dots & a_{2n} \\ \vdots & \vdots & \ddots & \vdots \\ a_{m1} & a_{m2} & \dots & a_{mn} \end{pmatrix}$$

a_{ij} を行列の (i, j) **成分**または (i, j) **要素**という.

$(a_{i1},\ a_{i2},\ \cdots, a_{in})$ を**第 i 行**, $\begin{pmatrix} a_{1j} \\ a_{2j} \\ \vdots \\ a_{mj} \end{pmatrix}$ を**第 j 列**という. 行または列をそ

れぞれベクトルとみなして, **行ベクトル**, **列ベクトル**とよぶ.

行列は通常 A, B, C などの大文字で表す. 行列を $A = (a_{ij})$, $B = (b_{ij})$, $C = (c_{ij})$ のように略記することもある.

$n \times n$ 行列を n 次の**正方行列**または $\boldsymbol{n}$ 次の行列または $\boldsymbol{n}$ 次行列という.

1 次の行列 (a) は括弧を省略して単に, a と書くことがある.

例 1.3.2. 次のように, 数 a_{11}, a_{12}, a_{21}, a_{22} を正方形に並べたものが **2 次**の行列である.

$$\begin{pmatrix} a_{11} & a_{12} \\ a_{21} & a_{22} \end{pmatrix}$$

それぞれの行と列には, 第 1 行, 第 2 行, 第 1 列, 第 2 列と名前がついている.

例 1.3.3. $A = \begin{pmatrix} 1 & 2 \\ 1 & 0 \end{pmatrix}$, $B = \begin{pmatrix} 1 & 2 & 3 \\ 4 & 5 & 6 \end{pmatrix}$, $C = \begin{pmatrix} 1 & 2 \\ 3 & 4 \\ 5 & 6 \end{pmatrix}$ とする. A

は 2×2 行列,すなわち,2 次の正方行列である.B は 2×3 行列,C は 3×2 行列である.行列 B において,$(1, 2, 3)$ と $(4, 5, 6)$ が行 (行ベクトル) であり,$\begin{pmatrix} 1 \\ 4 \end{pmatrix}, \begin{pmatrix} 2 \\ 5 \end{pmatrix}, \begin{pmatrix} 3 \\ 6 \end{pmatrix}$ が列 (列ベクトル) である.なお,誤解のない場合は,行ベクトルを $(1 \ \ 2 \ \ 3)$ や $(4 \ \ 5 \ \ 6)$ のようにコンマをつけずに書くこともある.つまり $(1 \ \ 2 \ \ 3)$ と $(1, 2, 3)$ は同じ行ベクトルを表すと理解しておこう.

数の組である行列やベクトルに対し,単なる数のことをスカラーとよぶ.

また,$1 \times n$ 行列を n 次行ベクトル,$m \times 1$ 行列を m 次列ベクトルという.

m 行 n 列の行列を $m \times n$ 型行列または (m, n) 型行列ともいう.行列 A と B の行数と列数がそれぞれ等しいとき,A と B は同じ型であるという.

●問 **1.3.4.** 次の行列の型は何か.

(1) $\begin{pmatrix} 1 & 2 & 3 \end{pmatrix}$ (2) $\begin{pmatrix} 1 \\ 2 \\ 3 \end{pmatrix}$ (3) $\begin{pmatrix} 1 & 2 & 3 \\ 4 & 5 & 6 \\ 7 & 8 & 9 \end{pmatrix}$

2 つの行列 A, B は型が同じで,かつ対応する成分がすべて等しいとき等しい (相等) と定義する.

●問 **1.3.5.** 行列 $A = \begin{pmatrix} a & c \\ b & d \end{pmatrix}$ と $B = \begin{pmatrix} b & d \\ c & a^3 \end{pmatrix}$ が等しいとき,a の値を求めよ.

●問 **1.3.6.** 2 つの 2×3 行列 $A = (a_{ij})$, $B = (b_{ij})$ に対して,行列の相等 $A = B$ を成分を用いた式で書け.

1.4 行列の計算

同じ型の行列に対して,加法と減法を定義する.また,行列のスカラー乗法 (定数倍) を定義することができる.さらに,本質的に新しい演算として,行列の乗法を定義する.

1. 加法 (和) と減法 (差)   加法は各行列の対応する成分どうしを足す.$A = (a_{ij})$, $B = (b_{ij})$ に対して,加法を $A + B = (a_{ij} + b_{ij})$ と定める.例

えば，3次の行列 $A = \begin{pmatrix} a_{11} & a_{12} & a_{13} \\ a_{21} & a_{22} & a_{23} \\ a_{31} & a_{32} & a_{33} \end{pmatrix}$, $B = \begin{pmatrix} b_{11} & b_{12} & b_{13} \\ b_{21} & b_{22} & b_{23} \\ b_{31} & b_{32} & b_{33} \end{pmatrix}$ に対して，

$$A + B = \begin{pmatrix} a_{11} + b_{11} & a_{12} + b_{12} & a_{13} + b_{13} \\ a_{21} + b_{21} & a_{22} + b_{22} & a_{23} + b_{23} \\ a_{31} + b_{31} & a_{32} + b_{32} & a_{33} + b_{33} \end{pmatrix}$$

である．また，減法は $A - B = (a_{ij} - b_{ij})$ と定める．

  2. スカラー乗法   任意の数 c と行列 $A = (a_{ij})$ に対して，$cA = (ca_{ij})$ と定義する．すなわち，行列のすべての成分をスカラー倍するのである．例えば，3次の行列の場合は，

$$cA = c \begin{pmatrix} a_{11} & a_{12} & a_{13} \\ a_{21} & a_{22} & a_{23} \\ a_{31} & a_{32} & a_{33} \end{pmatrix} = \begin{pmatrix} ca_{11} & ca_{12} & ca_{13} \\ ca_{21} & ca_{22} & ca_{23} \\ ca_{31} & ca_{32} & ca_{33} \end{pmatrix}$$

  3. 乗法 (積) $m \times n$ 行列 A と $n \times l$ 行列 B の乗法は次で定義する．

$$C = AB = (c_{ik}) \quad (1 \leqq i \leqq m,\ 1 \leqq k \leqq l)$$

ただし，$c_{ik} = a_{i1}b_{1k} + a_{i2}b_{2k} + \cdots + a_{in}b_{nk} = \sum_{j=1}^{n} a_{ij}b_{jk}$ とする．すなわち，行列の積 AB の (i, k) 成分は A の第 i 行ベクトルと B の第 k 列ベクトルの内積である．

  積 AB は A の列の個数と B の行の個数が一致するときのみ定義される．
3次の行列の場合は次のようになる．

$$AB = \begin{pmatrix} a_{11} & a_{12} & a_{13} \\ a_{21} & a_{22} & a_{23} \\ a_{31} & a_{32} & a_{33} \end{pmatrix} \begin{pmatrix} b_{11} & b_{12} & b_{13} \\ b_{21} & b_{22} & b_{23} \\ b_{31} & b_{32} & b_{33} \end{pmatrix}$$

$$= \begin{pmatrix} a_{11}b_{11}+a_{12}b_{21}+a_{13}b_{31} & a_{11}b_{12}+a_{12}b_{22}+a_{13}b_{32} & a_{11}b_{13}+a_{12}b_{23}+a_{13}b_{33} \\ a_{21}b_{11}+a_{22}b_{21}+a_{23}b_{31} & a_{21}b_{12}+a_{22}b_{22}+a_{23}b_{32} & a_{21}b_{13}+a_{22}b_{23}+a_{23}b_{33} \\ a_{31}b_{11}+a_{32}b_{21}+a_{33}b_{31} & a_{31}b_{12}+a_{32}b_{22}+a_{33}b_{32} & a_{31}b_{13}+a_{32}b_{23}+a_{33}b_{33} \end{pmatrix}$$

例 **1.4.1.**　2 次の行列の和，差，スカラー倍，積を計算してみよう．

$$\begin{pmatrix} 3 & 1 \\ 4 & 1 \end{pmatrix} + \begin{pmatrix} 2 & 0 \\ 0 & 3 \end{pmatrix} = \begin{pmatrix} 5 & 1 \\ 4 & 4 \end{pmatrix}, \quad \begin{pmatrix} 4 & 1 \\ 3 & 4 \end{pmatrix} - \begin{pmatrix} 3 & 1 \\ 3 & 3 \end{pmatrix} = \begin{pmatrix} 1 & 0 \\ 0 & 1 \end{pmatrix},$$

$$2\begin{pmatrix} 2 & 3 \\ 1 & 3 \end{pmatrix} = \begin{pmatrix} 4 & 6 \\ 2 & 6 \end{pmatrix},$$

$$\begin{pmatrix} 1 & 3 \\ 2 & 5 \end{pmatrix}\begin{pmatrix} 2 & 1 \\ 0 & 5 \end{pmatrix} = \begin{pmatrix} 1\cdot 2 + 3\cdot 0 & 1\cdot 1 + 3\cdot 5 \\ 2\cdot 2 + 5\cdot 0 & 2\cdot 1 + 5\cdot 5 \end{pmatrix} = \begin{pmatrix} 2 & 16 \\ 4 & 27 \end{pmatrix}$$

●問 **1.4.2.**　(1)　$\begin{pmatrix} 1 & 2 & 3 \end{pmatrix}\begin{pmatrix} 1 & 0 \\ 1 & 1 \\ 0 & 1 \end{pmatrix}$,　$\begin{pmatrix} 2 & 8 & 3 \\ 5 & 0 & 2 \end{pmatrix}\begin{pmatrix} 1 & 2 \\ 4 & 2 \\ 3 & 1 \end{pmatrix}$ を求めよ．

(2)　$A = \begin{pmatrix} 5 & 9 \\ 2 & 6 \\ 0 & 4 \end{pmatrix},\quad B = \begin{pmatrix} 2 & 0 \\ 8 & 2 \\ 7 & 6 \end{pmatrix},\quad C = \begin{pmatrix} 1 & 0 & 1 \\ 3 & 0 & 4 \end{pmatrix}$ とするとき，

$2A - 5B,\ B^2,\ AC,\ CA$ を求めよ．

●問 **1.4.3.**　$A = \begin{pmatrix} \cos\alpha & -\sin\alpha \\ \sin\alpha & \cos\alpha \end{pmatrix},\quad B = \begin{pmatrix} \cos\beta & -\sin\beta \\ \sin\beta & \cos\beta \end{pmatrix}$ に対して，

$AB = \begin{pmatrix} \cos(\alpha+\beta) & -\sin(\alpha+\beta) \\ \sin(\alpha+\beta) & \cos(\alpha+\beta) \end{pmatrix}$ となることを示せ．

例 **1.4.4.**　次のような行列の積も定義できる．ここで，1 次の行列は 1 つの数であるから行列を表す記号 ( ) を省略してよいことに注意しよう．

$$\begin{pmatrix} a & b \end{pmatrix}\begin{pmatrix} p \\ q \end{pmatrix} = ap + bq, \qquad \begin{pmatrix} p \\ q \end{pmatrix}\begin{pmatrix} a & b \end{pmatrix} = \begin{pmatrix} pa & pb \\ qa & qb \end{pmatrix},$$

$$\begin{pmatrix} a_1 & a_2 & \cdots & a_m \end{pmatrix}\begin{pmatrix} b_1 \\ b_2 \\ \vdots \\ b_m \end{pmatrix} = a_1 b_1 + a_2 b_2 + \cdots + a_m b_m$$

●問 **1.4.5.**　次の行列の積を計算せよ．

(1)　$\begin{pmatrix} a & b \\ c & d \end{pmatrix}\begin{pmatrix} p & q \\ r & s \end{pmatrix}$　　　(2)　$\begin{pmatrix} a & b \\ c & d \end{pmatrix}\begin{pmatrix} p \\ r \end{pmatrix}$　　　(3)　$\begin{pmatrix} a & b \end{pmatrix}\begin{pmatrix} p & q \\ r & s \end{pmatrix}$

(4) $\begin{pmatrix} x \\ y \\ z \end{pmatrix} \begin{pmatrix} a & b & c \end{pmatrix}$ (5) $\begin{pmatrix} b_1 \\ b_2 \\ \vdots \\ b_m \end{pmatrix} \begin{pmatrix} a_1 & a_2 & \cdots & a_n \end{pmatrix}$

●問 1.4.6. 次の積を計算せよ.

$$\begin{pmatrix} a & 2 & x \\ b & 5 & y \\ c & 8 & z \end{pmatrix} \begin{pmatrix} 1 \\ 0 \\ 0 \end{pmatrix}, \quad \begin{pmatrix} a & 2 & x \\ b & 5 & y \\ c & 8 & z \end{pmatrix} \begin{pmatrix} 0 \\ 1 \\ 0 \end{pmatrix}, \quad \begin{pmatrix} a & 2 & x \\ b & 5 & y \\ c & 8 & z \end{pmatrix} \begin{pmatrix} 0 \\ 0 \\ 1 \end{pmatrix}$$

$$(1,0,0)\begin{pmatrix} a & 2 & x \\ b & 5 & y \\ c & 8 & z \end{pmatrix}, \quad (0,1,0)\begin{pmatrix} a & 2 & x \\ b & 5 & y \\ c & 8 & z \end{pmatrix}, \quad (0,0,1)\begin{pmatrix} a & 2 & x \\ b & 5 & y \\ c & 8 & z \end{pmatrix}$$

●問 1.4.7. 次の問に答えよ.

(1) $A = \begin{pmatrix} a & 2 & x \\ b & 5 & y \\ c & 8 & z \end{pmatrix}$ に行列 $\begin{pmatrix} 0 & 0 & 1 \\ 0 & 1 & 0 \\ 1 & 0 & 0 \end{pmatrix}$ を右から掛けると,どのような

行列が得られるかを,行列 A と比較して調べよ.また,左から掛けると,どのような行列が得られるか調べよ.

(2) (1)で調べた A の1行と2行を入れ替えるにはどのような行列を,左右どちらから掛ければよいか.また,2列と3列を入れ替えるにはどのような行列を,左右どちらから掛ければよいか.

成分がすべて0の行列を**零行列**といい,型には無関係に O で表す.
次は,2次,3次および 2×3 行列の零行列である.

$$O = \begin{pmatrix} 0 & 0 \\ 0 & 0 \end{pmatrix}, \quad O = \begin{pmatrix} 0 & 0 & 0 \\ 0 & 0 & 0 \\ 0 & 0 & 0 \end{pmatrix}, \quad O = \begin{pmatrix} 0 & 0 & 0 \\ 0 & 0 & 0 \end{pmatrix}$$

行列 A に対して,$A + O = A$, $AO = O$, $OA = O$ が成り立つ.(零行列 O は行列の計算で数の零0に相当する. $a + 0 = a$, $a0 = 0$, $0a = 0$ と比較せよ.)しかし,$A \neq O$ かつ $B \neq O$ であり,積 AB が定義されていても $AB = O$ となることもある.

●**問 1.4.8.**　零行列でない 2 つの 2 次の行列 A, B で，$AB = O$ となる行列 A, B の例を求めよ．(数の計算では，$ab = 0$ ならば $a = 0$ または $b = 0$ となるが，行列の計算ではこのことが成り立つとは限らない．)

　$m \times n$ 行列 A と $n \times l$ 行列 B については，積 AB が定義されるが，積 BA は定義されるとは限らない．AB と BA がともに定義されるためには，$m = l$ でなければならない．また，$m = n = l$ であっても，$AB = BA$(**可換**，または**は交換可能**という) とは限らない．例えば，$A = \begin{pmatrix} 7 & 2 \\ -3 & 4 \end{pmatrix}$, $B = \begin{pmatrix} 4 & 1 \\ 5 & 3 \end{pmatrix}$ のとき，$AB \neq BA$ となる．

●**問 1.4.9.**　上の例の A, B に対して，$AB \neq BA$ であることを確めよ．

●**問 1.4.10.**　AB は定義されるが，BA は定義されない例をあげよ．

　行列の計算に関しては

　　結合法則　　　$(AB)C = A(BC),$
　　左側分配法則　$A(B + C) = AB + AC,$
　　右側分配法則　$(A + B)C = AC + BC$

が成立する．スカラー c に対して，$c(AB) = (cA)B = A(cB)$ が成立する．

●**問 1.4.11.**　$A = \begin{pmatrix} 1 & 3 \\ 0 & 2 \end{pmatrix}$, $B = \begin{pmatrix} 2 \\ 0 \end{pmatrix}$, $C = \begin{pmatrix} 0 \\ 7 \end{pmatrix}$, $D = \begin{pmatrix} 1 \\ 2 \end{pmatrix}$, $F = (1, 3)$ のとき，$AB + AC + AD$,　$BF - CF - DF$ を求めよ．

　A を n 次の行列とする．A のべき (巾，冪) は次のように定義される．

$$A^2 = AA, \quad A^3 = A^2 A, \quad \cdots$$

　例 1.4.12.　行列のべきを計算してみよう．

$$\begin{pmatrix} 1 & 2 \\ 0 & 1 \end{pmatrix}^2 = \begin{pmatrix} 1 & 4 \\ 0 & 1 \end{pmatrix}, \quad \begin{pmatrix} 1 & 2 \\ 0 & 1 \end{pmatrix}^3 = \begin{pmatrix} 1 & 4 \\ 0 & 1 \end{pmatrix} \begin{pmatrix} 1 & 2 \\ 0 & 1 \end{pmatrix} = \begin{pmatrix} 1 & 6 \\ 0 & 1 \end{pmatrix},$$

$$\begin{pmatrix} 2 & 0 \\ 3 & 0 \end{pmatrix}^2 = \begin{pmatrix} 2 & 0 \\ 3 & 0 \end{pmatrix} \begin{pmatrix} 2 & 0 \\ 3 & 0 \end{pmatrix} = \begin{pmatrix} 2^2 & 0 \\ 3 \cdot 2 & 0 \end{pmatrix},$$

$$\begin{pmatrix} 2 & 0 \\ 3 & 0 \end{pmatrix}^3 = \begin{pmatrix} 2^2 & 0 \\ 3 \cdot 2 & 0 \end{pmatrix} \begin{pmatrix} 2 & 0 \\ 3 & 0 \end{pmatrix} = \begin{pmatrix} 2^3 & 0 \\ 3 \cdot 2^2 & 0 \end{pmatrix}$$

例 1.4.13. すべての自然数 n に対して, $\begin{pmatrix} \alpha & 0 \\ 0 & \beta \end{pmatrix}^n = \begin{pmatrix} \alpha^n & 0 \\ 0 & \beta^n \end{pmatrix}$ が成立する.

●**問 1.4.14.** 次の行列の 3 乗を求めよ.

(1) $\begin{pmatrix} a & 0 \\ b & 0 \end{pmatrix}$ 　　　(2) $\begin{pmatrix} \lambda & 1 \\ 0 & \lambda \end{pmatrix}$

●**問 1.4.15.** $A = \begin{pmatrix} 1 & 1 & 1 \\ 0 & 1 & 1 \\ 0 & 0 & 1 \end{pmatrix}$ のとき, A^2, A^3, A^4 を求め, べき乗の一般形 A^n を推測せよ.

指数法則　　正方行列 A とすべての自然数 m, n に対して

$$A^n A^m = A^{n+m}, \qquad (A^n)^m = A^{nm}$$

が成立する. また, 同じ型の正方行列 A, B が

$$AB = BA \text{ をみたせば,} \ (AB)^n = A^n B^n \text{ となる.}$$

●**問 1.4.16.** A, B を同じ型の正方行列とする.

(1) $(A + B)^2$, $(A + B)^3$ を計算せよ.

(2) (**2 項定理**) $AB = BA$ のとき, $(A + B)^2$, $(A + B)^3$ を計算せよ.

次の n 次の正方行列を**単位行列**といい, E_n または E で表す.

$$E = \begin{pmatrix} 1 & 0 & \cdots & 0 \\ 0 & 1 & \cdots & 0 \\ \vdots & \vdots & \ddots & \vdots \\ 0 & 0 & \cdots & 1 \end{pmatrix}$$

単位行列は, 対角線上にすべて 1 が並んでいて, それ以外の成分はすべて 0 である. 対角線上に並んでいる成分を**対角成分**という.

単位行列 E の第 1 列, 第 2 列, $\cdots$, 第 n 列をそれぞれ e_1, e_2, $\cdots$, e_n で表し, **基本単位ベクトル**とよぶ. すなわち

$$e_1 = \begin{pmatrix} 1 \\ 0 \\ 0 \\ \vdots \\ 0 \end{pmatrix}, \quad e_2 = \begin{pmatrix} 0 \\ 1 \\ 0 \\ \vdots \\ 0 \end{pmatrix}, \quad \cdots, \quad e_n = \begin{pmatrix} 0 \\ 0 \\ \vdots \\ 0 \\ 1 \end{pmatrix}$$

である. 単位行列 E のスカラー倍を**スカラー行列**という. 例えば, 3 次の行列の場合,

$$cE = \begin{pmatrix} c & 0 & 0 \\ 0 & c & 0 \\ 0 & 0 & c \end{pmatrix}$$

がスカラー行列である.

n 次の正方行列 A に対して, $AE = EA = A$ が成り立つ. 単位行列は数の計算における掛け算の1に相当する. ($a1 = 1a = a$ と比較せよ.)

任意の n 次ベクトル x についても, $Ex = x$ が成立する.

●**問 1.4.17.** A を n 次の行列, E を n 次の単位行列とするとき, $(A+3E)^2$ と $(A+3E)^3$ を計算せよ.

1.5 　正則行列と逆行列

$A \neq O$ であっても $AX = B$ をみたす X は存在するとは限らない. また, 存在したとしても, 一意とは限らない. 一般に, $AX = B$ と $YA = B$ をみたす X と Y は (どちらとも存在したとしても) 等しいとは限らない.

例 1.5.1. $A = \begin{pmatrix} 1 & 2 \\ 0 & 0 \end{pmatrix}$, $B = \begin{pmatrix} 1 & 2 \\ 3 & 6 \end{pmatrix}$, $X = \begin{pmatrix} x & y \\ z & w \end{pmatrix}$ としたとき, $AX = B$ をみたす解 X は存在しない. AX の $(2,1)$ 成分は 0 であるが B の $(2,1)$ 成分は 3 であるからである. また, $XA = B$ をみたす解 X は無数にある. なぜなら, $x = 1$, $z = 3$, y と w は任意の数として $XA = B$ が成立するからである.

定義 1.5.2. n 次の行列 A に対して, $AX = XA = E_n$ をみたすような X が存在するとき, その X を A の**逆行列**といい, A^{-1} で表す.

逆行列 A^{-1} をもつ行列 A を**正則行列**または**正則**であるという.

2次の正方行列が正則行列であるかどうかの判定と,逆行列を実際に求める公式が次で与えられる.

$A = \begin{pmatrix} a & b \\ c & d \end{pmatrix}$ のとき,A の**行列式** $|A|$ を $|A| = \begin{vmatrix} a & b \\ c & d \end{vmatrix} = ad - bc$ と

定めると次が成り立つ.

$|A| \neq 0$ のとき,A の逆行列が存在して $A^{-1} = \dfrac{1}{|A|} \begin{pmatrix} d & -b \\ -c & a \end{pmatrix}$,

$|A| = 0$ のとき,逆行列は存在しない.

注意. 2次と3次の行列式の性質を第3章で学ぶ.n 次の行列式については,付録を参照すること.

●問 **1.5.3.** $A = \begin{pmatrix} a & b \\ c & d \end{pmatrix}$ のとき,$\begin{pmatrix} a & b \\ c & d \end{pmatrix}\begin{pmatrix} d & -b \\ -c & a \end{pmatrix}$ と $\begin{pmatrix} d & -b \\ -c & a \end{pmatrix}\begin{pmatrix} a & b \\ c & d \end{pmatrix}$
を計算せよ.

●問 **1.5.4.** $A = \begin{pmatrix} 1 & 4 \\ 2 & 7 \end{pmatrix}$ のとき,逆行列 A^{-1} を求めよ.

●問 **1.5.5.** $A = \begin{pmatrix} a & b \\ c & d \end{pmatrix}$, $\boldsymbol{x} = \begin{pmatrix} x \\ y \end{pmatrix}$, $\boldsymbol{b} = \begin{pmatrix} e \\ f \end{pmatrix}$ とする.$|A| = ad - bc \neq 0$
のとき,方程式 $A\boldsymbol{x} = \boldsymbol{b}$ は,ただ1つの解 $\boldsymbol{x} = A^{-1}\boldsymbol{b}$ をもつことを示せ.

逆行列は存在すれば一意的(ただ1つ)である.なぜなら,$AX = XA = E_n$ をみたす X が存在するとき,$AY = YA = E$ をみたす任意の行列 Y に対して,次のようにして,$X = Y$ が導かれるからである.

$$Y = YE = Y(AX) = (YA)X = EX = X$$

定理 1.5.6. (1) A, B が正則ならば,積 AB も正則になり,$(AB)^{-1} = B^{-1}A^{-1}$ である.

(2) A が正則ならば,A^{-1} も正則で,$(A^{-1})^{-1} = A$ である.

[証明] (1) $(B^{-1}A^{-1})AB = B^{-1}(A^{-1}A)B = B^{-1}EB = B^{-1}B = E$ である.同様にして,$AB(B^{-1}A^{-1}) = E$ も得られる.ゆえに,$(AB)^{-1} = $

$B^{-1}A^{-1}$ である.

(2) $A^{-1}A = E = AA^{-1}$ なので $(A^{-1})^{-1} = A$ である.   ■

●問 1.5.7.   次の問に答えよ.

(1) A が正則のとき,$AX = AY$ ならば $X = Y$ となることを示せ.

(2) A が正則のとき,$AX = O$ ならば $X = O$ となることを示せ.

正則行列 A に対して

$$A^0 = E, \quad A^{-m} = (A^{-1})^m = (A^m)^{-1}$$

で零と負のべきを定義する.ただし,m は自然数である.

1.6   いろいろな行列

対角成分以外が 0 である正方行列を**対角行列**という.

例 1.6.1. $\begin{pmatrix} a & 0 & 0 \\ 0 & b & 0 \\ 0 & 0 & c \end{pmatrix}$ は対角行列である.対角成分は a, b, c である.

A, B が n 次の対角行列ならば,$A + B$,AB も対角行列で,$AB = BA$ である.対角行列は,すべての対角成分が 0 でないとき,正則である.

対角線の左下の部分が 0 である行列を**上三角行列**という.対角線の右上の部分が 0 である行列を**下三角行列**という.

例 1.6.2.   3 次の上三角行列は次のようになっている.

$$\begin{pmatrix} a & b & c \\ 0 & d & e \\ 0 & 0 & f \end{pmatrix}$$

A, B が n 次の上三角行列ならば,$A + B$,AB も上三角行列である.下三角行列についても同様のことが成立する.

●問 1.6.3. 次の計算をせよ.

(1) $\begin{pmatrix} a & 0 & 0 \\ 0 & b & 0 \\ 0 & 0 & c \end{pmatrix} \begin{pmatrix} x & 0 & 0 \\ 0 & y & 0 \\ 0 & 0 & z \end{pmatrix}$ (2) $\begin{pmatrix} a & 0 & 0 \\ 0 & b & 0 \\ 0 & 0 & c \end{pmatrix}^n$

(3) $\begin{pmatrix} a & b & c \\ 0 & d & e \\ 0 & 0 & f \end{pmatrix} \begin{pmatrix} x & y & z \\ 0 & w & u \\ 0 & 0 & v \end{pmatrix}$ (4) $\begin{pmatrix} 1 & 0 & 0 \\ a & 1 & 0 \\ b & 0 & 1 \end{pmatrix} \begin{pmatrix} 1 & 0 & 0 \\ x & 1 & 0 \\ y & 0 & 1 \end{pmatrix}$

行列 A の行と列を取り替えて得られる行列を A の**転置行列**といい, A^T または ^tA で表す. 次の例により転置行列を理解しよう.

例 1.6.4. (1) $A = \begin{pmatrix} 1 & 2 & 3 \\ 4 & 5 & 6 \\ 7 & 8 & 9 \end{pmatrix}$ のとき, $A^T = \begin{pmatrix} 1 & 4 & 7 \\ 2 & 5 & 8 \\ 3 & 6 & 9 \end{pmatrix}$ である.

(2) $\begin{pmatrix} x_1 \\ x_2 \\ x_3 \end{pmatrix}^T = (x_1 \ x_2 \ x_3)$ であり, $(x_1 \ x_2 \ x_3)^T = \begin{pmatrix} x_1 \\ x_2 \\ x_3 \end{pmatrix}$ である. また,

$(a_1 \ a_2 \ a_3)(b_1 \ b_2 \ b_3)^T = (a_1 \ a_2 \ a_3) \begin{pmatrix} b_1 \\ b_2 \\ b_3 \end{pmatrix} = a_1 b_1 + a_2 b_2 + a_3 b_3$ である.

●問 1.6.5. $A = \begin{pmatrix} 1 & 2 \\ 3 & 4 \end{pmatrix}$, $B = \begin{pmatrix} 4 & 3 \\ 2 & 1 \end{pmatrix}$ に対して, 次を求めよ.

(1) A^T (2) B^T (3) AB (4) $(AB)^T$ (5) $B^T A^T$ (6) $A^T B^T$

定理 1.6.6. A を $m \times n$ 行列, B を $n \times l$ 行列とする. このとき,

$$(AB)^T = B^T A^T$$

が成立する.

[証明] $A = (a_{ij})$, $B = (b_{jk})$ とする. A^T の (j,i) 成分は a_{ij}, B^T の (k,j) 成分は b_{jk} であるから,

$$B^T A^T \text{ の } (k,i) \text{ 成分} = \sum_{j=1}^{n} b_{jk} a_{ij} = \sum_{j=1}^{n} a_{ij} b_{jk}$$
$$= AB \text{ の } (i,k) \text{ 成分} = (AB)^T \text{ の } (k,i) \text{ 成分.} \quad \blacksquare$$

1.7　行列のさまざまな分割

まず，$m \times n$ 行列 $A = (a_{ij})$ の縦割り，横割りを次のように定義する．

行列の列ベクトル：　$m \times n$ 行列 A の第 j 列ベクトルを $\boldsymbol{a}_j = \begin{pmatrix} a_{1j} \\ a_{2j} \\ \vdots \\ a_{mj} \end{pmatrix}$ で

表す．

このとき，A は次のように表される．これを A の**列ベクトル表示**という．

$$A = (\boldsymbol{a}_1, \boldsymbol{a}_2, \cdots, \boldsymbol{a}_n), \quad \text{または} \quad A = (\boldsymbol{a}_1 \ \boldsymbol{a}_2 \ \cdots \ \boldsymbol{a}_n)$$

行列の行ベクトル：　行列 A の第 i 行ベクトルを $\boldsymbol{a}_i' = (a_{i1}, a_{i2}, \cdots, a_{in})$
で表す．

このとき，A は次のように表される．これを A の**行ベクトル表示**という．

$$A = \begin{pmatrix} \boldsymbol{a}_1' \\ \boldsymbol{a}_2' \\ \vdots \\ \boldsymbol{a}_m' \end{pmatrix}$$

3 次の行列 A, B の積 AB を A の行ベクトル，B の列ベクトルを用いて計算してみよう．

$$AB = A(\boldsymbol{b}_1 \ \boldsymbol{b}_2 \ \boldsymbol{b}_3) = (A\boldsymbol{b}_1 \ A\boldsymbol{b}_2 \ A\boldsymbol{b}_3)$$

$$= \left(\begin{pmatrix} \boldsymbol{a}_1' \\ \boldsymbol{a}_2' \\ \boldsymbol{a}_3' \end{pmatrix} \boldsymbol{b}_1 \quad \begin{pmatrix} \boldsymbol{a}_1' \\ \boldsymbol{a}_2' \\ \boldsymbol{a}_3' \end{pmatrix} \boldsymbol{b}_2 \quad \begin{pmatrix} \boldsymbol{a}_1' \\ \boldsymbol{a}_2' \\ \boldsymbol{a}_3' \end{pmatrix} \boldsymbol{b}_3 \right) = \begin{pmatrix} \boldsymbol{a}_1'\boldsymbol{b}_1 & \boldsymbol{a}_1'\boldsymbol{b}_2 & \boldsymbol{a}_1'\boldsymbol{b}_3 \\ \boldsymbol{a}_2'\boldsymbol{b}_1 & \boldsymbol{a}_2'\boldsymbol{b}_2 & \boldsymbol{a}_2'\boldsymbol{b}_3 \\ \boldsymbol{a}_3'\boldsymbol{b}_1 & \boldsymbol{a}_3'\boldsymbol{b}_2 & \boldsymbol{a}_3'\boldsymbol{b}_3 \end{pmatrix}$$

上の例からわかるように，行列 AB の計算は，結局，A の行ベクトルと，B の列ベクトルの計算に帰着する．例えば，$\boldsymbol{a}_1'\boldsymbol{b}_1$ を考えると，

$$\boldsymbol{a}_1'\boldsymbol{b}_1 = (a_{11}, a_{12}, a_{13}) \begin{pmatrix} b_{11} \\ b_{21} \\ b_{31} \end{pmatrix} = a_{11}b_{11} + a_{12}b_{21} + a_{13}b_{31}$$

となっている．他の $\boldsymbol{a}_i'\boldsymbol{b}_j$ の計算も同様である．

●**問 1.7.1.**　$y = a_1x_1 + a_2x_2 + a_3x_3$ の右辺を行列の積を用いて表せ.

●**問 1.7.2.**　3 次の正方行列 $A = (\boldsymbol{a}_1, \boldsymbol{a}_2, \boldsymbol{a}_3)$(列ベクトル表示),　$B = (b_{ij})$ に対して,

$$AB = (\boldsymbol{a}_1, \boldsymbol{a}_2, \boldsymbol{a}_3) \begin{pmatrix} b_{11} & b_{12} & b_{13} \\ b_{21} & b_{22} & b_{23} \\ b_{31} & b_{32} & b_{33} \end{pmatrix}$$

$$= (b_{11}\boldsymbol{a}_1 + b_{21}\boldsymbol{a}_2 + b_{31}\boldsymbol{a}_3,\ b_{12}\boldsymbol{a}_1 + b_{22}\boldsymbol{a}_2 + b_{32}\boldsymbol{a}_3,\ b_{13}\boldsymbol{a}_1 + b_{23}\boldsymbol{a}_2 + b_{33}\boldsymbol{a}_3)$$

となることを示せ.

　さらに行列をより小さな行列に分割した例をみてみよう.

　4 次の行列 A を 4 つの 2 次の小行列 $A_{11}, A_{12}, A_{21}, A_{22}$ に分割すると

$$A = \begin{pmatrix} a_{11} & a_{12} & a_{13} & a_{14} \\ a_{21} & a_{22} & a_{23} & a_{24} \\ a_{31} & a_{32} & a_{33} & a_{34} \\ a_{41} & a_{42} & a_{43} & a_{44} \end{pmatrix} = \begin{pmatrix} A_{11} & A_{12} \\ A_{21} & A_{22} \end{pmatrix}$$

同様に, 4 次の行列 B を 4 つの 2 次の小行列 $B_{11}, B_{12}, B_{21}, B_{22}$ に分割すると

$$B = \begin{pmatrix} b_{11} & b_{12} & b_{13} & b_{14} \\ b_{21} & b_{22} & b_{23} & b_{24} \\ b_{31} & b_{32} & b_{33} & b_{34} \\ b_{41} & b_{42} & b_{43} & b_{44} \end{pmatrix} = \begin{pmatrix} B_{11} & B_{12} \\ B_{21} & B_{22} \end{pmatrix}$$

このとき, 行列の A と B の積の定義を注意深くみると, 積は次のように, A と B を 2 次の行列とみなしたときと同じ計算ができることがわかる.

$$AB = \begin{pmatrix} A_{11} & A_{12} \\ A_{21} & A_{22} \end{pmatrix} \begin{pmatrix} B_{11} & B_{12} \\ B_{21} & B_{22} \end{pmatrix}$$

$$= \begin{pmatrix} A_{11}B_{11} + A_{12}B_{21} & A_{11}B_{12} + A_{12}B_{22} \\ A_{21}B_{11} + A_{22}B_{21} & A_{21}B_{12} + A_{22}B_{22} \end{pmatrix}$$

例 1.7.3. 3 次の行列を次のように分割して計算することも可能である.

$$A = \begin{pmatrix} 1 & 2 & 3 \\ 0 & 7 & 4 \\ 0 & 6 & 5 \end{pmatrix} \quad \text{と} \quad B = \begin{pmatrix} 8 & 0 & 0 \\ 2 & 3 & 5 \\ 0 & 0 & 1 \end{pmatrix} \quad \text{に対して,}$$

$$A_{11} = (1), \ A_{12} = \begin{pmatrix} 2 & 3 \end{pmatrix}, \ A_{21} = \begin{pmatrix} 0 \\ 0 \end{pmatrix}, \ A_{22} = \begin{pmatrix} 7 & 4 \\ 6 & 5 \end{pmatrix}$$

$$B_{11} = (8), \ B_{12} = \begin{pmatrix} 0 & 0 \end{pmatrix}, \ B_{21} = \begin{pmatrix} 2 \\ 0 \end{pmatrix}, \ B_{22} = \begin{pmatrix} 3 & 5 \\ 0 & 1 \end{pmatrix}$$

とおくと,

$$AB = \begin{pmatrix} A_{11}B_{11} + A_{12}B_{21} & A_{11}B_{12} + A_{12}B_{22} \\ A_{21}B_{11} + A_{22}B_{21} & A_{21}B_{12} + A_{22}B_{22} \end{pmatrix}$$

$$= \begin{pmatrix} A_{11}B_{11} + A_{12}B_{21} & O + A_{12}B_{22} \\ O + A_{22}B_{21} & O + A_{22}B_{22} \end{pmatrix}$$

$$= \begin{pmatrix} 1 \cdot 8 + 2 \cdot 2 + 3 \cdot 0 & O + (2 \cdot 3 + 3 \cdot 0 \quad 2 \cdot 5 + 3 \cdot 1) \\ O + \begin{pmatrix} 7 \cdot 2 + 4 \cdot 0 \\ 6 \cdot 2 + 5 \cdot 0 \end{pmatrix} & O + \begin{pmatrix} 7 \cdot 3 + 4 \cdot 0 & 7 \cdot 5 + 4 \cdot 1 \\ 6 \cdot 3 + 5 \cdot 0 & 6 \cdot 5 + 5 \cdot 1 \end{pmatrix} \end{pmatrix}$$

$$= \begin{pmatrix} 12 & 6 & 13 \\ 14 & 21 & 39 \\ 12 & 18 & 35 \end{pmatrix}$$

と計算できる. つまり, 2 つの行列を小行列どうしの積が定義できるように分割しておけば, それぞれの小行列を数と同じように考えて行列の積を計算できると理解しておこう.

1.8 平面上の点の移動と 2 次の行列

ここでは, 2 次の行列がどのように利用されるかを調べてみよう.

2 次の行列 $\begin{pmatrix} a & b \\ c & d \end{pmatrix}$ と平面上の点 $\mathrm{P}\begin{pmatrix} x \\ y \end{pmatrix}$ に対し

$$\begin{pmatrix} a & b \\ c & d \end{pmatrix} \begin{pmatrix} x \\ y \end{pmatrix} = \begin{pmatrix} ax + by \\ cx + dy \end{pmatrix}$$

で平面上の点 P′ $\begin{pmatrix} ax + by \\ cx + dy \end{pmatrix}$ を定めると，平面上の点 P を点 P′ に移す**変換** (**移動**) が定義される.

例 1.8.1. 点 P を x 軸に関して対称な点 P′ に移すことを考えてみよう．これは，x 軸に関する**対称移動**であり，図示すると図 1.9 のようになる.

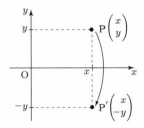

図 1.9 点 P を点 P′ に x 軸に関して対称に移動

点 P $\begin{pmatrix} x \\ y \end{pmatrix}$ が点 P′ $\begin{pmatrix} x' \\ y' \end{pmatrix}$ に移るとすると，この変換は 2 次の行列を用いて

$$\begin{pmatrix} x' \\ y' \end{pmatrix} = \begin{pmatrix} 1 & 0 \\ 0 & -1 \end{pmatrix} \begin{pmatrix} x \\ y \end{pmatrix}$$

と表現できることがわかる.

●**問 1.8.2.** 次の場合に，点の移動を行列を用いて表せ.
(1) 点 P を y 軸に関して対称に点 P″ に移す.
(2) 点 P を原点 O に関して対称に点 P‴ に移す.

例 1.8.1 と問 1.8.2 の対称移動を図示すると図 1.10 のようになっている.
次に，点 P を原点 O を中心にして角度 θ だけ回転する変換を考えてみよう．この変換を図示すると図 1.11 のようになっている.

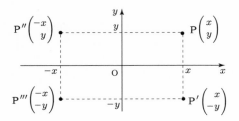

図 1.10　点の対称移動

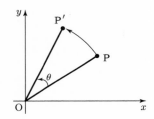

図 1.11　原点を中心にして θ だけ回転

例 1.8.3. 　点 $\mathrm{P}\begin{pmatrix} x \\ y \end{pmatrix}$ を原点を中心にして θ だけ回転する変換を行列を用いて表せ.

[解] 　この変換を, 行列を用いて $\begin{pmatrix} x' \\ y' \end{pmatrix} = \begin{pmatrix} a & b \\ c & d \end{pmatrix} \begin{pmatrix} x \\ y \end{pmatrix}$ と表してみよう. 2 次の行列の中に現れる a, b, c, d を決めればよいのであるが, これらの値を直接決めるのは難しそうにみえる. しかし, 特別な点 $\begin{pmatrix} x \\ y \end{pmatrix}$ に対して, その移動先の点を決定するのは容易である. 図 1.12 を参考にしながら考えてみよう.

この図から, 次のようになっていることがわかる.

点 $\begin{pmatrix} 1 \\ 0 \end{pmatrix}$ は点 $\mathrm{P}\begin{pmatrix} \cos\theta \\ \sin\theta \end{pmatrix}$ に移るので,

$$\begin{pmatrix} \cos\theta \\ \sin\theta \end{pmatrix} = \begin{pmatrix} a & b \\ c & d \end{pmatrix} \begin{pmatrix} 1 \\ 0 \end{pmatrix} = \begin{pmatrix} a \\ c \end{pmatrix}, \quad \therefore \quad \begin{pmatrix} a \\ c \end{pmatrix} = \begin{pmatrix} \cos\theta \\ \sin\theta \end{pmatrix}$$

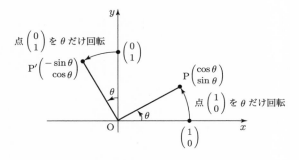

図 1.12 特別な点の回転を考える

点 $\begin{pmatrix} 0 \\ 1 \end{pmatrix}$ は点 P$'$ $\begin{pmatrix} -\sin\theta \\ \cos\theta \end{pmatrix}$ に移るので,

$$\begin{pmatrix} -\sin\theta \\ \cos\theta \end{pmatrix} = \begin{pmatrix} a & b \\ c & d \end{pmatrix}\begin{pmatrix} 0 \\ 1 \end{pmatrix} = \begin{pmatrix} b \\ d \end{pmatrix}, \qquad \therefore \quad \begin{pmatrix} b \\ d \end{pmatrix} = \begin{pmatrix} -\sin\theta \\ \cos\theta \end{pmatrix}$$

以上の結果から, $\begin{pmatrix} a & b \\ c & d \end{pmatrix} = \begin{pmatrix} \cos\theta & -\sin\theta \\ \sin\theta & \cos\theta \end{pmatrix}$ であることがわかり, 求める変換は

$$\begin{pmatrix} x' \\ y' \end{pmatrix} = \begin{pmatrix} \cos\theta & -\sin\theta \\ \sin\theta & \cos\theta \end{pmatrix}\begin{pmatrix} x \\ y \end{pmatrix} = \begin{pmatrix} x\cos\theta - y\sin\theta \\ x\sin\theta + y\cos\theta \end{pmatrix}$$

である. $\qquad\qquad\qquad\qquad\qquad\qquad\qquad\qquad\qquad\qquad\qquad\qquad$ □

●問 1.8.4. 点 P を原点を中心にして $\theta = \dfrac{\pi}{4}$ $(= 45°)$ だけ回転する変換を表す行列を求めよ.

●問 1.8.5. 点 P $\begin{pmatrix} x \\ y \end{pmatrix}$ を原点を中心にして $\dfrac{\pi}{4}$ $(= 45°)$ 回転させた点を求めよ.

●問 1.8.6. 次の行列は, 点 P を原点を中心にして, どれだけの角度だけ回転する変換であるか調べよ.

$$\begin{pmatrix} \dfrac{\sqrt{3}}{2} & \dfrac{-1}{2} \\[2mm] \dfrac{1}{2} & \dfrac{\sqrt{3}}{2} \end{pmatrix}$$

最後に，点 $\begin{pmatrix} x \\ y \end{pmatrix}$ を行列 $B = \begin{pmatrix} e & f \\ g & h \end{pmatrix}$ で点 $\begin{pmatrix} x' \\ y' \end{pmatrix}$ に移動して，さらに，続けて，点 $\begin{pmatrix} x' \\ y' \end{pmatrix}$ を行列 $A = \begin{pmatrix} a & b \\ c & d \end{pmatrix}$ で点 $\begin{pmatrix} x'' \\ y'' \end{pmatrix}$ に移動することを考えてみよう．この変換を，行列を用いて表すと，

$$\begin{pmatrix} x' \\ y' \end{pmatrix} = \begin{pmatrix} e & f \\ g & h \end{pmatrix}\begin{pmatrix} x \\ y \end{pmatrix} = \begin{pmatrix} ex + fy \\ gx + hy \end{pmatrix},$$

$$\begin{pmatrix} x'' \\ y'' \end{pmatrix} = \begin{pmatrix} a & b \\ c & d \end{pmatrix}\begin{pmatrix} x' \\ y' \end{pmatrix} = \begin{pmatrix} a & b \\ c & d \end{pmatrix}\begin{pmatrix} ex + fy \\ gx + hy \end{pmatrix}$$

$$= \begin{pmatrix} (ae + bg)x + (af + bh)y \\ (ce + dg)x + (cf + dh)y \end{pmatrix} = \begin{pmatrix} ae + bg & af + bh \\ ce + dg & cf + dh \end{pmatrix}\begin{pmatrix} x \\ y \end{pmatrix}$$

となることがわかる．2 つの**行列 A と B の積** AB は

$$AB = \begin{pmatrix} a & b \\ c & d \end{pmatrix}\begin{pmatrix} e & f \\ g & h \end{pmatrix} = \begin{pmatrix} ae + bg & af + bh \\ ce + dg & cf + dh \end{pmatrix}$$

であり，$A(B\begin{pmatrix} x \\ y \end{pmatrix}) = (AB)\begin{pmatrix} x \\ y \end{pmatrix}$ であるので，**行列の積 AB と行列 A と B による変換の合成 (続けて変換を行うこと) が対応している**ことがわかる．

　一般の行列の場合も，いま調べた例と同じように，行列の積と行列による変換の合成とが完全に対応している．

1 章の問題 A

1.1. $\boldsymbol{a} = \begin{pmatrix} 2 \\ 3 \\ 4 \end{pmatrix}$, $\boldsymbol{b} = \begin{pmatrix} 5 \\ -1 \\ x \end{pmatrix}$ のとき，次の問に答えよ．

(1) ベクトル $\boldsymbol{a}$ の大きさ $|\boldsymbol{a}|$ を求めよ．

(2) $\boldsymbol{a} + \boldsymbol{b}$ と $\boldsymbol{a} - \boldsymbol{b}$ が垂直となるような x の値を求めよ．

1.2. 2×2 行列 $A = \begin{pmatrix} x+1 & xy \\ 2y+3 & x^2-y^2 \end{pmatrix}$ と $B = \begin{pmatrix} -y & -6 \\ 1-2x & -5 \end{pmatrix}$ が等しい

とき，x, y の値を求めよ．

1.3. 次の行列の積を計算せよ．

(1) $\begin{pmatrix} 3 & 1 & 4 & 1 \end{pmatrix} \begin{pmatrix} 5 \\ 9 \\ 2 \\ 6 \end{pmatrix}$
(2) $\begin{pmatrix} 3 & 1 & 4 & 1 \\ 5 & 9 & 2 & 6 \end{pmatrix} \begin{pmatrix} 5 \\ 3 \\ 5 \\ 8 \end{pmatrix}$

(3) $\begin{pmatrix} 3 & 1 & 4 & 1 \\ 5 & 9 & 2 & 6 \end{pmatrix} \begin{pmatrix} x & a \\ y & b \\ z & c \\ w & d \end{pmatrix}$
(4) $\begin{pmatrix} x & -x \\ -y & y \\ z & -z \\ -w & w \end{pmatrix} \begin{pmatrix} 1 & 1 & -1 & -1 \\ 1 & -1 & 1 & -1 \end{pmatrix}$

1.4. 次の行列の n 乗を求めよ．

(1) $\begin{pmatrix} 1 & 2 & 2 \\ -1 & -2 & -1 \\ 1 & 1 & 0 \end{pmatrix}$
(2) $\begin{pmatrix} \lambda & 1 \\ 0 & \lambda \end{pmatrix}$
(3) $\begin{pmatrix} \lambda & 1 & 0 \\ 0 & \lambda & 1 \\ 0 & 0 & \lambda \end{pmatrix}$

1章の問題 B

1.5. $\boldsymbol{a}$, $\boldsymbol{b}_1$, $\boldsymbol{b}_2$ を n 次実列ベクトルとし，k を実数とする．このとき，次を示せ．

$$\langle \boldsymbol{a}, \boldsymbol{b}_1 + \boldsymbol{b}_2 \rangle = \langle \boldsymbol{a}, \boldsymbol{b}_1 \rangle + \langle \boldsymbol{a}, \boldsymbol{b}_2 \rangle, \qquad \langle \boldsymbol{a}, k\boldsymbol{b} \rangle = k\langle \boldsymbol{a}, \boldsymbol{b} \rangle$$

1.6. (ケーリー・ハミルトンの定理と応用)

(1) 行列 $A = \begin{pmatrix} a & b \\ c & d \end{pmatrix}$ と単位行列 E，零行列 O に対して，等式

$$A^2 - (a+d)A + (ad - bc)E = O$$

が成り立つことを示せ．

(2) $A = \begin{pmatrix} 1 & 2 \\ 3 & 4 \end{pmatrix}$ のとき，(1) の等式を用いて，A^2, A^3 の値を求めよ．

1.7. 正方行列 A, B, P が $B = P^{-1}AP$ をみたすとき，すべての自然数 n について $B^n = P^{-1}A^nP$ が成り立つことを示せ．

1.8. $E = \begin{pmatrix} 1 & 0 \\ 0 & 1 \end{pmatrix}$, $J = \begin{pmatrix} 0 & -1 \\ 1 & 0 \end{pmatrix}$ とするとき，次のことを示せ．

(1) $\begin{pmatrix} a & -b \\ b & a \end{pmatrix} = aE + bJ$, $\quad J^2 = -E$

(2) $(aE + bJ)(cE + dJ) = (ac - bd)E + (ad + bc)J$

(3) $A = aE + bJ$ に対して，$AA^T = (a^2 + b^2)E$

1.9. $A^T = A$ となる行列 A を**対称行列**という．このとき，自然数 n に対して，A^n も対称行列になることを示せ．

1.10. 正方行列 A がある自然数 n について，$A^n = O$ をみたすとき，次の問に答えよ．

(1) $(E - A)(E + A + A^2 + \cdots + A^{n-1})$ を計算せよ．

(2) $(E - A)^{-1} = E + A + A^2 + \cdots + A^{n-1}$ であることを示せ．

(ある自然数 n について，$A^n = O$ となる正方行列を**べき零行列**という．)

1.11. (1) 平面上の点 $\mathrm{P}\begin{pmatrix} 4 \\ 2 \end{pmatrix}$ を原点を中心にして $\dfrac{\pi}{3}$ 回転させた点を求めよ．

(2) 円 $x^2 + y^2 = 5$ に内接する正六角形 ABCDEF がある．ただし，頂点には反時計回りに ABCDEF と名前をつけておくものとする．点 A の座標が $\begin{pmatrix} 1 \\ 2 \end{pmatrix}$ のとき，点 C の座標を求めよ．

(3) 原点を中心とする円に内接する正 n 角形 $\mathrm{A}_1\mathrm{A}_2\cdots\mathrm{A}_n$ がある．ただし，頂点には反時計回りに $\mathrm{A}_1\mathrm{A}_2\cdots\mathrm{A}_n$ と名前をつけておくものとする．点 A_1 の座標が $\begin{pmatrix} \alpha \\ \beta \end{pmatrix}$ のとき，点 A_k $(1 \leqq k \leqq n)$ の座標を α, β, k, n を用いて表せ．

1.12. 原点を通る傾き $\tan\theta$ の定直線を ℓ とする．平面上の点 P に，直線 ℓ に関する対称点 P′ を対応させる変換を行列を用いて表せ．

第2章 連立方程式の解法

　中学・高校で学んだ連立1次方程式はおもに未知数の個数と方程式の個数が同じで, 解がただ1組あるものを扱っている. 本章では, もっと一般的な連立1次方程式を取り扱う.

　例えば, 次のような連立1次方程式を考えてみよう.

　　問 2.0.1. 連立1次方程式 $\begin{cases} x+y+\ z=3 \\ x-y+3z=5 \end{cases}$ を解け.

　この問題は, **方程式の数は2つなのに, 未知数は x, y, z と3つある.** このような問題は解けるのだろうか？ このような一般の連立1次方程式を処理できるようになることが大きな課題であり, それは本章以降で取り扱われる. この連立1次方程式の解法は例 2.1.5 で扱われるが, 実は, 答えは「無数にある」ことがわかる.

　このような一般の連立1次方程式を考えると, 未知数の個数と方程式の個数が異なる場合もあるし, 解は

- ただ1組ある場合
- 無数にある場合
- 存在しない場合

の3通りの場合があることになる. さらに, 未知数の個数や方程式の個数が多い場合も取り扱うことを考えると, 一般的な連立1次方程式の解法はある規則に従って機械的に進んで処理していく方法がよい (特にコンピュータを利用して計算させるには規則的, 機械的である必要がある). その方法はいくつか研究されているが, ここでは代表的な (ガウス・ジョルダンの) 掃き出し法を取り上げる.

2.1 連立1次方程式の解法 (掃き出し法)

まず，次の例 2.1.1 の解法を考えることから始めよう．

例 2.1.1. 次の連立1次方程式を解け．

$$\begin{cases} x + y = 2 & \cdots ① \\ 3x + 5y = 4 & \cdots ② \end{cases}$$

ここで，x, y は未知数 (または，変数という) であるが，一般に n ($\geqq 2$) 個の未知数に関する1次方程式の組を **n 元連立1次方程式**とよぶ．

例 2.1.1 の解法 この連立方程式を次のように解いてみよう．この解法を考察することにより，一般の n 元連立1次方程式解法が得られることになる．

$$(*) \qquad \begin{cases} x + y = 2 & \cdots ① \\ 3x + 5y = 4 & \cdots ② \end{cases}$$

式 ① の x の係数は 1 であるが，ここで，式 ① を式 ③ と置き換えておく．

$$x + y = 2 \quad \cdots ③$$

式 ② に式 ③ を (-3) 倍して加えて x を消去すると，

$$2y = -2 \quad \cdots ④$$

である．この時点で $(*)$ は次の連立1次方程式に変形されている．

$$(\text{i}) \qquad \begin{cases} x + y = 2 & \cdots ③ \quad (1 \times ①) \\ 2y = -2 & \cdots ④ \quad (② + (-3) \times ③) \end{cases}$$

式 ④ の両辺を $\dfrac{1}{2}$ 倍して y を求める．

$$y = -1 \quad \cdots ⑥$$

式 ③ に式 ⑥ を (-1) 倍して加えて式 ③ の y を消去する．

$$x = 3 \quad \cdots ⑤$$

この時点で $(*)$ は次の連立1次方程式に変形されている．

(ii)
$$\begin{cases} x & = & 3 & \cdots ⑤ & (③+(-1)\times⑥) \\ y & = & -1 & \cdots ⑥ & ((\frac{1}{2})\times④) \end{cases}$$

すなわち，$x=3, y=-1$ という解の組が求められた．　　　□

ここで，例 2.1.1 の解法を行列で表してみよう．まず，与えられた連立 1 次方程式 (*) を行列を用いて表してみると次のように表される．

(*)
$$\begin{pmatrix} 1 & 1 \\ 3 & 5 \end{pmatrix} \begin{pmatrix} x \\ y \end{pmatrix} = \begin{pmatrix} 2 \\ 4 \end{pmatrix}$$

●問 2.1.2.　上の行列で書かれた式が与えられた連立 1 次方程式を表していることを確認せよ．

次に，上記 (i), (ii) を順次行列の形で表すと

(i)
$$\begin{pmatrix} 1 & 1 \\ 0 & 2 \end{pmatrix} \begin{pmatrix} x \\ y \end{pmatrix} = \begin{pmatrix} 2 \\ -2 \end{pmatrix},$$

(ii)
$$\begin{pmatrix} 1 & 0 \\ 0 & 1 \end{pmatrix} \begin{pmatrix} x \\ y \end{pmatrix} = \begin{pmatrix} 3 \\ -1 \end{pmatrix}$$

したがって

$$\begin{pmatrix} x \\ y \end{pmatrix} = \begin{pmatrix} 3 \\ -1 \end{pmatrix}$$

ところで，例 2.1.1 の連立 1 次方程式 (*) は

$$A = \begin{pmatrix} 1 & 1 \\ 3 & 5 \end{pmatrix}, \quad \boldsymbol{x} = \begin{pmatrix} x \\ y \end{pmatrix}, \quad \boldsymbol{b} = \begin{pmatrix} 2 \\ 4 \end{pmatrix}$$

とおくと

$$A\boldsymbol{x} = \boldsymbol{b}$$

と表せる．この A を係数行列，$\boldsymbol{x}$ を解ベクトル，$\boldsymbol{b}$ を定数項ベクトルとよぶ．

次に，例 2.1.1 の (*) に対して次のように表してみる．

$$
\begin{array}{ccc} x & y & \text{定} \end{array}
$$
$$
(A\ \boldsymbol{b}) = \begin{pmatrix} 1 & 1 & 2 \\ 3 & 5 & 4 \end{pmatrix}
$$

この行列を，連立 1 次方程式 (∗) の**拡大係数行列**とよぶ．行列の上に書かれている "x"，"y"，"定" は，行列のその下の列がそれぞれ $x,\ y$ の係数および定数項であることを示している．

例 2.1.1 の途中経過を順次，方程式と対比して，拡大係数行列で表すと，

(∗) $\begin{cases} x + \ y = 2 & \cdots ① \\ 3x + 5y = 4 & \cdots ② \end{cases}$
$\qquad \begin{array}{ccc} x & y & \text{定} \end{array}$
$\begin{pmatrix} 1 & 1 & 2 \\ 3 & 5 & 4 \end{pmatrix}$

(i) $\begin{cases} x + \ y = \ \ 2 & \cdots ③ \\ \quad\ 2y = -2 & \cdots ④ \end{cases}$
$\qquad \begin{array}{ccc} x & y & \text{定} \end{array}$
$\begin{pmatrix} 1 & 1 & 2 \\ 0 & 2 & -2 \end{pmatrix}$

(ii) $\begin{cases} x \quad\ = \ \ 3 & \cdots ⑤ \\ \quad\ y = -1 & \cdots ⑥ \end{cases}$
$\qquad \begin{array}{ccc} x & y & \text{定} \end{array}$
$\begin{pmatrix} 1 & 0 & 3 \\ 0 & 1 & -1 \end{pmatrix}$

となり，最後の式を注意してみると，求める解は $\begin{cases} x = 3 \\ y = -1 \end{cases}$ であることがわかる．この解をベクトルの形で書くと $\begin{pmatrix} x \\ y \end{pmatrix} = \begin{pmatrix} 3 \\ -1 \end{pmatrix}$ である．本書では，連立方程式の**解をベクトルの形**で表すことにする．

例 2.1.1 の解で用いた方法は与えられた連立 1 次方程式に

操作 I 　　**1 つの方程式を c 倍する．ただし $c \neq 0$.**
操作 II 　　**ある方程式に他の方程式の c 倍を加える．**
操作 III 　　**2 つの方程式の順序を入れ替える．**

の操作のいくつかを順次行っても，連立 1 次方程式の解は変わらないことに基づいている．この方法を**ガウス・ジョルダンの掃き出し法**または単に**掃き出し法**という．**操作 I, II, III** を用いて変形した式は，やはり操作 I, II, III を用

いて方程式をもとの形に完全に**復元できる**ことを注意しておこう.

連立 1 次方程式を拡大係数行列で表すときも同様の意味で "操作 I, II, III を施す" ということにし, 行列の i 行目を R_i で表すことで, 操作を次の記号で表す.

操作 I $\quad i$ 行を c 倍する. ただし $c \neq 0.$ $\quad$ 記号 : cR_i

操作 II $\quad i$ 行に j の行の c 倍を加える. $\quad$ 記号 : $R_i + cR_j$

操作 III $\quad i$ 行と j 行を入れ替える. $\quad$ 記号 : $R_i \leftrightarrow R_j$

また, i 行を $\dfrac{1}{c}$ 倍する (操作 I) を $R_i \div c$ とも表す. 例 2.1.1 の解法の経過を拡大係数行列のみ並べて表してみると次のようになる.

$$
(A \ \boldsymbol{b}) =
\begin{array}{cc} x & y & 定 \end{array}
\begin{pmatrix} 1 & 1 & 2 \\ 3 & 5 & 4 \end{pmatrix}
\underset{R_2 - 3R_1}{\sim}
\begin{array}{cc} x & y & 定 \end{array}
\begin{pmatrix} 1 & 1 & 2 \\ 0 & 2 & -2 \end{pmatrix}
\underset{\substack{R_2 \div 2 \\ R_1 - R_2}}{\sim}
\begin{array}{cc} x & y & 定 \end{array}
\begin{pmatrix} 1 & 0 & 3 \\ 0 & 1 & -1 \end{pmatrix}
$$

ここで, 拡大係数行列間の記号 $\sim$ は, 左側の行列に対して $\sim$ の下にある操作 I, 操作 II, 操作 III のうち少なくとも 1 つを 1 回以上行って, 右側の行列が得られることを表す記号である. この操作 I, II, III を行列に対する**行の基本変形**とよぶ.

まだ, はっきりしないかもしれないが, この過程は規則的な順序で処理されている. この規則をはっきりするためにもう 1 つ次の例をみてみよう.

例 2.1.3. 次の連立 1 次方程式を解け.

$$
\begin{cases} 2x - 2y - 8z = -2 \\ x - 2y - z = 3 \\ 2x + y - 6z = -3 \end{cases}
$$

まず, 拡大係数行列を書き, 1 列目について, 行の基本変形を行い $(1,1)$ 成分を 1 にする.

$$
\begin{array}{cccc} x & y & z & 定 \end{array}
\begin{pmatrix} 2 & -2 & -8 & -2 \\ 1 & -2 & -1 & 3 \\ 2 & 1 & -6 & -3 \end{pmatrix}
\underset{R_1 \div 2}{\sim}
\begin{array}{cccc} x & y & z & 定 \end{array}
\begin{pmatrix} 1 & -1 & -4 & -1 \\ 1 & -2 & -1 & 3 \\ 2 & 1 & -6 & -3 \end{pmatrix}
$$

$(1,1)$ 成分をもとに，1 列目の他の成分を 0 にする.

$$
\underset{\substack{R_2-R_1\\R_3-2R_1}}{\sim}
\begin{array}{cccc}
x & y & z & 定
\end{array}
\begin{pmatrix}
1 & -1 & -4 & -1\\
0 & -1 & 3 & 4\\
0 & 3 & 2 & -1
\end{pmatrix}
$$

次に，2 列目について，$(2,2)$ 成分を 1 にし，2 列目の他の成分を 0 にする.

$$
\underset{R_2\div(-1)}{\sim}
\begin{array}{cccc}
x & y & z & 定
\end{array}
\begin{pmatrix}
1 & -1 & -4 & -1\\
0 & 1 & -3 & -4\\
0 & 3 & 2 & -1
\end{pmatrix}
\underset{\substack{R_1+R_2\\R_3-3R_2}}{\sim}
\begin{array}{cccc}
x & y & z & 定
\end{array}
\begin{pmatrix}
1 & 0 & -7 & -5\\
0 & 1 & -3 & -4\\
0 & 0 & 11 & 11
\end{pmatrix}
$$

次に，3 列目について，$(3,3)$ 成分を 1 にし，3 列目の他の成分を 0 にする.

$$
\underset{R_3\div 11}{\sim}
\begin{array}{cccc}
x & y & z & 定
\end{array}
\begin{pmatrix}
1 & 0 & -7 & -5\\
0 & 1 & -3 & -4\\
0 & 0 & 1 & 1
\end{pmatrix}
\underset{\substack{R_1+7R_3\\R_2+3R_3}}{\sim}
\begin{array}{cccc}
x & y & z & 定
\end{array}
\begin{pmatrix}
1 & 0 & 0 & 2\\
0 & 1 & 0 & -1\\
0 & 0 & 1 & 1
\end{pmatrix}
$$

最後の拡大係数行列を方程式の形で書くと

$$
\begin{cases}
x & = 2\\
& y & = -1\\
& & z = 1
\end{cases}
$$

であるので，求める解は次のベクトルである.

$$
\begin{pmatrix}x\\y\\z\end{pmatrix}=\begin{pmatrix}2\\-1\\1\end{pmatrix}
$$

$\square$

注意. 今までの例の変形では操作 Ⅲ は使ってないが，操作 Ⅲ を用いることにより，変形が容易な場合もある. 例えば，連立 1 次方程式

$$\begin{cases} 2x + y - 6z = -3 \\ x - 2y - z = 3 \\ x - y - 4z = -1 \end{cases}$$

を解くとき，拡大係数行列に対して，操作 III により

$$\begin{array}{cccc} x & y & z & \text{定} \end{array}$$
$$\begin{pmatrix} 2 & 1 & -6 & -3 \\ 1 & -2 & -1 & 3 \\ 1 & -1 & -4 & -1 \end{pmatrix} \underset{R_1 \leftrightarrow R_3}{\sim} \begin{array}{cccc} x & y & z & \text{定} \end{array} \begin{pmatrix} 1 & -1 & -4 & -1 \\ 1 & -2 & -1 & 3 \\ 2 & 1 & -6 & -3 \end{pmatrix}$$

例 2.1.3 の式に変形してよいことがわかる．

　例 2.1.1 と例 2.1.3 を通して，行列を用いた連立 1 次方程式の解法 (**掃き出し法**) の規則がある程度明確になったと思うが，まず，1 列目について $(1,1)$ 成分を 1 に，その他を 0 にし，次に 2 列目について $(2,2)$ 成分を 1 に，その他を 0 にする．その次に 3 列目について $(3,3)$ 成分を 1 に，その他を 0 にするというように，拡大係数行列を変形していく．左上から 1 にした対角成分はこの掃き出し法の各段階で基準になっているので，特に**枢軸要素**あるいは**ピボット** (pivot) とよぶ．

●**問 2.1.4.** 例 2.1.3 のように，拡大係数行列に操作 I, II, III を施して，次の連立 1 次方程式を解け．解はベクトルの形で書け．

(1) $\begin{cases} x - 2y = 4 \\ 2x + y = 3 \end{cases}$

(2) $\begin{cases} x - 3y + z = 2 \\ -x + y - z = -4 \\ 3x - y + 2z = 11 \end{cases}$

(3) $\begin{cases} 2x + y - z = -2 \\ x + 2y - 2z = -7 \\ -3x + y + 4z = 8 \end{cases}$

(4) $\begin{cases} 2x + 3y - 2z = -1 \\ 4x - y + 2z = 17 \\ 2x + 2y - z = 2 \end{cases}$

次に，本章の冒頭で述べた問 2.0.1 を解いてみよう．

例 2.1.5. 次の連立 1 次方程式を解け (問 2.0.1 の解法).

$$\begin{cases} x + y + z = 3 \\ x - y + 3z = 5 \end{cases}$$

[解]

$$\begin{array}{cccc} x & y & z & 定 \end{array}$$
$$\begin{pmatrix} 1 & 1 & 1 & 3 \\ 1 & -1 & 3 & 5 \end{pmatrix} \underset{R_2 - R_1}{\sim} \begin{pmatrix} 1 & 1 & 1 & 3 \\ 0 & -2 & 2 & 2 \end{pmatrix}$$

$$\underset{\substack{R_2 \div (-2) \\ R_1 - R_2}}{\sim} \begin{pmatrix} 1 & 0 & 2 & 4 \\ 0 & 1 & -1 & -1 \end{pmatrix}$$

最後の拡大係数行列を連立方程式の形で書くと

$$\begin{cases} x + 2z = 4 \\ y - z = -1 \end{cases}$$

であり, 未知数の数は 3 個で, 方程式は 2 個になっている. この連立方程式は与えられた連立方程式と**同値** (操作 I, II, III で互いに移ることができる) であり, 与えられた連立方程式とまったく同じ解をもつが, はるかに簡単になっていることに注意しよう. 拡大係数行列のピボットに対応する x と y のみが左辺になるように連立方程式を変形すると

$$\begin{cases} x = 4 - 2z \\ y = -1 + z \end{cases}$$

となる. ここで, $z = c$ (c は任意の数) とおくと

$$\begin{cases} x = 4 - 2c \\ y = -1 + c \\ z = c \end{cases}$$

の形で**すべての解**が得られる. ここで, c は任意の数であるから, 例えば,

$c = 1$ とすると, $x = 2$, $y = 0$, $z = 1$

$c = -1$ とすると, $x = 6$, $y = -2$, $z = -1$

$c = 0$ とすると, $x = 4$, $y = -1$, $z = 0$

$\vdots$

となるが，これらはいずれも与えられた連立 1 次方程式をみたす．

この解をベクトルで表すと次のようになる．

$$\begin{pmatrix} x \\ y \\ z \end{pmatrix} = \begin{pmatrix} 4 \\ -1 \\ 0 \end{pmatrix} + c \begin{pmatrix} -2 \\ 1 \\ 1 \end{pmatrix} \quad (c \text{ は任意の数})$$

特に，解は無数にあることがわかる． □

注意. 上の解の最後にある式は空間内の直線を表す．例 2.1.5 の連立 1 次方程式の 2 つの式 $x + y + z = 3$ と $x - y + 3z = 5$ がそれぞれ空間内の平面を表しているので，解はそれらの平面の交わりとして直線を表す式になっている．

例 2.1.6. 次の連立 1 次方程式を解け．

$$\begin{cases} x_1 - x_2 + x_3 - x_4 = -3 \\ 2x_1 - 5x_2 - x_3 + x_4 = -6 \end{cases}$$

[解]

$$\begin{array}{ccccc} x_1 & x_2 & x_3 & x_4 & 定 \end{array}$$
$$\begin{pmatrix} 1 & -1 & 1 & -1 & -3 \\ 2 & -5 & -1 & 1 & -6 \end{pmatrix} \underset{R_2-2R_1}{\sim} \begin{pmatrix} 1 & -1 & 1 & -1 & -3 \\ 0 & -3 & -3 & 3 & 0 \end{pmatrix}$$

$$\underset{\substack{R_2\div(-3) \\ R_1+R_2}}{\sim} \begin{pmatrix} 1 & 0 & 2 & -2 & -3 \\ 0 & 1 & 1 & -1 & 0 \end{pmatrix}$$

最後の行列を方程式の形で書くと

$$\begin{cases} x_1 \quad + 2x_3 - 2x_4 = -3 \\ x_2 + x_3 - x_4 = 0 \end{cases}$$

となる．よって

$$\begin{cases} x_1 = -3 - 2x_3 + 2x_4 \\ x_2 = \quad - x_3 + x_4 \end{cases}$$

から，$x_3 = c_1$，$x_4 = c_2$ (c_1, c_2 は任意の数) とおくと，求める解は次のようになる．

$$\begin{pmatrix} x_1 \\ x_2 \\ x_3 \\ x_4 \end{pmatrix} = \begin{pmatrix} -3 \\ 0 \\ 0 \\ 0 \end{pmatrix} + c_1 \begin{pmatrix} -2 \\ -1 \\ 1 \\ 0 \end{pmatrix} + c_2 \begin{pmatrix} 2 \\ 1 \\ 0 \\ 1 \end{pmatrix} \quad (c_1,\ c_2\ \text{は任意の数}) \qquad \square$$

注意. 例 2.1.6 の解は任意の数を 2 個含んで表されている．ここで，c_1, c_2 は任意の数であるから，c_1, c_2 の組 (c_1, c_2) が $(1,1)$，$(2,1)$，$(0,0)$ の場合，解ベクトル $\boldsymbol{x}$ はそれぞれ $\begin{pmatrix} -3 \\ 0 \\ 1 \\ 1 \end{pmatrix}$，$\begin{pmatrix} -5 \\ -1 \\ 2 \\ 1 \end{pmatrix}$，$\begin{pmatrix} -3 \\ 0 \\ 0 \\ 0 \end{pmatrix}$ となる．これらはいずれも与えられた連立 1 次方程式をみたしている．他の c_1, c_2 の組に対する解 $\boldsymbol{x}$ も与えられた連立 1 次方程式をみたしていて，解は無数にあることになる．

例 2.1.7. 次の連立 1 次方程式を解け (満足する解が存在しない場合)．

$$\begin{cases} x_1 + x_2 + 2x_3 = 2 \\ -2x_1 - x_2 + x_3 = 3 \\ x_1 \qquad - 3x_3 = 1 \end{cases}$$

[解]

$$\begin{pmatrix} 1 & 1 & 2 & 2 \\ -2 & -1 & 1 & 3 \\ 1 & 0 & -3 & 1 \end{pmatrix} \underset{\substack{R_2+2R_1 \\ R_3-R_1}}{\sim} \begin{pmatrix} 1 & 1 & 2 & 2 \\ 0 & 1 & 5 & 7 \\ 0 & -1 & -5 & -1 \end{pmatrix}$$

$$\underset{\substack{R_1-R_2 \\ R_3+R_2}}{\sim} \begin{pmatrix} 1 & 0 & -3 & -5 \\ 0 & 1 & 5 & 7 \\ 0 & 0 & 0 & 6 \end{pmatrix}$$

最後の拡大係数行列を方程式の形で書くと

$$\begin{cases} x_1 \qquad - 3x_3 = -5 \\ x_2 + 5x_3 = 7 \\ 0 = 6 \end{cases}$$

となり，3 番目の式は明らかに矛盾している．したがって，この連立 1 次方程式の解は存在しない．　　　　　　　　　　　　　　　　　□

●**問 2.1.8.**　次の連立 1 次方程式を解け.

(1)
$$\begin{cases} x_1 + 2x_2 + x_3 = -1 \\ x_1 - 2x_2 - 3x_3 = -1 \\ 3x_1 + 2x_2 - x_3 = -3 \end{cases}$$

(2)
$$\begin{cases} x_1 - x_2 + 2x_3 + 4x_4 = 4 \\ 4x_1 + 2x_2 + 3x_3 + 10x_4 = 13 \\ 2x_1 + 4x_2 - x_3 + 2x_4 = 5 \end{cases}$$

(3)
$$\begin{cases} 2x_1 - 3x_2 + x_3 = 0 \\ x_1 + 2x_2 - x_3 = 5 \\ 4x_1 + x_2 - x_3 = 6 \end{cases}$$

(4)
$$\begin{cases} 2x_1 + x_2 - 3x_3 = 10 \\ x_1 - x_2 + 2x_3 = 0 \\ x_1 \quad\quad - x_3 = 4 \\ 3x_1 - x_2 + 2x_3 = 6 \end{cases}$$

(5)
$$\begin{cases} 2x_1 + 3x_2 - x_3 = 10 \\ 3x_1 - x_2 + 2x_3 = 2 \\ -5x_1 + 9x_2 - 8x_3 = 14 \end{cases}$$

例 2.1.9.　次の連立 1 次方程式を解け (列の入れ替えを行う場合).

$$\begin{cases} x_1 + 2x_2 + x_3 = 2 \\ 2x_1 + 4x_2 + 3x_3 = 6 \\ 3x_1 + 6x_2 + 2x_3 = 4 \end{cases}$$

[解]

$$\begin{array}{cccc} x_1 & x_2 & x_3 & 定 \end{array}$$
$$\begin{pmatrix} 1 & 2 & 1 & 2 \\ 2 & 4 & 3 & 6 \\ 3 & 6 & 2 & 4 \end{pmatrix} \underset{\substack{R_2-2R_1 \\ R_3-3R_1}}{\sim} \begin{pmatrix} 1 & 2 & 1 & 2 \\ 0 & 0 & 1 & 2 \\ 0 & 0 & -1 & -2 \end{pmatrix}$$

x_2 の 2 行目の要素が 0 である．そこで，その下の 3 行目を見るとやはり 0 である．次に 2 行目のピボットの右を見る．そうすると 1 であるので 2 列目と 3 列目を入れ替える．(i 列目と j 列目の入れ替えを $C_i \leftrightarrow C_j$ で表す)

$$\underset{C_2 \leftrightarrow C_3}{\sim} \begin{pmatrix} 1 & 1 & 2 & 2 \\ 0 & 1 & 0 & 2 \\ 0 & -1 & 0 & -2 \end{pmatrix} \underset{\substack{R_1-R_2 \\ R_3+R_2}}{\sim} \begin{pmatrix} 1 & 0 & 2 & 0 \\ 0 & 1 & 0 & 2 \\ 0 & 0 & 0 & 0 \end{pmatrix}$$

最後の行列を方程式の形で書くと

$$\begin{cases} x_1 \quad + 2x_2 = 0 \\ \quad x_3 \qquad = 2 \end{cases}$$

である. よって

$$\begin{cases} x_1 = \quad - 2x_2 \\ x_3 = 2 \end{cases}$$

から, $x_2 = c$ (c は任意の数) とおくと, 解ベクトル $\boldsymbol{x}$ は次のようになる.

$$\boldsymbol{x} = \begin{pmatrix} x_1 \\ x_2 \\ x_3 \end{pmatrix} = \begin{pmatrix} 0 \\ 0 \\ 2 \end{pmatrix} + c \begin{pmatrix} -2 \\ 1 \\ 0 \end{pmatrix} \quad (c \text{ は任意の数})$$

$\square$

　行列の **2 列目と 3 列目の入れ替えを行う際, 行列の上の x_2 と x_3 の順序を入れ替えている点に注意しよう.** なお, 連立 1 次方程式を解く際には拡大係数行列の最右端 (定数項) の列と他の列との入れ替えは, 連立 1 次方程式の観点から矛盾するので行ってはいけない.

　ここまで, 例 2.1.3, 例 2.1.5 〜 例 2.1.7 および例 2.1.9 において, 解が無数ある場合, 解がない場合も含めて一般の連立 1 次方程式の解き方をみてきた. どれも拡大係数行列をもとに操作 I, II, III および例 2.1.9 で示したように列の入れ替えを施し, 拡大係数行列の左上に単位行列を作ることを目標においた. このとき, 左の列から順次処理していくという規則に従っている. その処理を行うとき, 前述したように**左上からの対角要素が処理の基準になっている.**

●問 **2.1.10.** 次の連立 1 次方程式を解け.

(1) $\begin{cases} x - 2y + \quad z = -1 \\ 2x - 4y + 3z = -3 \\ -4x + 8y - \quad z = \quad 1 \end{cases}$　　(2) $\begin{cases} x - 2y + \quad z = 0 \\ 2x - 4y + 3z = 0 \\ -4x + 8y - \quad z = 0 \end{cases}$

(3) $\begin{cases} 2x - 3y - \quad z = \quad 4 \\ -4x + 6y + 5z = \quad 4 \\ 4x + 3y - \quad z = -6 \end{cases}$

さらに例を計算してみよう.

例 2.1.11. 次の連立 1 次方程式を解け (**未知数が 4 個の場合**).

$$
\left\{
\begin{array}{rrrrr}
x_1 & & - & x_3 + x_4 & = & 1 \\
2x_1 - & x_2 & & + x_4 & = & 3 \\
& x_2 & - & 2x_3 + x_4 & = & -1
\end{array}
\right.
$$

[解]

$$
\begin{array}{ccccc}
x_1 & x_2 & x_3 & x_4 & 定 \\
\end{array}
\begin{pmatrix}
1 & 0 & -1 & 1 & 1 \\
2 & -1 & 0 & 1 & 3 \\
0 & 1 & -2 & 1 & -1
\end{pmatrix}
\underset{R_2-2R_1}{\sim}
\begin{array}{ccccc}
x_1 & x_2 & x_3 & x_4 & 定 \\
\end{array}
\begin{pmatrix}
1 & 0 & -1 & 1 & 1 \\
0 & -1 & 2 & -1 & 1 \\
0 & 1 & -2 & 1 & -1
\end{pmatrix}
$$

$$
\underset{\substack{(-1)R_2 \\ R_3+R_2}}{\sim}
\begin{array}{ccccc}
x_1 & x_2 & x_3 & x_4 & 定 \\
\end{array}
\left(
\begin{array}{cccc:c}
1 & 0 & -1 & 1 & 1 \\
0 & 1 & -2 & 1 & -1 \\
\hdashline
0 & 0 & 0 & 0 & 0
\end{array}
\right)
$$

よって, $x_3 = c_1$, $x_4 = c_2$ (c_1, c_2 は任意の数) とおくと, 解ベクトル $\boldsymbol{x}$ は次のようになる.

$$
\boldsymbol{x} =
\begin{pmatrix} x_1 \\ x_2 \\ x_3 \\ x_4 \end{pmatrix}
=
\begin{pmatrix} 1 \\ -1 \\ 0 \\ 0 \end{pmatrix}
+ c_1
\begin{pmatrix} 1 \\ 2 \\ 1 \\ 0 \end{pmatrix}
+ c_2
\begin{pmatrix} -1 \\ -1 \\ 0 \\ 1 \end{pmatrix}
\quad (c_1, c_2 \text{ は任意の数})
$$

□

注意. 操作 I, II, III を行う手順は 1 通りではないので, 任意の数をとる未知数も 1 通りではない. 例えば, 例 2.1.11 では $x_3 = c_1$, $x_4 = c_2$ とおいたが, 上記の操作 I, II, III をさらに行うと

$$
\underset{C_2 \leftrightarrow C_4}{\sim}
\begin{array}{ccccc}
x_1 & x_4 & x_3 & x_2 & 定 \\
\end{array}
\left(
\begin{array}{cccc:c}
1 & 1 & -1 & 0 & 1 \\
\hdashline
0 & 1 & -2 & 1 & -1 \\
0 & 0 & 0 & 0 & 0
\end{array}
\right)
\underset{R_1-R_2}{\sim}
\begin{array}{ccccc}
x_1 & x_4 & x_3 & x_2 & 定 \\
\end{array}
\left(
\begin{array}{cccc:c}
1 & 0 & 1 & -1 & 2 \\
0 & 1 & -2 & 1 & -1 \\
\hdashline
0 & 0 & 0 & 0 & 0
\end{array}
\right)
$$

となる. ここで, $x_3 = c_1$, $x_2 = c_2$ (c_1, c_2 は任意の数) とおくと, 解ベクトル $\boldsymbol{x}$ は

$$\boldsymbol{x} = \begin{pmatrix} x_1 \\ x_2 \\ x_3 \\ x_4 \end{pmatrix} = \begin{pmatrix} 2 \\ 0 \\ 0 \\ -1 \end{pmatrix} + c_1 \begin{pmatrix} -1 \\ 0 \\ 1 \\ 2 \end{pmatrix} + c_2 \begin{pmatrix} 1 \\ 1 \\ 0 \\ -1 \end{pmatrix} \quad (c_1, c_2 \text{ は任意の数})$$

と表される．このように，解が無数にあるとき，解の表現は 1 通りではない．

したがって，本書にある**例の解**および**問と章末問題の解答は 1 つの解答例を示しているにすぎない**ことを断っておく．

連立方程式の解の検算について，連立方程式 $A\boldsymbol{x} = \boldsymbol{b}$ を解き，求めた解が

$$\boldsymbol{x} = \boldsymbol{x}' + c_1\boldsymbol{x}_1 + c_2\boldsymbol{x}_2 + \cdots + c_k\boldsymbol{x}_k \quad (c_1, c_2, \cdots, c_k \text{ は任意の数})$$

であるとき，この解が連立方程式 $A\boldsymbol{x} = \boldsymbol{b}$ をみたしているかは，

$$A\boldsymbol{x}' = \boldsymbol{b},\ A\boldsymbol{x}_1 = \boldsymbol{0},\ A\boldsymbol{x}_2 = \boldsymbol{0}, \cdots, A\boldsymbol{x}_k = \boldsymbol{0}$$

を確かめればよい．

例 2.1.11 の解として得た

$$\boldsymbol{x} = \begin{pmatrix} x_1 \\ x_2 \\ x_3 \\ x_4 \end{pmatrix} = \begin{pmatrix} 2 \\ 0 \\ 0 \\ -1 \end{pmatrix} + c_1 \begin{pmatrix} -1 \\ 0 \\ 1 \\ 2 \end{pmatrix} + c_2 \begin{pmatrix} 1 \\ 1 \\ 0 \\ -1 \end{pmatrix} \quad (c_1, c_2 \text{ は任意の数})$$

について検算をすると，

$$\begin{pmatrix} 1 & 0 & -1 & 1 \\ 2 & -1 & 0 & 1 \\ 0 & 1 & -2 & 1 \end{pmatrix} \begin{pmatrix} 2 \\ 0 \\ 0 \\ -1 \end{pmatrix} = \begin{pmatrix} 2+0+0-1 \\ 4+0+0-1 \\ 0+0+0-1 \end{pmatrix} = \begin{pmatrix} 1 \\ 3 \\ -1 \end{pmatrix},$$

$$\begin{pmatrix} 1 & 0 & -1 & 1 \\ 2 & -1 & 0 & 1 \\ 0 & 1 & -2 & 1 \end{pmatrix} \begin{pmatrix} -1 \\ 0 \\ 1 \\ 2 \end{pmatrix} = \begin{pmatrix} -1+0-1+2 \\ -2+0+0+2 \\ 0+0-2+2 \end{pmatrix} = \begin{pmatrix} 0 \\ 0 \\ 0 \end{pmatrix},$$

$$\begin{pmatrix} 1 & 0 & -1 & 1 \\ 2 & -1 & 0 & 1 \\ 0 & 1 & -2 & 1 \end{pmatrix} \begin{pmatrix} -1 \\ -1 \\ 0 \\ 1 \end{pmatrix} = \begin{pmatrix} -1+0+0+1 \\ -2+1+0+1 \\ 0-1+0+1 \end{pmatrix} = \begin{pmatrix} 0 \\ 0 \\ 0 \end{pmatrix}$$

より，この解は例 2.1.11 の連立方程式をみたしていることがわかる.

●問 **2.1.12.** 次の連立 1 次方程式を解け (未知数が 4 個の場合).

(1) $\begin{cases} x - y + 2z + w = 1 \\ x + y - 2z + 5w = 3 \end{cases}$ (2) $\begin{cases} x - y + 2z + w = 0 \\ x + y - 2z + 5w = 0 \end{cases}$

(3) $\begin{cases} x + 2y + z + 2w = 1 \\ 2x + 3y + z + w = 3 \end{cases}$ (4) $\begin{cases} x + 2y + z + 2w = 0 \\ 2x + 3y + z + w = 0 \end{cases}$

●問 **2.1.13.** 次の連立 1 次方程式を解け (未知数が 5 個の場合).

$$\begin{cases} 2x_1 \quad\quad - 3x_3 + x_4 + x_5 = 1 \\ x_1 - x_2 + x_3 - 3x_4 + 3x_5 = -3 \\ -x_1 \quad\quad - 2x_3 + 2x_4 - x_5 = 1 \end{cases}$$

2.2 逆行列

1.5 節 正則行列と逆行列 (18 ページ) で定義したように，n 次の行列 A に対して，$XA = AX = E_n$ をみたす n 次の行列 X を A の逆行列という．逆行列はどの行列 A に対しても存在するとは限らない．また，定義 1.5.2 の直後で考察したように，**行列 A が逆行列をもつときはただ 1 つ定まる**ことがわかっている．それを A^{-1} と書く．A^{-1} が存在するとき，行列 A を正則行列または正則であるという．

例 **2.2.1.** $A = \begin{pmatrix} 2 & -5 \\ 1 & -3 \end{pmatrix}$ の逆行列 X は存在し，$X = \begin{pmatrix} 3 & -5 \\ 1 & -2 \end{pmatrix}$ である.

●問 **2.2.2.** 例 2.2.1 の X, A は，$AX = XA = E_2$ をみたすことを確かめよ.

　ここで，次のような問題を考えてみよう．『A と X を n 次の行列とする．$AX = E_n$ が成立するとき，$XA = E_n$ も必ず成立しているといえるだろうか？（または，$XA = E_n$ が成立するとき，$AX = E_n$ も必ず成立しているといえるだろうか？）』 実は，第 3 章で説明する定理を用いると，このことは正しいのである（問 3.4.10 を参照せよ）．なぜなら，$AX = E_n$ ならば，行列の積と行列式の関係を与える定理 3.4.8 を用いて $|A||X| = |AX| = |E_n| = 1$ なので，$|A| \neq 0$ が得られる．したがって，定理 3.5.1 により，A は正則行列である．まとめると次の定理が得られる．

　定理 2.2.3. A を n 次の行列とする．$XA = E_n$ または $AX = E_n$ となる n 次の行列 X が存在するならば，A は**正則行列**で，X は A の逆行列である．すなわち，$X = A^{-1}$ である．

　定理 2.2.3 により $AX = E_n$ をみたす X は A の逆行列であり，これを用いて，$A = \begin{pmatrix} 2 & -5 \\ 1 & -3 \end{pmatrix}$ の逆行列を求めてみる.

　A の逆行列を $X = \begin{pmatrix} x_{11} & x_{12} \\ x_{21} & x_{22} \end{pmatrix}$ とするとき，$AX = E_2$ より方程式

$$\begin{pmatrix} 2 & -5 \\ 1 & -3 \end{pmatrix} \begin{pmatrix} x_{11} & x_{12} \\ x_{21} & x_{22} \end{pmatrix} = \begin{pmatrix} 1 & 0 \\ 0 & 1 \end{pmatrix} \tag{2.1}$$

を解けば X が得られる．(2.1) を列ごとに分けて考えると，2 つの連立方程式

$$\begin{pmatrix} 2 & -5 \\ 1 & -3 \end{pmatrix} \begin{pmatrix} x_{11} \\ x_{21} \end{pmatrix} = \begin{pmatrix} 1 \\ 0 \end{pmatrix} \cdots ①, \quad \begin{pmatrix} 2 & -5 \\ 1 & -3 \end{pmatrix} \begin{pmatrix} x_{12} \\ x_{22} \end{pmatrix} = \begin{pmatrix} 0 \\ 1 \end{pmatrix} \cdots ②$$

を解けばよいことがわかる．①を解くと，

$$\begin{pmatrix} 2 & -5 & 1 \\ 1 & -3 & 0 \end{pmatrix} \underset{R_1 \leftrightarrow R_2}{\sim} \begin{pmatrix} 1 & -3 & 0 \\ 2 & -5 & 1 \end{pmatrix} \underset{R_2 - 2R_1}{\sim} \begin{pmatrix} 1 & -3 & 0 \\ 0 & 1 & 1 \end{pmatrix} \underset{R_1 + 3R_2}{\sim} \begin{pmatrix} 1 & 0 & 3 \\ 0 & 1 & 1 \end{pmatrix}$$

より，①の解は $\begin{pmatrix} x_{11} \\ x_{21} \end{pmatrix} = \begin{pmatrix} 3 \\ 1 \end{pmatrix}$ である．②を解くと，

$$\begin{pmatrix} 2 & -5 & 0 \\ 1 & -3 & 1 \end{pmatrix} \underset{R_1 \leftrightarrow R_2}{\sim} \begin{pmatrix} 1 & -3 & 1 \\ 2 & -5 & 0 \end{pmatrix} \underset{R_2 - 2R_1}{\sim} \begin{pmatrix} 1 & -3 & 1 \\ 0 & 1 & -2 \end{pmatrix} \underset{R_1 + 3R_2}{\sim} \begin{pmatrix} 1 & 0 & -5 \\ 0 & 1 & -2 \end{pmatrix}$$

②の解は $\begin{pmatrix} x_{12} \\ x_{22} \end{pmatrix} = \begin{pmatrix} -5 \\ -2 \end{pmatrix}$ である．したがって，A の逆行列は

$$X = \begin{pmatrix} x_{11} & x_{12} \\ x_{21} & x_{22} \end{pmatrix} = \begin{pmatrix} 3 & -5 \\ 1 & -2 \end{pmatrix}$$

である．

　ここで，2 つの連立方程式①と②の係数行列が等しいことから，①と②の拡大係数行列の基本変形は同じ手順でよいので，①と②の拡大係数行列をまとめて書き，

$$(A \quad E_2) \ = \ \begin{pmatrix} 2 & -5 & \vdots & 1 & 0 \\ 1 & -3 & \vdots & 0 & 1 \end{pmatrix} \underset{R_1 \leftrightarrow R_2}{\sim} \begin{pmatrix} 1 & -3 & \vdots & 0 & 1 \\ 2 & -5 & \vdots & 1 & 0 \end{pmatrix}$$

$$\underset{R_2 - 2R_1}{\sim} \begin{pmatrix} 1 & -3 & \vdots & 0 & 1 \\ 0 & 1 & \vdots & 1 & -2 \end{pmatrix} \underset{R_1 + 3R_2}{\sim} \begin{pmatrix} 1 & 0 & \vdots & 3 & -5 \\ 0 & 1 & \vdots & 1 & -2 \end{pmatrix} \ = \ (E_2 \quad B)$$

と変形できたら，$X = B = \begin{pmatrix} 3 & -5 \\ 1 & -2 \end{pmatrix}$ が A の逆行列であることがわかる．

　一般には，次の定理が成り立つ．

　定理 2.2.4. A を n 次の行列とする．行列 A が正則行列である，すなわち，逆行列をもつための必要十分条件は，行列 $(A \ E_n)$ に対して，35 ページの操作 I, II, III を行って $(E_n \ B)$ の形に変形できることである．このとき，$B = A^{-1}$ である．

$$(A \quad E_n) \ \sim \ (A' \quad B') \overset{\text{操作 I, II, III}}{\underset{\cdots}{\sim}} \ \sim \ (E_n \quad B)$$

注意. $(A \ E_n)$ が $(E_n \ B)$ の形に変形できないならば，後で述べる定理 2.3.1 の (iii) の場合になり，連立 1 次方程式 $AX = E_n$ は解をもたないので，A は逆行列をもたない．つまり，上記変形で最終的に行列 $(A \ E_n)$ の左側の部分が単位行列 E_n に変形できなければ A の逆行列は存在しない（次の例 2.2.5 の B は逆行列が存在しない場合の例である）．

例 **2.2.5.** $A = \begin{pmatrix} 1 & 2 & 3 \\ 2 & 3 & 3 \\ 3 & 7 & 11 \end{pmatrix}$, $B = \begin{pmatrix} 2 & 2 \\ 4 & 4 \end{pmatrix}$ の逆行列があれば求めよ.

[解]

$$(A \ E_3) = \begin{pmatrix} 1 & 2 & 3 & \vdots & 1 & 0 & 0 \\ 2 & 3 & 3 & \vdots & 0 & 1 & 0 \\ 3 & 7 & 11 & \vdots & 0 & 0 & 1 \end{pmatrix}$$

$$\underset{\substack{R_2-2R_1 \\ R_3-3R_1}}{\sim} \begin{pmatrix} 1 & 2 & 3 & \vdots & 1 & 0 & 0 \\ 0 & -1 & -3 & \vdots & -2 & 1 & 0 \\ 0 & 1 & 2 & \vdots & -3 & 0 & 1 \end{pmatrix}$$

$$\underset{\substack{R_1-2R_2 \\ (-1)R_2 \\ R_3+R_2}}{\sim} \begin{pmatrix} 1 & 0 & -3 & \vdots & -3 & 2 & 0 \\ 0 & 1 & 3 & \vdots & 2 & -1 & 0 \\ 0 & 0 & -1 & \vdots & -5 & 1 & 1 \end{pmatrix}$$

$$\underset{\substack{R_1+3R_3 \\ R_2-3R_3 \\ (-1)R_3}}{\sim} \begin{pmatrix} 1 & 0 & 0 & \vdots & 12 & -1 & -3 \\ 0 & 1 & 0 & \vdots & -13 & 2 & 3 \\ 0 & 0 & 1 & \vdots & 5 & -1 & -1 \end{pmatrix} = (E_3 \ X)$$

よって, $(E_3 \ X)$ の形に変形できたので A は正則行列で, 逆行列は

$$A^{-1} = X = \begin{pmatrix} 12 & -1 & -3 \\ -13 & 2 & 3 \\ 5 & -1 & -1 \end{pmatrix}$$

となる.

$$(B \ E_2) = \begin{pmatrix} 2 & 2 & \vdots & 1 & 0 \\ 4 & 4 & \vdots & 0 & 1 \end{pmatrix} \underset{\substack{R_1 \div 2 \\ R_2-4R_1}}{\sim} \begin{pmatrix} 1 & 1 & \vdots & \dfrac{1}{2} & 0 \\ 0 & 0 & \vdots & -2 & 1 \end{pmatrix} \neq (E_2 \ X)$$

よって, $(E_2 \ X)$ の形に変形できなかったので, B の逆行列は存在しない. □

　n 次の行列 A の逆行列について, 求めた逆行列 X が正しいかは, 定理 2.2.3 により $XA = E_n$ をみたすか確かめればよい.

　例 2.2.5 で求めた A の逆行列 X について,

$$XA = \begin{pmatrix} 12 & -1 & -3 \\ -13 & 2 & 3 \\ 5 & -1 & -1 \end{pmatrix} \begin{pmatrix} 1 & 2 & 3 \\ 2 & 3 & 3 \\ 3 & 7 & 11 \end{pmatrix}$$

$$= \begin{pmatrix} 12-2-9 & 24-3-21 & 36-3-33 \\ -13+4+9 & -26+6+21 & -39+6+33 \\ 5-2-3 & 10-3-7 & 15-3-11 \end{pmatrix} = \begin{pmatrix} 1 & 0 & 0 \\ 0 & 1 & 0 \\ 0 & 0 & 1 \end{pmatrix}$$

から, X は A の逆行列であることがわかる.

●問 **2.2.6.** 次の行列に逆行列があれば求めよ.

(1) $\begin{pmatrix} 2 & 5 \\ 1 & 3 \end{pmatrix}$　　　　(2) $\begin{pmatrix} 1 & 3 \\ 1 & 3 \end{pmatrix}$　　　　(3) $\begin{pmatrix} 2 & -3 & 1 \\ 1 & -1 & 4 \\ 3 & -5 & -1 \end{pmatrix}$

(4) $\begin{pmatrix} 1 & 2 & -1 \\ 3 & 1 & 2 \\ 2 & -1 & 3 \end{pmatrix}$　　　　(5) $\begin{pmatrix} 1 & 2 & -1 \\ 3 & 1 & 0 \\ 2 & -2 & 1 \end{pmatrix}$

2.3　掃き出し法 (一般の場合)

ここでは, n 個の未知数 x_1, x_2, $\cdots$, x_n に関する m 個の 1 次方程式からできる n 元連立 1 次方程式

$$\begin{cases} a_{11}x_1 + a_{12}x_2 + \cdots + a_{1n}x_n = b_1 \\ a_{21}x_1 + a_{22}x_2 + \cdots + a_{2n}x_n = b_2 \\ \qquad\cdots\cdots\cdots \\ a_{m1}x_1 + a_{m2}x_2 + \cdots + a_{mn}x_n = b_m \end{cases} \tag{2.2}$$

の解についてまとめておく.

この n 元連立 1 次方程式を行列で表すと

$$\begin{pmatrix} a_{11} & a_{12} & \cdots & a_{1n} \\ a_{21} & a_{22} & \cdots & a_{2n} \\ & \cdots\cdots\cdots & \\ a_{m1} & a_{m2} & \cdots & a_{mn} \end{pmatrix} \begin{pmatrix} x_1 \\ x_2 \\ \vdots \\ x_n \end{pmatrix} = \begin{pmatrix} b_1 \\ b_2 \\ \vdots \\ b_m \end{pmatrix} \tag{2.3}$$

となっている.

例 2.1.3, 例 2.1.5 ～ 例 2.1.7 および例 2.1.9 で行ったように, 与えられた連立 1 次方程式の拡大係数行列に操作 I, II, III を施し, 次のように変形する.

$$
(A \quad \boldsymbol{b}) = \begin{array}{c} \begin{matrix} x_1 & x_2 & & x_n & 定 \end{matrix} \\ \begin{pmatrix} a_{11} & a_{12} & \cdots & a_{1n} & b_1 \\ a_{21} & a_{22} & \cdots & a_{2n} & b_2 \\ & & \cdots\cdots\cdots & & \vdots \\ a_{m1} & a_{m2} & \cdots & a_{mn} & b_m \end{pmatrix} \end{array}
$$

$$
\sim \begin{array}{c} \begin{matrix} x_1 & x_2 & & x_r & x_{r+1} & & x_n & 定 \end{matrix} \\ \left(\begin{array}{cccc:cccc} 1 & 0 & \cdots & 0 & a'_{1,r+1} & \cdots & a'_{1n} & b'_1 \\ 0 & 1 & \cdots & 0 & a'_{2,r+1} & \cdots & a'_{2n} & b'_2 \\ \vdots & \vdots & \ddots & \vdots & & \cdots\cdots\cdots & & \vdots \\ 0 & 0 & \cdots & 1 & a'_{r,r+1} & \cdots & a'_{rn} & b'_r \\ \hdashline 0 & 0 & \cdots & 0 & 0 & \cdots & 0 & b'_{r+1} \\ & & & \cdots\cdots\cdots\cdots & & & & \vdots \\ 0 & 0 & \cdots & 0 & 0 & \cdots & 0 & b'_m \end{array} \right) \end{array} \tag{2.4}
$$

ここでは, 列の入れ替えはないものとする. (もし列の入れ替えを行った場合には, 行列の上に印してきた変数の順序も入れ替えておき, 最終的な答えの表示に注意すればよい.)

ここで, a' などの $'$ のついたものは, 変形によりその位置の数字が変わったことを示す. 上記変形による最終結果を方程式の形にもどすと以下のようになる.

$$
\left\{ \begin{array}{l} x_1 \qquad\qquad + a'_{1,r+1}x_{r+1} + \cdots + a'_{1n}x_n = b'_1 \\ \quad x_2 \qquad\quad + a'_{2,r+1}x_{r+1} + \cdots + a'_{2n}x_n = b'_2 \\ \qquad\qquad \cdots\cdots\cdots \\ \qquad\quad x_r + a'_{r,r+1}x_{r+1} + \cdots + a'_{rn}x_n = b'_r \\ \qquad\qquad\qquad\qquad\qquad\qquad\quad 0 = b'_{r+1} \\ \qquad\qquad \cdots\cdots\cdots \\ \qquad\qquad\qquad\qquad\qquad\qquad\quad 0 = b'_m \end{array} \right. \tag{2.5}
$$

定理 2.3.1. n 元連立 1 次方程式 (2.2) を $A\boldsymbol{x} = \boldsymbol{b}$ で表すとき, 拡大係数行列 $(A\ \boldsymbol{b})$ に操作 I, II, III を施し (2.4) の形になったとする. このとき, この行列の意味を考えて, 方程式の形にもどすと (2.5) になる. これより解は次の 3 つの場合 **(i)**, **(ii)**, **(iii)** に類別される.

(i) $r = n$ で $b'_{r+1} = b'_{r+2} = \cdots = b'_m = 0$ のとき

解はただ 1 つだけ定まって次のようになる.

$$
\begin{pmatrix} x_1 \\ x_2 \\ \vdots \\ x_n \end{pmatrix} = \begin{pmatrix} b'_1 \\ b'_2 \\ \vdots \\ b'_n \end{pmatrix}
$$

(ii) $r < n$ で $b'_{r+1} = b'_{r+2} = \cdots = b'_m = 0$ のとき

$x_{r+1} = c_1, x_{r+2} = c_2, \cdots, x_n = c_{n-r}$ ($c_1,\ c_2,\ \cdots,\ c_{n-r}$ は任意の数) とおくと

$$
\begin{cases}
x_1 = b'_1 - a'_{1,r+1}c_1 - \cdots - a'_{1n}c_{n-r} \\
x_2 = b'_2 - a'_{2,r+1}c_1 - \cdots - a'_{2n}c_{n-r} \\
\qquad\cdots\cdots\cdots \\
x_r = b'_r - a'_{r,r+1}c_1 - \cdots - a'_{rn}c_{n-r}
\end{cases} \tag{2.6}
$$

この解をベクトルで表すと次のようになる.

$$
\begin{pmatrix} x_1 \\ x_2 \\ \vdots \\ x_r \\ x_{r+1} \\ x_{r+2} \\ \vdots \\ x_n \end{pmatrix} = \begin{pmatrix} b'_1 \\ b'_2 \\ \vdots \\ b'_r \\ 0 \\ 0 \\ \vdots \\ 0 \end{pmatrix} + c_1 \begin{pmatrix} -a'_{1,r+1} \\ -a'_{2,r+1} \\ \vdots \\ -a'_{r,r+1} \\ 1 \\ 0 \\ \vdots \\ 0 \end{pmatrix} + \cdots + c_{n-r} \begin{pmatrix} -a'_{1n} \\ -a'_{2n} \\ \vdots \\ -a'_{rn} \\ 0 \\ \vdots \\ 0 \\ 1 \end{pmatrix} \tag{2.7}
$$

このとき, $c_1, c_2, \cdots, c_{n-r}$ が任意の数なので**無数の解が存在**する.

(iii) $b'_{r+1}, b'_{r+2}, \cdots, b'_m$ のうち少なくとも 1 つ 0 でないものがあるとき

それらを含む式は矛盾するので, このときは連立 1 次方程式の**解は存在しない**.

例 2.3.2. 今まで解いた連立方程式と定理 2.3.1 の関係を整理してみよう.

例 2.1.3 は定理 2.3.1 の (i) の場合 $(m = n = r = 3)$ で，解はただ 1 つある.

例 2.1.9 は定理 2.3.1 の (ii) の場合 $(m = n = 3, r = 2)$.

例 2.1.5 も定理 2.3.1 の (ii) の場合 $(m = 2, n = 3, r = 2)$.

(ii) の場合は，いずれも「任意の数 c」を含むので，無数の解が存在する.

例 2.1.7 が定理 2.3.1 の (iii) の場合で，矛盾する式 $(0 = 6)$ がある.

●**問 2.3.3.** 式 (2.2) において $b_1 = b_2 = \cdots = b_m = 0$ のとき，次を確かめよ.

(1) 連立 1 次方程式 (2.2) の解は必ず存在する. 解の 1 つは $x_1 = x_2 = \cdots = x_n = 0$ である.

(2) $r = n$ (r は式 (2.4) の r) のとき，解は $x_1 = x_2 = \cdots = x_n = 0$ のみである.

2.4 行列の基本変形と階数

2.1 節では連立 1 次方程式を解く際，拡大係数行列に 34 ページの操作 I, II, III を適用した. ここで，一般の行列に対して，この 3 つの操作に対応した次の 3 つの操作を改めて定義する.

操作 I   ある行を c 倍する. ただし $c \neq 0$.

操作 II   ある行に他の行の c 倍を加える.

操作 III   2 つの行を入れ替える.

この操作 I, II, III を行列に対する**行の基本変形**とよぶ. そして，この操作の 1 つを少なくとも 1 回以上行う記号を 〜 で表すことにする.

また，例 2.1.9 において 2 つの列の入れ替えを行った. そこで，これに対応して次の操作を加える.

操作 IV   2 つの列を入れ替える.

行の基本変形に操作 IV を加えた 4 つの操作を行列に対する**基本変形**とよぶ.

さて，連立 1 次方程式を解く際に拡大係数行列を左上に単位行列がくるように変形を行った. ここでも，一般の行列において上記で定義した基本変形を行って左上に単位行列を作る方針で変形する. これに関して次の定理が成立する.

定理 2.4.1. $m \times n$ 行列 $A = (a_{ij})$ $(i = 1, 2, \cdots, m,\ j = 1, 2, \cdots, n)$ に対して何回か基本変形を行い，次のような形にできる.

$$
A = \begin{pmatrix} a_{11} & a_{12} & \cdots & a_{1n} \\ a_{21} & a_{22} & \cdots & a_{2n} \\ & \cdots\cdots & \\ a_{m1} & a_{m2} & \cdots & a_{mn} \end{pmatrix} \sim \left(\begin{array}{cccc:ccc} 1 & 0 & \cdots & 0 & a'_{1,r+1} & \cdots & a'_{1n} \\ 0 & 1 & \cdots & 0 & a'_{2,r+1} & \cdots & a'_{2n} \\ \vdots & \vdots & \ddots & \vdots & \multicolumn{3}{c}{\cdots\cdots} \\ 0 & 0 & \cdots & 1 & a'_{r,r+1} & \cdots & a'_{rn} \\ \hdashline 0 & 0 & \cdots & 0 & 0 & \cdots & 0 \\ \multicolumn{4}{c:}{\cdots\cdots} & & & \\ 0 & 0 & \cdots & 0 & 0 & \cdots & 0 \end{array} \right)
$$

$$(2.8)$$

ここでの r を行列 A の**階数** (rank) とよび，

$$\mathrm{rank}(A) = r$$

で表す.

　この変形において途中の変形の手順は 1 通りでないが，階数 r はただ 1 つ定まること (**階数の一意性**) がわかっている．なお，この場合，連立 1 次方程式の解を求める操作ではないので，右端の列も他の列と入れ替えが可能である．

　例 2.4.2. 次の行列の階数を求めてみよう．行の基本変形を行うと

$$
A = \begin{pmatrix} 1 & 1 & 2 \\ -2 & -1 & 1 \\ 1 & 0 & -3 \end{pmatrix} \underset{\substack{R_2+2R_1 \\ R_3-R_1}}{\sim} \begin{pmatrix} 1 & 1 & 2 \\ 0 & 1 & 5 \\ 0 & -1 & -5 \end{pmatrix} \underset{\substack{R_1-R_2 \\ R_3+R_2}}{\sim} \left(\begin{array}{ccc} 1 & 0 & -3 \\ 0 & 1 & 5 \\ \hdashline 0 & 0 & 0 \end{array} \right)
$$

よって，$\mathrm{rank}(A) = 2$ である.

　例 2.4.3. $m \times n$ 行列 $A = (a_{ij})$ $(i = 1, 2, \cdots, m,\ j = 1, 2, \cdots, n)$ に対して行の基本変形を行って

$$A \sim \begin{pmatrix} 1 & a'_{12} & \cdots & a'_{1r} & a'_{1,r+1} & \cdots & a'_{1n} \\ 0 & 1 & \cdots & a'_{2r} & a'_{2,r+1} & \cdots & a'_{2n} \\ \vdots & \vdots & \ddots & \vdots & & \cdots\cdots\cdots & \\ 0 & 0 & \cdots & 1 & a'_{r,r+1} & \cdots & a'_{rn} \\ \hdashline 0 & 0 & \cdots & 0 & 0 & \cdots & 0 \\ & & & & \cdots\cdots\cdots & & \\ 0 & 0 & \cdots & 0 & 0 & \cdots & 0 \end{pmatrix}$$

と変形されるならば, $\mathrm{rank}(A) = r$ である.

例 2.4.4. 例 2.4.3 の考え方で, 例 2.4.2 の行列の階数を求めてみよう. 行の基本変形を行うと

$$A = \begin{pmatrix} 1 & 1 & 2 \\ -2 & -1 & 1 \\ 1 & 0 & -3 \end{pmatrix} \underset{\substack{R_2+2R_1 \\ R_3-R_1}}{\sim} \begin{pmatrix} 1 & 1 & 2 \\ 0 & 1 & 5 \\ 0 & -1 & -5 \end{pmatrix} \underset{R_3+R_2}{\sim} \begin{pmatrix} 1 & 1 & 2 \\ 0 & 1 & 5 \\ 0 & 0 & 0 \end{pmatrix}$$

よって, $\mathrm{rank}(A) = 2$ である.

●**問 2.4.5.** 次の行列の階数を求めよ.

(1) $\begin{pmatrix} 1 & -1 & 2 & 2 \\ 1 & 1 & -2 & 4 \\ 1 & 3 & 1 & -1 \end{pmatrix}$ (2) $\begin{pmatrix} 1 & -1 & 3 & 2 \\ 2 & 1 & -1 & 2 \\ 4 & -3 & -3 & 4 \\ 4 & -6 & 4 & 6 \end{pmatrix}$

(3) $\begin{pmatrix} 1 & 3 & -1 & 2 \\ -3 & -5 & 5 & -5 \\ -5 & -7 & 9 & -8 \end{pmatrix}$ (4) $\begin{pmatrix} 2 & -1 & 3 \\ 4 & -2 & 5 \\ 2 & -1 & 1 \end{pmatrix}$

2.5 連立 1 次方程式と階数の関係

定理 2.3.1 において, 一般の連立 1 次方程式に関して解の類別 (i), (ii), (iii) を行ったが, この結果を階数を使い次のように言い換えることができる.

(i) $\mathrm{rank}(A) = \mathrm{rank}(A \ \boldsymbol{b}) = n$ のとき, 解はただ 1 組存在する.

(ii) $\mathrm{rank}(A) = \mathrm{rank}(A \ \boldsymbol{b}) = r < n$ のとき, 解は任意の数

$$c_1, \ c_2, \ \cdots, \ c_{n-r}$$

を使って表すことができるので，無数の解が存在する．

(iii) $\operatorname{rank}(A) = r$, $\operatorname{rank}(A \ \boldsymbol{b}) > r$, すなわち，$\operatorname{rank}(A) \neq \operatorname{rank}(A \ \boldsymbol{b})$ のとき，解は存在しない．

以上より次の定理が成立する．

定理 2.5.1. n 元連立 1 次方程式 $A\boldsymbol{x} = \boldsymbol{b}$ が解をもつための必要十分条件は，$\operatorname{rank}(A) = \operatorname{rank}(A \ \boldsymbol{b})$ である．**解をもつ場合には，**
   $\operatorname{rank}(A) = n$ のとき，そのときに限り，解ベクトルはただ 1 つ定まる．
   $\operatorname{rank}(A) < n$ のとき，解ベクトルは $n - \operatorname{rank}(A)$ 個の任意定数を含む．

●**問 2.5.2.** 問 2.1.8 の (1)〜(5) における係数行列 (A とする) および拡大係数行列 (($A \ \boldsymbol{b}$) とする) のそれぞれの階数を求め，各未知数の個数 n とともに次のような表を作成したい．また，解が無数にある場合は任意定数の個数 t を記入すること．右端の欄には解の類別を
       解がただ 1 組存在する場合は　"1 組"
       解が無数に存在する場合は　"無数"
       解が存在しない場合は　"存在しない"
として入れる．この表を完成せよ．

	$\operatorname{rank}(A)$	$\operatorname{rank}(A \ \boldsymbol{b})$	未知数 n 個	解の類別	任意定数の個数 t
(1)		2		無数	1
(2)	2				
(3)			3		
(4)		3			
(5)	2				

2.6　斉次方程式

ここでは，n 元連立 1 次方程式の定数項がすべて 0 である方程式

$$A\boldsymbol{x} = \boldsymbol{0}$$

($\boldsymbol{0}$ は零ベクトル) を考えてみよう．このような連立 1 次方程式を**斉次方程式**と

いう (同次方程式ともいう). この方程式は $x = 0$ を必ず解としてもち, これ
を**自明な解**とよぶ. このことに関して定理 2.5.1 より次の定理が成立する.

定理 2.6.1. n 元連立 1 次方程式 $Ax = 0$ (A は $m \times n$ 行列) はつねに解を
もつ. 特に, $\mathrm{rank}(A) = n$ のとき, かつそのときに限り, 解ベクトルは零ベ
クトルだけである. また, $m < n$ のとき (このとき $\mathrm{rank}(A) < n$), $Ax = 0$
は零ベクトルでない解ベクトルをもつ (したがって, 解は無数に存在する).

例 2.6.2. 次の斉次連立 1 次方程式を解け. (例 2.1.3 と比較せよ.)

$$\begin{cases} 2x - 2y - 8z = 0 \\ x - 2y - z = 0 \\ 2x + y - 6z = 0 \end{cases}$$

[解]

$$(A \quad b) = (A \quad 0) = \begin{pmatrix} 2 & -2 & -8 & 0 \\ 1 & -2 & -1 & 0 \\ 2 & 1 & -6 & 0 \end{pmatrix} \sim \begin{pmatrix} 1 & -1 & -4 & 0 \\ 0 & -1 & 3 & 0 \\ 0 & 3 & 2 & 0 \end{pmatrix}$$

$$\sim \begin{pmatrix} 1 & 0 & -7 & 0 \\ 0 & 1 & -3 & 0 \\ 0 & 0 & 11 & 0 \end{pmatrix} \sim \begin{pmatrix} 1 & 0 & 0 & 0 \\ 0 & 1 & 0 & 0 \\ 0 & 0 & 1 & 0 \end{pmatrix}$$

よって, $n = 3 = \mathrm{rank}(A)$ であり, 解ベクトルは $x = 0$ のみである. $\square$

上の例からわかるように, 斉次方程式は拡大係数行列 $(A \quad 0)$ でなく,
$(A \quad 0)$ の 0 を省略して A のみを基本変形していけばよい. 今後は, そのよ
うに考えて解いていく.

例 2.6.3. 次の斉次連立 1 次方程式を解け.

$$\begin{cases} x_1 - 2x_2 - x_3 - x_4 = 0 \\ 3x_1 - 6x_2 - 2x_3 + 2x_4 = 0 \\ 4x_1 - 8x_2 - x_3 + 11x_4 = 0 \end{cases}$$

[解]

$$
A = \begin{array}{cccc} x_1 & x_2 & x_3 & x_4 \end{array} \begin{pmatrix} 1 & -2 & -1 & -1 \\ 3 & -6 & -2 & 2 \\ 4 & -8 & -1 & 11 \end{pmatrix} \sim \begin{array}{cccc} x_1 & x_2 & x_3 & x_4 \end{array} \begin{pmatrix} 1 & -2 & -1 & -1 \\ 0 & 0 & 1 & 5 \\ 0 & 0 & 3 & 15 \end{pmatrix}
$$

$$
\sim \begin{array}{cccc} x_1 & x_3 & x_2 & x_4 \end{array} \begin{pmatrix} 1 & -1 & -2 & -1 \\ 0 & 1 & 0 & 5 \\ 0 & 3 & 0 & 15 \end{pmatrix} \sim \begin{array}{cccc} x_1 & x_3 & x_2 & x_4 \end{array} \begin{pmatrix} 1 & 0 & -2 & 4 \\ 0 & 1 & 0 & 5 \\ 0 & 0 & 0 & 0 \end{pmatrix}
$$

よって, $n = 4$ で, $\mathrm{rank}(A) = 2$ である. $x_2 = c_1$, $x_4 = c_2$ (c_1, c_2 は任意の数) とおき, 解をベクトルで表すと次のようになる.

$$
\begin{pmatrix} x_1 \\ x_2 \\ x_3 \\ x_4 \end{pmatrix} = c_1 \begin{pmatrix} 2 \\ 1 \\ 0 \\ 0 \end{pmatrix} + c_2 \begin{pmatrix} -4 \\ 0 \\ -5 \\ 1 \end{pmatrix} \qquad (c_1,\ c_2\ は任意の数)
$$

□

定理 2.2.4 と定理 2.5.1 より次がいえる.

定理 2.6.4.　A を n 次の行列とする. 行列 A が正則行列であるための必要十分条件は, $\mathrm{rank}(A) = n$ である.

さらに, 定理 2.6.1 と定理 2.6.4 より次がいえる.

定理 2.6.5.　A を n 次の行列とする. 行列 A が正則行列であるための必要十分条件は, 連立 1 次方程式 $A\boldsymbol{x} = \boldsymbol{0}$ の解ベクトルが零ベクトルだけであることである.

●**問 2.6.6.**　次の連立 1 次方程式を解け.

(1) $\begin{cases} x - 3y + z = 0 \\ -x + y - z = 0 \\ 3x - y + 2z = 0 \end{cases}$ 　(2) $\begin{cases} x_1 - x_2 + 2x_3 + 4x_4 = 0 \\ 4x_1 + 2x_2 + 3x_3 + 10x_4 = 0 \\ 2x_1 + 4x_2 - x_3 + 2x_4 = 0 \end{cases}$

2.7 基本解，特殊解，一般解 (発展)

2.3 節でみたように，n 元連立 1 次方程式

$$
\begin{cases}
a_{11}x_1 + a_{12}x_2 + \cdots + a_{1n}x_n = b_1 \\
a_{21}x_1 + a_{22}x_2 + \cdots + a_{2n}x_n = b_2 \\
\qquad\cdots\cdots\cdots \\
a_{m1}x_1 + a_{m2}x_2 + \cdots + a_{mn}x_n = b_m
\end{cases}
\tag{2.9}
$$

の解が無数にあるとき，解をベクトルで表すと

$$
\begin{pmatrix} x_1 \\ x_2 \\ \vdots \\ x_r \\ x_{r+1} \\ 0 \\ \vdots \\ x_n \end{pmatrix}
=
\begin{pmatrix} b_1' \\ b_2' \\ \vdots \\ b_r' \\ 0 \\ 0 \\ \vdots \\ 0 \end{pmatrix}
+ c_1
\begin{pmatrix} -a_{1,r+1}' \\ -a_{2,r+1}' \\ \vdots \\ -a_{r,r+1}' \\ 1 \\ 0 \\ \vdots \\ 0 \end{pmatrix}
+ \cdots + c_{n-r}
\begin{pmatrix} -a_{1n}' \\ -a_{2n}' \\ \vdots \\ -a_{rn}' \\ 0 \\ \vdots \\ 0 \\ 1 \end{pmatrix}
\tag{2.10}
$$

$$(c_1, c_2, \cdots, c_{n-r} \text{ は任意の数})$$

であった．ここで，斉次方程式 $A\boldsymbol{x} = \boldsymbol{0}$ の場合は，式 (2.10) に相当する解ベクトル $\boldsymbol{x}$ は

$$
\boldsymbol{x} =
\begin{pmatrix} x_1 \\ x_2 \\ \vdots \\ x_r \\ x_{r+1} \\ \\ \vdots \\ x_n \end{pmatrix}
= c_1
\begin{pmatrix} -a_{1,r+1}' \\ -a_{2,r+1}' \\ \vdots \\ -a_{r,r+1}' \\ 1 \\ 0 \\ \vdots \\ 0 \end{pmatrix}
+ \cdots + c_{n-r}
\begin{pmatrix} -a_{1n}' \\ -a_{2n}' \\ \vdots \\ -a_{rn}' \\ 0 \\ \vdots \\ 0 \\ 1 \end{pmatrix}
\tag{2.11}
$$

$$(c_1, c_2, \cdots, c_{n-r} \text{ は任意の数})$$

となる．ここで

$$
\boldsymbol{x}_1 = \begin{pmatrix} -a'_{1,r+1} \\ -a'_{2,r+1} \\ \vdots \\ -a'_{r,r+1} \\ 1 \\ 0 \\ \vdots \\ 0 \end{pmatrix}, \quad \cdots, \quad \boldsymbol{x}_{n-r} = \begin{pmatrix} -a'_{1n} \\ -a'_{2n} \\ \vdots \\ -a'_{rn} \\ 0 \\ \vdots \\ 0 \\ 1 \end{pmatrix} \tag{2.12}
$$

とおくと，$\boldsymbol{x}_1, \cdots, \boldsymbol{x}_{n-r}$ は次の 2 つの性質をもつ.

(i) 任意の解ベクトル $\boldsymbol{x}$ は，$c_1, c_2, \cdots, c_{n-r}$ を任意の数として，

$$
\boldsymbol{x} = c_1 \boldsymbol{x}_1 + c_2 \boldsymbol{x}_2 + \cdots + c_{n-r} \boldsymbol{x}_{n-r} \tag{2.13}
$$

と書ける．ここで，$c_1, c_2, \cdots, c_{n-r}$ が任意の数であるから $c_1 = 1$, $c_2 = \cdots = c_{n-r} = 0$ とおくと $\boldsymbol{x} = \boldsymbol{x}_1$ は $A\boldsymbol{x} = \boldsymbol{0}$ の解ベクトルである．同様に，$\boldsymbol{x}_2, \cdots,$ $\boldsymbol{x}_{n-r}$ も $A\boldsymbol{x} = \boldsymbol{0}$ の解ベクトルである．

なお，式 (2.13) の形に表される $\boldsymbol{x}$ を，$\boldsymbol{x}_1, \cdots, \boldsymbol{x}_{n-r}$ の 1 次結合とよぶ.

(ii) ベクトル $\boldsymbol{x}_1, \cdots, \boldsymbol{x}_{n-r}$ に対して

$$
c_1 \boldsymbol{x}_1 + c_2 \boldsymbol{x}_2 + \cdots + c_{n-r} \boldsymbol{x}_{n-r} = \boldsymbol{0} \tag{2.14}
$$

をみたす定数 $c_1, c_2, \cdots, c_{n-r}$ を求めると，式 (2.14) と式 (2.12) より

$$
\begin{pmatrix} -c_1 a'_{1,r+1} - \cdots - c_{n-r} a'_{1n} \\ \cdots\cdots\cdots \\ -c_1 a'_{r,r+1} - \cdots - c_{n-r} a'_{rn} \\ c_1 \\ \ddots \\ c_{n-r} \end{pmatrix} = \begin{pmatrix} 0 \\ \vdots \\ 0 \\ 0 \\ \vdots \\ 0 \end{pmatrix} \tag{2.15}
$$

となる．したがって，この式をみたす定数は $c_1 = \cdots = c_{n-r} = 0$ だけである．このように，式 (2.14) をみたす定数 $c_1, c_2, \cdots, c_{n-r}$ が $c_1 = \cdots = c_{n-r} = 0$ だけであるとき，ベクトル $\boldsymbol{x}_1, \cdots, \boldsymbol{x}_{n-r}$ は 1 次独立であるという.

以上のように，式 (2.12) の $\boldsymbol{x}_1, \cdots, \boldsymbol{x}_{n-r}$ は $A\boldsymbol{x} = \boldsymbol{0}$ の解ベクトルであって，$A\boldsymbol{x} = \boldsymbol{0}$ の任意の解ベクトルはその 1 次結合で表され，しかも 1 次独立で

ある．このような性質をもつ解ベクトル $\boldsymbol{x}_1, \cdots, \boldsymbol{x}_{n-r}$ を連立 1 次方程式の**基本解**という．

次に，斉次方程式でない n 元連立 1 次方程式 $A\boldsymbol{x} = \boldsymbol{b}\ (\boldsymbol{b} \neq \boldsymbol{0})$ にもどって考える．任意の解ベクトルは式 (2.10) であるが，いま

$$\boldsymbol{x}' = \begin{pmatrix} b'_1 \\ \vdots \\ b'_r \\ 0 \\ \vdots \\ 0 \end{pmatrix} \tag{2.16}$$

とおく．$c_1, c_2, \cdots, c_{n-r}$ は任意の数であるから，式 (2.10) において $c_1 = \cdots = c_{n-r} = 0$ とおくと，$\boldsymbol{x} = \boldsymbol{x}'$ つまり $\boldsymbol{x}'$ も $A\boldsymbol{x} = \boldsymbol{b}$ の解ベクトルである（$c_1, c_2, \cdots, c_{n-r}$ に他の数を与えて式 (2.10) の右辺を計算してできるベクトルを改めて $\boldsymbol{x}'$ とおいてもよい）．このことから次がいえる．

定理 2.7.1.　n 元連立 1 次方程式 $A\boldsymbol{x} = \boldsymbol{b}$ の任意の解ベクトルはその 1 つの解ベクトル $\boldsymbol{x}'$ と斉次方程式 $A\boldsymbol{x} = \boldsymbol{0}$ の基本解 $\boldsymbol{x}_1, \cdots, \boldsymbol{x}_{n-r}$ の 1 次結合との和，すなわち

$$\boldsymbol{x}' + c_1\boldsymbol{x}_1 + c_2\boldsymbol{x}_2 + \cdots + c_{n-r}\boldsymbol{x}_{n-r}$$

で表される．

注意.　定理 2.7.1 で書かれている形の解を $A\boldsymbol{x} = \boldsymbol{b}$ の**一般解**という．定理 2.7.1 の $\boldsymbol{x}'$，すなわち $A\boldsymbol{x} = \boldsymbol{b}$ の解の 1 つを**特殊解**という．したがって，$A\boldsymbol{x} = \boldsymbol{b}$ の一般解は 1 つの特殊解 $\boldsymbol{x}'$ と $A\boldsymbol{x} = \boldsymbol{0}$ の一般解 $c_1\boldsymbol{x}_1 + c_2\boldsymbol{x}_2 + \cdots + c_{n-r}\boldsymbol{x}_{n-r}$ との和で表されることがわかる．

●**問 2.7.2.**　問 2.6.6 (2) における基本解を求めよ．また，この基本解が 1 次独立であることを確かめよ．

●**問 2.7.3.**　問 2.6.6 (1) は問 2.1.4 (2) において，問 2.6.6 (2) は問 2.1.8 (2) において，それぞれ定数項ベクトルを $\boldsymbol{0}$ で置き換えたものである．問 2.1.4 (2)，問 2.1.8 (2) の任意の解が，その 1 つの解ベクトルと斉次方程式の解ベクトルの和で表されることを確認せよ．

2 章の問題 A

2.1. 次の連立 1 次方程式を解け.

(1) $\begin{cases} x_1 - 5x_2 + 3x_3 = 0 \\ 2x_1 - x_2 - x_3 = -3 \\ 4x_1 - 2x_2 + 2x_3 = 6 \\ x_1 - x_2 + x_3 = 2 \end{cases}$ (2) $\begin{cases} 2x_1 + 3x_2 + x_3 = 5 \\ x_1 - x_2 - x_3 = -2 \\ 3x_1 + x_2 + 2x_3 = 1 \\ -x_1 \qquad + 2x_3 = 3 \end{cases}$

(3) $\begin{cases} 2x_1 + 5x_2 + x_3 + 5x_4 = -1 \\ x_1 + 3x_2 - x_3 + 2x_4 = 3 \end{cases}$

2.2. 次の連立 1 次方程式を解け.

(1) $\begin{cases} x_1 - x_2 + x_3 + 2x_4 = 2 \\ x_1 - x_2 - x_3 \qquad = 0 \\ 2x_1 + 2x_2 - 3x_3 - x_4 = -5 \\ 2x_1 - x_2 - x_3 - 2x_4 = 6 \end{cases}$

(2) $\begin{cases} 2x_1 + 4x_2 + x_3 - 2x_4 + x_5 = 8 \\ x_1 + 2x_2 + 3x_3 \qquad + 2x_5 = 5 \\ \qquad 2x_3 + x_4 + x_5 = 1 \\ \qquad - 3x_3 - 2x_4 + 3x_5 = -10 \end{cases}$

2.3. 次の行列に逆行列があれば求めよ.

(1) $\begin{pmatrix} 1 & 2 & -3 \\ 2 & -1 & 4 \\ 3 & -2 & 2 \end{pmatrix}$ (2) $\begin{pmatrix} 1 & 2 & 3 \\ 2 & 1 & 0 \\ 3 & 0 & -3 \end{pmatrix}$

2.4. 問題 2.1 の (1)〜(3) における連立 1 次方程式の係数行列と拡大係数行列の階数はそれぞれいくつか.

2.5. 次の連立 1 次方程式を解け. 係数行列と拡大係数行列の階数はそれぞれいくつか. また解が無数にある場合, 3 組の数値を任意定数に入れ, それぞれの方程式をみたすか確認せよ. ただし, 連立 1 次方程式 (1)〜(3) は定数項だけが異なることに注意して解け.

(1)
$$\begin{cases} x_1 + 2x_2 + x_3 - 2x_4 + 3x_5 = 2 \\ 2x_1 + x_2 \qquad + 2x_4 + x_5 = 3 \\ -2x_1 - 3x_2 - x_3 + 2x_4 + 2x_5 = 1 \\ 4x_1 + 5x_2 + 2x_3 - 2x_4 + 7x_5 = 7 \end{cases}$$

(2)
$$\begin{cases} x_1 + 2x_2 + x_3 - 2x_4 + 3x_5 = 2 \\ 2x_1 + x_2 \qquad + 2x_4 + x_5 = 3 \\ -2x_1 - 3x_2 - x_3 + 2x_4 + 2x_5 = 1 \\ 4x_1 + 5x_2 + 2x_3 - 2x_4 + 7x_5 = 5 \end{cases}$$

(3)
$$\begin{cases} x_1 + 2x_2 + x_3 - 2x_4 + 3x_5 = 0 \\ 2x_1 + x_2 \qquad + 2x_4 + x_5 = 0 \\ -2x_1 - 3x_2 - x_3 + 2x_4 + 2x_5 = 0 \\ 4x_1 + 5x_2 + 2x_3 - 2x_4 + 7x_5 = 0 \end{cases}$$

2.6. 連立 1 次方程式

$$\begin{cases} x + y + z = 1 \\ 2x + 3y + 4z = 3 \\ 4x + 5y + 6z = 5 \end{cases}$$

について，以下の手順で解を求めよ．

(1) $\begin{pmatrix} x \\ y \\ z \end{pmatrix} = \begin{pmatrix} 1 \\ -1 \\ 1 \end{pmatrix}$ は，この連立 1 次方程式の特殊解であることを確かめよ．

(2) 斉次方程式 $\begin{cases} x + y + z = 0 \\ 2x + 3y + 4z = 0 \\ 4x + 5y + 6z = 0 \end{cases}$ の基本解を求めて，もとの方程式

の一般解を求めよ．

2 章の問題 B

2.7. 次の連立 1 次方程式を解け．（ただし，a は定数とする．）

(1) $\begin{cases} x + ay = -3 \\ ax + y = 3 \end{cases}$ (2) $\begin{cases} x - ay = 2 \\ -ax + 4y = 4 \end{cases}$

$$(3) \begin{cases} x_1 + 2x_2 + (a+4)x_3 = 2 \\ x_1 + x_2 + x_3 = 1 \\ 2x_1 + ax_2 - 2x_3 = 2(a+1) \end{cases}$$

2.8. 次の行列に逆行列があれば求めよ.（ただし, a は定数とする.）

$$(1) \begin{pmatrix} 1 & -1 & 1 \\ a-2 & 0 & 0 \\ -1 & 0 & a+1 \end{pmatrix} \qquad (2) \begin{pmatrix} 1 & 2 & 3 & 4 \\ 2 & 3 & 1 & 2 \\ 1 & 1 & 1 & -1 \\ 1 & 0 & -2 & -6 \end{pmatrix}$$

$$(3) \begin{pmatrix} 0 & 1 & 0 & 2 \\ 2 & 3 & -1 & -9 \\ 1 & 2 & 1 & -1 \\ -1 & -3 & 1 & 2 \end{pmatrix}$$

2.9. 問題 2.5 (3) の連立 1 次方程式は斉次方程式であるが, この基本解が 1 次独立であることを確認せよ.

2.10. 行列 A, B, C, P, Q, R を次のように定める.

$$A = \begin{pmatrix} 1 & 1 & 1 & 1 \\ 1 & 1 & 1 & 1 \\ 1 & 1 & 1 & 1 \\ 1 & 1 & 1 & 1 \end{pmatrix}, \quad B = \begin{pmatrix} 1 & 1 & 1 & 1 \\ 2 & 2 & 2 & 2 \\ 3 & 3 & 3 & 3 \\ 4 & 4 & 4 & 4 \end{pmatrix}, \quad C = \begin{pmatrix} 1 & 2 & 3 & 4 \\ 5 & 6 & 7 & 8 \\ 9 & 10 & 11 & 12 \\ 13 & 14 & 15 & 16 \end{pmatrix},$$

$$P = \begin{pmatrix} 1 & 0 & 0 & 0 \\ 0 & 1 & 0 & 0 \\ 0 & 0 & 2 & 0 \\ 0 & 0 & 0 & 1 \end{pmatrix}, \quad Q = \begin{pmatrix} 1 & 0 & 0 & 0 \\ 0 & 1 & 0 & 10 \\ 0 & 0 & 1 & 0 \\ 0 & 0 & 0 & 1 \end{pmatrix}, \quad R = \begin{pmatrix} 1 & 0 & 0 & 0 \\ 0 & 0 & 0 & 1 \\ 0 & 0 & 1 & 0 \\ 0 & 1 & 0 & 0 \end{pmatrix}$$

(1) 行列 A に対して行列 P を左, および右から掛けると, 行列 A はそれぞれどのように変形されるか.

(2) 行列 B に対して行列 Q を左から掛けるとどのように変形されるか. また, B^T に対して Q を右から掛けると, B^T はどのように変形されるか.

(3) 行列 C に対して行列 R を左, および右から掛けると, 行列 C はそれぞれどのように変形されるか.

2.11.　以下のような 3 つの n 次の行列を定義する．省略した要素は n 次の単位行列の要素と同じ要素である．

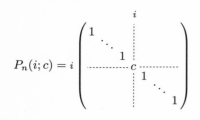

$$P_n(i;c) = \begin{array}{c} \\ \\ \\ i \\ \\ \\ \end{array}\begin{pmatrix} 1 & & & & & & \\ & \ddots & & & & & \\ & & 1 & & & & \\ \hline & & & c & & & \\ & & & & 1 & & \\ & & & & & \ddots & \\ & & & & & & 1 \end{pmatrix}$$

(i,i) 成分が $c\ (\neq 0)$ で，その他の成分は単位行列と同じ．

$$Q_n(i,j;c) = \begin{array}{c} \\ \\ i \\ \\ \\ \\ \end{array}\begin{pmatrix} 1 & & & & & & \\ & \ddots & & & & & \\ & & 1 & \cdots & c & & \\ & & & \ddots & & & \\ & & & & 1 & & \\ & & & & & \ddots & \\ & & & & & & 1 \end{pmatrix}$$

(i,j) 成分が $c\ (i \neq j)$ で，その他の成分は単位行列と同じ．

$$R_n(i,j) = \begin{array}{c} \\ \\ i \\ \\ \\ j \\ \\ \\ \end{array}\begin{pmatrix} 1 & & & & & & & \\ & \ddots & & & & & & \\ & & 1 & & & & & \\ & & & 0 & & 1 & & \\ & & & & 1 & & & \\ & & & & & \ddots & & \\ & & & 1 & & 0 & & \\ & & & & & & 1 & \\ & & & & & & & \ddots \\ & & & & & & & & 1 \end{pmatrix}$$

単位行列の i 列と j 列を入れ替えたもの (単位行列の i 行と j 行を入れ替えたものといっても同じである)．

52 ページの 4 つの操作 I ～ IV は，上記 3 つの行列を用いて次のようになる．$m \times n$ 行列 A に対する操作を考える．

「操作 I　ある行 (i 行) を c 倍する (ただし $c \neq 0$)」は $P_m(i;c)A$

「操作 II　ある行 (i 行) に他の行 (j 行) の c 倍を加える」は $Q_m(i,j;c)A$

「操作 III　2 つの行 (i 行と j 行) を入れ替える」は $R_m(i,j)A$

「操作 IV　2 つの列 (i 列と j 列) を入れ替える」は $AR_n(i,j)$

このように，3 つの行列 $P_n(i;c)$, $Q_n(i,j;c)$, $R_n(i,j)$ は基本変形と密接に関係しているので**基本行列**とよぶ．このとき，

(1)　上記事項 (各操作がそれぞれ基本行列との積で行えること) を確認せよ．

(2) 問題 2.10 の行列 P, Q, R を，それぞれ $P_n(i;c)$, $Q_n(i,j;c)$, $R_n(i,j)$ を用いて表せ.

(3) $m \times n$ 行列 A に対してある列 (i 列) を c 倍する (ただし $c \neq 0$), およびある列 (j 列) に他の列 (i 列) の c 倍を加える，はそれぞれ基本行列との積でどのように表せるか.

(4) 3 つの基本行列は正則行列で，逆行列はそれぞれ

$$P_n(i;c)^{-1} = P_n\left(i; \frac{1}{c}\right),$$
$$Q_n(i,j;c)^{-1} = Q_n(i,j;-c),$$
$$R_n(i,j)^{-1} = R_n(i,j)$$

である．このことを定理 2.2.4 を用いて確認せよ.

2.12. 正則行列は基本行列の積で表されることを証明せよ.

第3章 行列式

本章では，2次と3次の正方行列に対して行列式を定義し，その基本的な計算方法や性質について詳しく述べる．行列 A は数の集まりの「表」であるが，行列式はその行列 A に付随する1つの「数」であり，$|A|$ と表記する．最後に，行列式を用いた連立1次方程式の解法 (クラメルの公式) についても学ぶ．また，形式的に定義した2次の行列式が，平行四辺形の面積を表していることにもふれる．なお，4次以上の一般の行列式に関しては，付録 A を参照してほしい．

3.1 2次の行列式とその性質

定義 3.1.1. 2次の正方行列 $A = \begin{pmatrix} a_{11} & a_{12} \\ a_{21} & a_{22} \end{pmatrix}$ に対して，**行列式** (determinant) $|A|$ を次のように定義する．

$$|A| = \begin{vmatrix} a_{11} & a_{12} \\ a_{21} & a_{22} \end{vmatrix} = a_{11}a_{22} - a_{12}a_{21}$$

行列式 $|A|$ を $\det A$ とも書く．すなわち，$|A| = \det A$ である．

●**問 3.1.2.** 次の行列式を計算せよ．

(1) $\begin{vmatrix} 1 & 2 \\ 0 & 3 \end{vmatrix}$ (2) $\begin{vmatrix} 2 & 1 \\ 3 & 0 \end{vmatrix}$ (3) $\begin{vmatrix} 1 & 2 \\ 3 & 4 \end{vmatrix}$ (4) $\begin{vmatrix} 1 & 1 \\ 2 & 2 \end{vmatrix}$

(5) $\begin{vmatrix} x & y \\ x^2 & y^2 \end{vmatrix}$ (6) $\begin{vmatrix} \cos\theta & -\sin\theta \\ \sin\theta & \cos\theta \end{vmatrix}$

●問 **3.1.3.** x に関する方程式 $\begin{vmatrix} x & x \\ 3 & x \end{vmatrix} = 0$ を解け.

2次の行列式に関して，次の6つの性質が成り立つ.

1. 行と列とに関して対称である．すなわち，$|A| = |A^T|$ である．
したがって，以下の列で成り立つ性質は，行でも成り立つ.

2. ある列の和は行列式の和に等しい.
$$\begin{vmatrix} a_{11} + b_1 & a_{12} \\ a_{21} + b_2 & a_{22} \end{vmatrix} = \begin{vmatrix} a_{11} & a_{12} \\ a_{21} & a_{22} \end{vmatrix} + \begin{vmatrix} b_1 & a_{12} \\ b_2 & a_{22} \end{vmatrix},$$

$$\begin{vmatrix} a_{11} & a_{12} + b_1 \\ a_{21} & a_{22} + b_2 \end{vmatrix} = \begin{vmatrix} a_{11} & a_{12} \\ a_{21} & a_{22} \end{vmatrix} + \begin{vmatrix} a_{11} & b_1 \\ a_{21} & b_2 \end{vmatrix}$$

3. ある列の定数倍はもとの行列式の定数倍に等しい.
$$\begin{vmatrix} ca_{11} & a_{12} \\ ca_{21} & a_{22} \end{vmatrix} = c \begin{vmatrix} a_{11} & a_{12} \\ a_{21} & a_{22} \end{vmatrix} = \begin{vmatrix} a_{11} & ca_{12} \\ a_{21} & ca_{22} \end{vmatrix}$$

4. 列の入れ替えは符号の反転.
$$\begin{vmatrix} a_{12} & a_{11} \\ a_{22} & a_{21} \end{vmatrix} = - \begin{vmatrix} a_{11} & a_{12} \\ a_{21} & a_{22} \end{vmatrix}$$

5. 列が同じ場合は0になる.
$$\begin{vmatrix} a_{11} & a_{11} \\ a_{12} & a_{12} \end{vmatrix} = 0$$

6. ある列に他の列の定数倍を加えても値は変わらない.
$$\begin{vmatrix} a_{11} + ca_{12} & a_{12} \\ a_{21} + ca_{22} & a_{22} \end{vmatrix} = \begin{vmatrix} a_{11} & a_{12} \\ a_{21} & a_{22} \end{vmatrix},$$

$$\begin{vmatrix} a_{11} & a_{12} + ca_{11} \\ a_{21} & a_{22} + ca_{21} \end{vmatrix} = \begin{vmatrix} a_{11} & a_{12} \\ a_{21} & a_{22} \end{vmatrix}$$

性質 1 により，行列を転置しても値は変わらないので，行についても性質 2 〜 6 と同様の性質が成り立つ．性質 5 は，性質 4 からただちに得られる．性質 6 は，性質 2, 3, 5 から得られる．上の性質 2 と性質 3 をあわせて**線形性**という．

● **問 3.1.4.** 上の 6 つの性質を定義に従って確認せよ．

● **問 3.1.5.** 上の列に関する 5 つの性質 2 〜 6 を行に関する性質で書き下せ．

例 3.1.6. 行列式の性質を用いて行列式を変形してみよう．

1. $\begin{vmatrix} 2 & 7 \\ 1 & 8 \end{vmatrix} = \begin{vmatrix} 2 & 1 \\ 7 & 8 \end{vmatrix}$

2. $\begin{vmatrix} 2+a & 7 \\ 1+b & 8 \end{vmatrix} = \begin{vmatrix} 2 & 7 \\ 1 & 8 \end{vmatrix} + \begin{vmatrix} a & 7 \\ b & 8 \end{vmatrix}$

3. $\begin{vmatrix} 5 \cdot 2 & 7 \\ 5 \cdot 1 & 8 \end{vmatrix} = 5 \begin{vmatrix} 2 & 7 \\ 1 & 8 \end{vmatrix} = \begin{vmatrix} 2 & 5 \cdot 7 \\ 1 & 5 \cdot 8 \end{vmatrix}$

4. $\begin{vmatrix} 7 & 2 \\ 8 & 1 \end{vmatrix} = -\begin{vmatrix} 2 & 7 \\ 1 & 8 \end{vmatrix}$

5. $\begin{vmatrix} 2 & 2 \\ 1 & 1 \end{vmatrix} = 0$

6. $\begin{vmatrix} 4 & 2 \\ 5 & 1 \end{vmatrix} = \begin{vmatrix} 4+(-2) \cdot 2 & 2 \\ 5+(-2) \cdot 1 & 1 \end{vmatrix} = \begin{vmatrix} 0 & 2 \\ 3 & 1 \end{vmatrix}$

例 3.1.7. 関数 f を $f(\boldsymbol{a}_1, \boldsymbol{a}_2) = \begin{vmatrix} a_{11} & a_{12} \\ a_{21} & a_{22} \end{vmatrix}$ と定義し，上の 5 つの性質 2 〜 6 を f を用いて書いてみよう．ただし，$\boldsymbol{a}_1 = \begin{pmatrix} a_{11} \\ a_{21} \end{pmatrix}$, $\boldsymbol{a}_2 = \begin{pmatrix} a_{12} \\ a_{22} \end{pmatrix}$, $\boldsymbol{b} = \begin{pmatrix} b_1 \\ b_2 \end{pmatrix}$ である．

[解] 性質 2 〜 6 について次のようになる．

2. $f(\boldsymbol{a}_1 + \boldsymbol{b}, \boldsymbol{a}_2) = f(\boldsymbol{a}_1, \boldsymbol{a}_2) + f(\boldsymbol{b}, \boldsymbol{a}_2),$

   $f(\boldsymbol{a}_1, \boldsymbol{a}_2 + \boldsymbol{b}) = f(\boldsymbol{a}_1, \boldsymbol{a}_2) + f(\boldsymbol{a}_1, \boldsymbol{b})$

3. $f(c\boldsymbol{a}_1, \boldsymbol{a}_2) = cf(\boldsymbol{a}_1, \boldsymbol{a}_2) = f(\boldsymbol{a}_1, c\boldsymbol{a}_2)$

4. $f(\boldsymbol{a}_1, \boldsymbol{a}_2) = -f(\boldsymbol{a}_2, \boldsymbol{a}_1)$

5. $f(\boldsymbol{a}_1, \boldsymbol{a}_1) = 0$

6. $f(\boldsymbol{a}_1 + c\boldsymbol{a}_2, \boldsymbol{a}_2) = f(\boldsymbol{a}_1, \boldsymbol{a}_2),\ \ f(\boldsymbol{a}_1, \boldsymbol{a}_2 + c\boldsymbol{a}_1) = f(\boldsymbol{a}_1, \boldsymbol{a}_2)$ □

3.2 3 次の行列式

定義 3.2.1. 3 次の行列 $A = \begin{pmatrix} a_{11} & a_{12} & a_{13} \\ a_{21} & a_{22} & a_{23} \\ a_{31} & a_{32} & a_{33} \end{pmatrix}$ に対して，3 次の行列式 $|A|$ を次のように定義する．

$$|A| = \begin{vmatrix} a_{11} & a_{12} & a_{13} \\ a_{21} & a_{22} & a_{23} \\ a_{31} & a_{32} & a_{33} \end{vmatrix} = a_{11}a_{22}a_{33} + a_{12}a_{23}a_{31} + a_{13}a_{21}a_{32}$$
$$- a_{11}a_{23}a_{32} - a_{12}a_{21}a_{33} - a_{13}a_{22}a_{31}$$

覚え方は，次のサラスの方法を参考にせよ．これは，次のような手順で計算を行っていると理解してよい．すなわち，下の図の斜線に沿って掛け算をして，実線の部分を加え，点線の部分を引くのである．

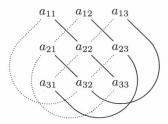

3 個の数値を線に沿って掛け算をして，
実線の部分を加え，点線の部分を引くと
3 次の行列式の値が得られる．
この計算方法を**サラスの方法**という．

●**問 3.2.2.** 次の行列式を計算せよ．

$$(1)\ \begin{vmatrix} 1 & 0 & 0 \\ 0 & 1 & 0 \\ 0 & 0 & 1 \end{vmatrix} \quad (2)\ \begin{vmatrix} 1 & 2 & 3 \\ 0 & 4 & 5 \\ 0 & 0 & 6 \end{vmatrix} \quad (3)\ \begin{vmatrix} 1 & 2 & 1 \\ 3 & 4 & 3 \\ 5 & 6 & 5 \end{vmatrix} \quad (4)\ \begin{vmatrix} 1 & 2 & 3 \\ 7 & 4 & 9 \\ 8 & 4 & 5 \end{vmatrix}$$

●問 **3.2.3.** $\begin{vmatrix} a_{11} & a_{12} & a_{13} \\ 0 & a_{22} & a_{23} \\ 0 & 0 & a_{33} \end{vmatrix}$ を計算せよ.

●問 **3.2.4.** $\begin{vmatrix} a & b & c \\ 0 & e & f \\ 0 & h & i \end{vmatrix} = a \begin{vmatrix} e & f \\ h & i \end{vmatrix}$ となることを示せ.

3.3 列に関する展開と行に関する展開

3 次の行列式の定義式を

$$|A| = a_{11}(a_{22}a_{33} - a_{23}a_{32}) - a_{21}(a_{12}a_{33} - a_{13}a_{32}) + a_{31}(a_{12}a_{23} - a_{13}a_{22})$$

のように変形して, ( ) の部分を 2 次の行列式で表すと次のようになる. こ
れを**第 1 列に関する行列式の展開**という.

$$|A| = a_{11} \begin{vmatrix} a_{22} & a_{23} \\ a_{32} & a_{33} \end{vmatrix} - a_{21} \begin{vmatrix} a_{12} & a_{13} \\ a_{32} & a_{33} \end{vmatrix} + a_{31} \begin{vmatrix} a_{12} & a_{13} \\ a_{22} & a_{23} \end{vmatrix}$$

n 次の行列式は付録 A の A.1 節で定義されるが, 一般に, n 次の行列 A か
ら i 行と j 列を取り去ってできる $(n-1)$ 次の行列式を $|A|$ の $(n-1)$ 次の**小行
列式**という. また, これに符号 $(-1)^{i+j}$ をつけたものを A の (i, j) **余因子**ま
たは a_{ij} の余因子といい, $\tilde{a}_{ij}$ で表す. $\tilde{A} = (\tilde{a}_{ij})$ を A の**余因子行列**という.

余因子 $\tilde{a}_{ij}$ を用いて上の第 1 列に関する展開公式を書きなおすと次になる.

$$|A| = a_{11}\tilde{a}_{11} + a_{21}\tilde{a}_{21} + a_{31}\tilde{a}_{31}$$

例 3.3.1. (余因子の求め方)

(1) a_{11} の余因子 $\tilde{a}_{11}$

a_{11} を含む行と列を取り除いてできる行列式 (以下の式で ▮ の部分は削除
されていて**存在していないと考えること**) に, プラスかマイナスの符号をつけ
たものである. 符号に関しては, a_{11} は添え字が $i = 1, j = 1$ で, $i + j = 2$ が
偶数なのでプラスとなる.

$$\widetilde{a}_{11} = (-1)^{1+1} \begin{vmatrix} a_{11} & a_{12} & a_{13} \\ a_{21} & a_{22} & a_{23} \\ a_{31} & a_{32} & a_{33} \end{vmatrix} = \begin{vmatrix} a_{22} & a_{23} \\ a_{32} & a_{33} \end{vmatrix}$$

(2) a_{21} の余因子 $\widetilde{a}_{21}$

a_{21} を含む行と列 (■ の部分) を取り除いてできる行列式は次のようになる.

$$\widetilde{a}_{21} = (-1)^{2+1} \begin{vmatrix} a_{11} & a_{12} & a_{13} \\ a_{21} & a_{22} & a_{23} \\ a_{31} & a_{32} & a_{33} \end{vmatrix} = -\begin{vmatrix} a_{12} & a_{13} \\ a_{32} & a_{33} \end{vmatrix}$$

a_{21} なので $i+j = 2+1$ は奇数となり, 符号はマイナスとなる.

(3) a_{31} の余因子 $\widetilde{a}_{31}$

a_{31} を含む行と列 (■ の部分) を取り除いてできる行列式は次のようになる.

$$\widetilde{a}_{31} = (-1)^{3+1} \begin{vmatrix} a_{11} & a_{12} & a_{13} \\ a_{21} & a_{22} & a_{23} \\ a_{31} & a_{32} & a_{33} \end{vmatrix} = \begin{vmatrix} a_{12} & a_{13} \\ a_{22} & a_{23} \end{vmatrix}$$

a_{31} なので $i+j = 3+1$ は偶数となり, 符号はプラスとなる.

例 3.3.2. $\begin{vmatrix} 2 & 1 & 0 \\ 7 & 4 & 3 \\ 5 & 9 & 6 \end{vmatrix}$ を第 1 列で展開して計算せよ.

[解] $\begin{vmatrix} 2 & 1 & 0 \\ 7 & 4 & 3 \\ 5 & 9 & 6 \end{vmatrix} = 2\begin{vmatrix} 4 & 3 \\ 9 & 6 \end{vmatrix} - 7\begin{vmatrix} 1 & 0 \\ 9 & 6 \end{vmatrix} + 5\begin{vmatrix} 1 & 0 \\ 4 & 3 \end{vmatrix} = -33$

となる.

$a_{11} = 2$ の余因子が $\widetilde{a}_{11} = \begin{vmatrix} 4 & 3 \\ 9 & 6 \end{vmatrix}$, $a_{21} = 7$ の余因子が $\widetilde{a}_{21} = -\begin{vmatrix} 1 & 0 \\ 9 & 6 \end{vmatrix}$,

$a_{31} = 5$ の余因子が $\widetilde{a}_{31} = \begin{vmatrix} 1 & 0 \\ 4 & 3 \end{vmatrix}$ である. □

●**問 3.3.3.** 例 3.3.2 の他の余因子をすべて求めよ.

行列式の値は他の列, 第 2 列や第 3 列で展開しても同じである. 第 2 列での展開を確認してみよう. 定義式を第 2 列の成分 a_{12}, a_{22}, a_{32} に着目して整理すると次のようになり, 第 2 列に関する展開が得られる.

$$|A| = -a_{12}(a_{21}a_{33} - a_{23}a_{31}) + a_{22}(a_{11}a_{33} - a_{13}a_{31}) - a_{32}(a_{11}a_{23} - a_{13}a_{21})$$

$$= -a_{12}\begin{vmatrix} a_{21} & a_{23} \\ a_{31} & a_{33} \end{vmatrix} + a_{22}\begin{vmatrix} a_{11} & a_{13} \\ a_{31} & a_{33} \end{vmatrix} - a_{32}\begin{vmatrix} a_{11} & a_{13} \\ a_{21} & a_{23} \end{vmatrix}$$

$$= a_{12}\widetilde{a}_{12} + a_{22}\widetilde{a}_{22} + a_{32}\widetilde{a}_{32}$$

例 3.3.4. 行列式 $\begin{vmatrix} 2 & 1 & 0 \\ 7 & 4 & 3 \\ 5 & 9 & 6 \end{vmatrix}$ を第 2 列および第 3 列で展開して計算せよ.

[解]
$$\begin{vmatrix} 2 & 1 & 0 \\ 7 & 4 & 3 \\ 5 & 9 & 6 \end{vmatrix} = -1\begin{vmatrix} 7 & 3 \\ 5 & 6 \end{vmatrix} + 4\begin{vmatrix} 2 & 0 \\ 5 & 6 \end{vmatrix} - 9\begin{vmatrix} 2 & 0 \\ 7 & 3 \end{vmatrix} = -33,$$

$$\begin{vmatrix} 2 & 1 & 0 \\ 7 & 4 & 3 \\ 5 & 9 & 6 \end{vmatrix} = -3\begin{vmatrix} 2 & 1 \\ 5 & 9 \end{vmatrix} + 6\begin{vmatrix} 2 & 1 \\ 7 & 4 \end{vmatrix} = -33$$

□

●**問 3.3.5.** 行列式 $\begin{vmatrix} a_{11} & a_{12} & a_{13} \\ a_{21} & a_{22} & a_{23} \\ a_{31} & a_{32} & a_{33} \end{vmatrix}$ を第 3 列で展開した式を余因子 $\widetilde{a}_{ij}$ を用いて書け.

列に関する展開式は, 行に関しても成立し, **第 1 行に関する展開式**は次のようになる.

$$|A| = a_{11}\begin{vmatrix} a_{22} & a_{23} \\ a_{32} & a_{33} \end{vmatrix} - a_{12}\begin{vmatrix} a_{21} & a_{23} \\ a_{31} & a_{33} \end{vmatrix} + a_{13}\begin{vmatrix} a_{21} & a_{22} \\ a_{31} & a_{32} \end{vmatrix}$$

$$= a_{11}\widetilde{a}_{11} + a_{12}\widetilde{a}_{12} + a_{13}\widetilde{a}_{13}$$

余因子 $\widetilde{a}_{ij}$ は次のようになっている. (以下の式で ■ の部分が削除されていると考える.)

a_{11} の余因子 $\tilde{a}_{11} = (-1)^{1+1} \begin{vmatrix} a_{11} & a_{12} & a_{13} \\ a_{21} & a_{22} & a_{23} \\ a_{31} & a_{32} & a_{33} \end{vmatrix} = \begin{vmatrix} a_{22} & a_{23} \\ a_{32} & a_{33} \end{vmatrix}$,

a_{12} の余因子 $\tilde{a}_{12} = (-1)^{1+2} \begin{vmatrix} a_{11} & a_{12} & a_{13} \\ a_{21} & a_{22} & a_{23} \\ a_{31} & a_{32} & a_{33} \end{vmatrix} = - \begin{vmatrix} a_{21} & a_{23} \\ a_{31} & a_{33} \end{vmatrix}$,

a_{13} の余因子 $\tilde{a}_{13} = (-1)^{1+3} \begin{vmatrix} a_{11} & a_{12} & a_{13} \\ a_{21} & a_{22} & a_{23} \\ a_{31} & a_{32} & a_{33} \end{vmatrix} = \begin{vmatrix} a_{21} & a_{22} \\ a_{31} & a_{32} \end{vmatrix}$

行列式の値は，列の展開のときと同様，第 2 行，第 3 行で展開しても同じ
となる．すなわち，どの列どの行で展開しても行列式の値は同じとなる．

例 3.3.6. 行列式 $\begin{vmatrix} 2 & 1 & 0 \\ 7 & 4 & 3 \\ 5 & 9 & 6 \end{vmatrix}$ を第 1 行で展開せよ．

[解] $\begin{vmatrix} 2 & 1 & 0 \\ 7 & 4 & 3 \\ 5 & 9 & 6 \end{vmatrix} = 2 \begin{vmatrix} 4 & 3 \\ 9 & 6 \end{vmatrix} - 1 \begin{vmatrix} 7 & 3 \\ 5 & 6 \end{vmatrix}$ となる．

$a_{11} = 2$ の余因子が $\tilde{a}_{11} = \begin{vmatrix} 4 & 3 \\ 9 & 6 \end{vmatrix}$, $a_{12} = 1$ の余因子が $\tilde{a}_{12} = - \begin{vmatrix} 7 & 3 \\ 5 & 6 \end{vmatrix}$ であ
る．$a_{13} = 0$ なので a_{13} の余因子の計算は不要である． □

●**問 3.3.7.** 3 次の行列式 $\begin{vmatrix} a_{11} & a_{12} & a_{13} \\ a_{21} & a_{22} & a_{23} \\ a_{31} & a_{32} & a_{33} \end{vmatrix}$ を第 2 行および第 3 行で展開し
た式をそれぞれ余因子 $\tilde{a}_{ij}$ を用いて書け．

●**問 3.3.8.** 適当な行と列を考えて，次の行列式を展開して計算せよ．

(1) $\begin{vmatrix} 1 & 2 & 3 \\ 4 & 5 & 0 \\ 7 & 8 & 0 \end{vmatrix}$ (2) $\begin{vmatrix} 1 & 0 & 3 \\ 4 & 5 & 6 \\ 7 & 0 & 9 \end{vmatrix}$ (3) $\begin{vmatrix} 1 & 2 & 3 \\ 4 & 0 & 0 \\ 7 & 8 & 9 \end{vmatrix}$

(4) $\begin{vmatrix} a & 0 & 0 \\ 0 & b & 0 \\ 0 & 0 & c \end{vmatrix}$ (5) $\begin{vmatrix} 1 & 0 & 0 \\ a & 1 & 0 \\ b & 0 & 1 \end{vmatrix}$ (6) $\begin{vmatrix} 1 & 0 & 0 \\ 0 & 0 & 1 \\ 0 & 1 & 0 \end{vmatrix}$

3.4　3次の行列式の性質

2次の行列式と同様の性質が3次の行列式でも成り立つ.

1.　行と列とに関して対称である. すなわち, $|A| = |A^T|$ なので, 列で成り立つ性質は, 行でも成り立つ.

2.　ある列の和は行列式の和に等しい.

$$\begin{vmatrix} a_{11}+b_1 & a_{12} & a_{13} \\ a_{21}+b_2 & a_{22} & a_{23} \\ a_{31}+b_3 & a_{32} & a_{33} \end{vmatrix} = \begin{vmatrix} a_{11} & a_{12} & a_{13} \\ a_{21} & a_{22} & a_{23} \\ a_{31} & a_{32} & a_{33} \end{vmatrix} + \begin{vmatrix} b_1 & a_{12} & a_{13} \\ b_2 & a_{22} & a_{23} \\ b_3 & a_{32} & a_{33} \end{vmatrix}$$

3.　ある列の定数倍はもとの行列式の定数倍に等しい.

$$\begin{vmatrix} ca_{11} & a_{12} & a_{13} \\ ca_{21} & a_{22} & a_{23} \\ ca_{31} & a_{32} & a_{33} \end{vmatrix} = c \begin{vmatrix} a_{11} & a_{12} & a_{13} \\ a_{21} & a_{22} & a_{23} \\ a_{31} & a_{32} & a_{33} \end{vmatrix}$$

4.　列の入れ替えは符号の反転.

$$\begin{vmatrix} a_{12} & a_{11} & a_{13} \\ a_{22} & a_{21} & a_{23} \\ a_{32} & a_{31} & a_{33} \end{vmatrix} = - \begin{vmatrix} a_{11} & a_{12} & a_{13} \\ a_{21} & a_{22} & a_{23} \\ a_{31} & a_{32} & a_{33} \end{vmatrix}$$

5.　列が同じ場合は0になる.

$$\begin{vmatrix} a_{11} & a_{11} & a_{13} \\ a_{21} & a_{21} & a_{23} \\ a_{31} & a_{31} & a_{33} \end{vmatrix} = 0$$

6.　ある列に他の列の定数倍を加えても値は変わらない.

$$\begin{vmatrix} a_{11}+ca_{12} & a_{12} & a_{13} \\ a_{21}+ca_{22} & a_{22} & a_{23} \\ a_{31}+ca_{32} & a_{32} & a_{33} \end{vmatrix} = \begin{vmatrix} a_{11} & a_{12} & a_{13} \\ a_{21} & a_{22} & a_{23} \\ a_{31} & a_{32} & a_{33} \end{vmatrix}$$

性質2～6までは第1列と第2列の組合せで考えているが, 他の列の組合せでも同様に成り立つ. さらに, 性質1により, 行列を転置しても値は変わ

らないので，行の組合せについても性質 2 〜 6 と同様の性質が成り立つ．上の性質 2 と性質 3 をあわせて**線形性**といい，性質 4 を**交代性**という．

例 3.4.1.　行列式の性質を具体例に応用してみよう．

1. $\begin{vmatrix} 1 & 2 & 3 \\ 4 & 5 & 6 \\ 7 & 8 & 9 \end{vmatrix} = \begin{vmatrix} 1 & 4 & 7 \\ 2 & 5 & 8 \\ 3 & 6 & 9 \end{vmatrix}$

2. $\begin{vmatrix} 1+a & 2 & 3 \\ 4+b & 5 & 6 \\ 7+c & 8 & 9 \end{vmatrix} = \begin{vmatrix} 1 & 2 & 3 \\ 4 & 5 & 6 \\ 7 & 8 & 9 \end{vmatrix} + \begin{vmatrix} a & 2 & 3 \\ b & 5 & 6 \\ c & 8 & 9 \end{vmatrix}$

3. $\begin{vmatrix} 5\cdot 3 & 1 & 4 \\ 5\cdot 1 & 5 & 9 \\ 5\cdot 2 & 6 & 5 \end{vmatrix} = 5 \begin{vmatrix} 3 & 1 & 4 \\ 1 & 5 & 9 \\ 2 & 6 & 5 \end{vmatrix}$

4. $\begin{vmatrix} 1 & 3 & 4 \\ 5 & 1 & 9 \\ 6 & 2 & 5 \end{vmatrix} = - \begin{vmatrix} 3 & 1 & 4 \\ 1 & 5 & 9 \\ 2 & 6 & 5 \end{vmatrix}$

5. $\begin{vmatrix} 3 & 3 & 4 \\ 1 & 1 & 9 \\ 2 & 2 & 5 \end{vmatrix} = 0$

6. $\begin{vmatrix} 3 & 1 & 4 \\ 1 & 5 & 9 \\ 2 & 6 & 5 \end{vmatrix} = \begin{vmatrix} 3-3\cdot 1 & 1 & 4 \\ 1-3\cdot 5 & 5 & 9 \\ 2-3\cdot 6 & 6 & 5 \end{vmatrix}$

●**問 3.4.2.**　関数 f を $f(\boldsymbol{a}_1, \boldsymbol{a}_2, \boldsymbol{a}_3) = \begin{vmatrix} a_{11} & a_{12} & a_{13} \\ a_{21} & a_{22} & a_{23} \\ a_{31} & a_{32} & a_{33} \end{vmatrix}$ と定義して，上の 5 つの性質 2 〜 6 を関数 f を用いて書いてみよ．

例 3.4.3.　次の行列式を計算せよ．

(1) $\begin{vmatrix} 1 & 2 & 3 \\ 4 & 5 & 6 \\ 7 & 8 & 9 \end{vmatrix}$　　　　　(2) $\begin{vmatrix} 3 & 1 & 4 \\ 1 & 5 & 9 \\ 2 & 6 & 5 \end{vmatrix}$

[解] (1) $\begin{vmatrix} 1 & 2 & 3 \\ 4 & 5 & 6 \\ 7 & 8 & 9 \end{vmatrix} = \begin{vmatrix} 1 & 2 & 3 \\ 2 & 1 & 0 \\ 4 & 2 & 0 \end{vmatrix}$ (2行 -2×1 行, 3行 -3×1 行)

$$= 2 \begin{vmatrix} 1 & 2 & 3 \\ 2 & 1 & 0 \\ 2 & 1 & 0 \end{vmatrix}$$

$$= 0 \qquad (3 \text{行から} 2 \text{をくくる}, \ 2 \text{行} = 3 \text{行})$$

(2) $\begin{vmatrix} 3 & 1 & 4 \\ 1 & 5 & 9 \\ 2 & 6 & 5 \end{vmatrix} = \begin{vmatrix} 3 & -8 & 4 \\ 1 & 2 & 9 \\ 2 & 0 & 5 \end{vmatrix}$ (2列 -3×1 列)

$$= \begin{vmatrix} 7 & 0 & 40 \\ 1 & 2 & 9 \\ 2 & 0 & 5 \end{vmatrix} \qquad (1 \text{行} + 4 \times 2 \text{行})$$

$$= 2 \begin{vmatrix} 7 & 40 \\ 2 & 5 \end{vmatrix}$$

$$= -90 \qquad (2 \text{列で展開}) \qquad\qquad \square$$

●問 3.4.4. 次の行列式を計算せよ.

(1) $\begin{vmatrix} -4 & 1 & 3 \\ 8 & -2 & -1 \\ -12 & 3 & 5 \end{vmatrix}$ (2) $\begin{vmatrix} 2 & 1 & 1 \\ 5 & 3 & 8 \\ 16 & 5 & 21 \end{vmatrix}$

(3) $\begin{vmatrix} 3 & 4 & 2 \\ 0 & 2 & -1 \\ -1 & 5 & 6 \end{vmatrix}$ (4) $\begin{vmatrix} 3 & 2 & 1 \\ 4 & 5 & 2 \\ 2 & 1 & 4 \end{vmatrix}$

例 3.4.5. 次の行列式を因数分解せよ.

(1) $\begin{vmatrix} 1 & 1 & 1 \\ x & y & z \\ x^2 & y^2 & z^2 \end{vmatrix}$ (2) $\begin{vmatrix} 1 & a & a \\ a & 1 & a \\ a & a & 1 \end{vmatrix}$

[解] (1) $\begin{vmatrix} 1 & 1 & 1 \\ x & y & z \\ x^2 & y^2 & z^2 \end{vmatrix} = \begin{vmatrix} 1 & 1 & 1 \\ x & y & z \\ x(x-z) & y(y-z) & 0 \end{vmatrix}$ (3行$-z \times$2行)

$= \begin{vmatrix} 1 & 1 & 1 \\ x-z & y-z & 0 \\ x(x-z) & y(y-z) & 0 \end{vmatrix}$ (2行$-z \times$1行)

$= 1 \times \begin{vmatrix} x-z & y-z \\ x(x-z) & y(y-z) \end{vmatrix}$ (3列で展開)

$= (x-z)(y-z)\begin{vmatrix} 1 & 1 \\ x & y \end{vmatrix}$ (1列から$x-z$を，2列から$y-z$をくくる)

$= (x-z)(y-z)(y-x)$

(2) $\begin{vmatrix} 1 & a & a \\ a & 1 & a \\ a & a & 1 \end{vmatrix} = \begin{vmatrix} 2a+1 & a & a \\ 2a+1 & 1 & a \\ 2a+1 & a & 1 \end{vmatrix} = \begin{vmatrix} 2a+1 & a & a \\ 0 & 1-a & 0 \\ 0 & 0 & 1-a \end{vmatrix}$

$= (2a+1)\begin{vmatrix} 1-a & 0 \\ 0 & 1-a \end{vmatrix}$

$= (2a+1)(1-a)^2$ □

例 3.4.6. 次の行列式を因数分解せよ．

(1) $\begin{vmatrix} 3-x & 4 \\ 5 & 2-x \end{vmatrix}$ (2) $\begin{vmatrix} 9-x & -4 & 4 \\ 16 & -7-x & 8 \\ 2 & -1 & 2-x \end{vmatrix}$

[解] (1) $\begin{vmatrix} 3-x & 4 \\ 5 & 2-x \end{vmatrix} = \begin{vmatrix} 3-x & 4 \\ 2+x & -2-x \end{vmatrix}$

$= \begin{vmatrix} 3-x & 7-x \\ 2+x & 0 \end{vmatrix} = (2+x)(-7+x)$

(2) $\begin{vmatrix} 9-x & -4 & 4 \\ 16 & -7-x & 8 \\ 2 & -1 & 2-x \end{vmatrix} = \begin{vmatrix} 9-x & 0 & 4 \\ 16 & 1-x & 8 \\ 2 & 1-x & 2-x \end{vmatrix}$

$= \begin{vmatrix} 9-x & 0 & 4 \\ 16 & 1-x & 8 \\ -14 & 0 & -6-x \end{vmatrix} = (1-x)\begin{vmatrix} 9-x & 4 \\ -14 & -6-x \end{vmatrix}$

$= (1-x)\begin{vmatrix} 1-x & 4 \\ -2+2x & -6-x \end{vmatrix} = (1-x)\begin{vmatrix} 1-x & 4 \\ 0 & 2-x \end{vmatrix}$

$= -(x-1)^2(x-2)$ □

●問 **3.4.7.**　次の行列式を因数分解せよ.

(1) $\begin{vmatrix} a & b & b \\ a & b & a \\ a & a & b \end{vmatrix}$　(2) $\begin{vmatrix} 2-x & 1 \\ 3 & 4-x \end{vmatrix}$　(3) $\begin{vmatrix} 2-x & 2 & 2 \\ -1 & 2-x & 1 \\ 1 & -1 & -x \end{vmatrix}$

行列の積と行列式の積に関して次の公式が成立する.

定理 3.4.8.(行列の積と行列式)　n 次の行列 A, B に対し, $|AB| = |A||B|$ が成り立つ.

2 次の行列で確認しよう. $A = \begin{pmatrix} a_{11} & a_{12} \\ a_{21} & a_{22} \end{pmatrix}$, $B = \begin{pmatrix} b_{11} & b_{12} \\ b_{21} & b_{22} \end{pmatrix}$ とすると, 67 ページで述べた 2 次の行列式の性質 2 と 3 より, 次のように計算できる.

$|AB| = \begin{vmatrix} a_{11}b_{11}+a_{12}b_{21} & a_{11}b_{12}+a_{12}b_{22} \\ a_{21}b_{11}+a_{22}b_{21} & a_{21}b_{12}+a_{22}b_{22} \end{vmatrix}$

$= \begin{vmatrix} a_{11}b_{11} & a_{11}b_{12}+a_{12}b_{22} \\ a_{21}b_{11} & a_{21}b_{12}+a_{22}b_{22} \end{vmatrix} + \begin{vmatrix} a_{12}b_{21} & a_{11}b_{12}+a_{12}b_{22} \\ a_{22}b_{21} & a_{21}b_{12}+a_{22}b_{22} \end{vmatrix}$

$= \begin{vmatrix} a_{11}b_{11} & a_{11}b_{12} \\ a_{21}b_{11} & a_{21}b_{12} \end{vmatrix} + \begin{vmatrix} a_{11}b_{11} & a_{12}b_{22} \\ a_{21}b_{11} & a_{22}b_{22} \end{vmatrix} + \begin{vmatrix} a_{12}b_{21} & a_{11}b_{12} \\ a_{22}b_{21} & a_{21}b_{12} \end{vmatrix} + \begin{vmatrix} a_{12}b_{21} & a_{12}b_{22} \\ a_{22}b_{21} & a_{22}b_{22} \end{vmatrix}$

$= b_{11}b_{12}\begin{vmatrix} a_{11} & a_{11} \\ a_{21} & a_{21} \end{vmatrix} + b_{11}b_{22}\begin{vmatrix} a_{11} & a_{12} \\ a_{21} & a_{22} \end{vmatrix} + b_{12}b_{21}\begin{vmatrix} a_{12} & a_{11} \\ a_{22} & a_{21} \end{vmatrix} + b_{21}b_{22}\begin{vmatrix} a_{12} & a_{12} \\ a_{22} & a_{22} \end{vmatrix}$

$= 0 + b_{11}b_{22}|A| - b_{12}b_{21}|A| + 0$

$= |A||B|$

●問 **3.4.9.** $A = \begin{pmatrix} 1 & 2 \\ 3 & 4 \end{pmatrix}$, $B = \begin{pmatrix} 1 & 2 \\ 4 & 3 \end{pmatrix}$ のとき，行列式 $|A|$, $|B|$, $|AB|$ を計算して，$|AB| = |A||B|$ を確認せよ．

●問 **3.4.10.** 正方行列 A について，$AX = E$ または $XA = E$ をみたす正方行列 X が存在すれば，A は正則であることを示せ．

3.5 行列の正則判定と逆行列

行列 A が正則行列ならば $AB = E$ となる行列 B が存在する．したがって，定理 3.4.8 から，$|A||B| = |AB| = |E| = 1$ なので $|A| \neq 0$ である．実は，次の定理からこの逆も成り立つ．このことから行列式を用いて，行列の正則判定ができるのである．

定理 3.5.1. A が正則行列であるための必要十分条件は，$|A| \neq 0$ である．

A が 2 次の行列のとき，上の定理を確かめてみよう．A の余因子行列を $\widetilde{A}$ $= \begin{pmatrix} \widetilde{a}_{11} & \widetilde{a}_{12} \\ \widetilde{a}_{21} & \widetilde{a}_{22} \end{pmatrix}$ とする．ここで，$\widetilde{a}_{11}$ は 1 次の行列式であるが，1 次の行列式は数そのものであると約束する．すなわち，次のようになる．

$$\widetilde{a}_{11} = (-1)^{1+1}|a_{22}| = a_{22}, \qquad \widetilde{a}_{12} = (-1)^{1+2}|a_{21}| = -a_{21},$$
$$\widetilde{a}_{21} = (-1)^{2+1}|a_{12}| = -a_{12}, \qquad \widetilde{a}_{22} = (-1)^{2+2}|a_{11}| = a_{11}$$

よって，

$$\widetilde{A}^T A = \begin{pmatrix} \widetilde{a}_{11} & \widetilde{a}_{21} \\ \widetilde{a}_{12} & \widetilde{a}_{22} \end{pmatrix} \begin{pmatrix} a_{11} & a_{12} \\ a_{21} & a_{22} \end{pmatrix} = \begin{pmatrix} a_{11}\widetilde{a}_{11} + a_{21}\widetilde{a}_{21} & a_{12}\widetilde{a}_{11} + a_{22}\widetilde{a}_{21} \\ a_{11}\widetilde{a}_{12} + a_{21}\widetilde{a}_{22} & a_{12}\widetilde{a}_{12} + a_{22}\widetilde{a}_{22} \end{pmatrix}$$
$$= \begin{pmatrix} |A| & 0 \\ 0 & |A| \end{pmatrix} = |A| \begin{pmatrix} 1 & 0 \\ 0 & 1 \end{pmatrix} = |A|E$$

したがって，$\widetilde{A}^T A = |A|E$ である．同様にして，$A\widetilde{A}^T = |A|E$ も得られる．$|A| \neq 0$ なので，

$$\left(\frac{1}{|A|} \widetilde{A}^T \right) A = A \left(\frac{1}{|A|} \widetilde{A}^T \right) = E$$

である．したがって，A は正則となり，$A^{-1} = \dfrac{1}{|A|}\widetilde{A}^T$ である．

特に，A が 2 次である場合の逆行列は

$$A^{-1} = \frac{1}{|A|}\begin{pmatrix} \widetilde{a}_{11} & \widetilde{a}_{21} \\ \widetilde{a}_{12} & \widetilde{a}_{22} \end{pmatrix} = \frac{1}{|A|}\begin{pmatrix} a_{22} & -a_{12} \\ -a_{21} & a_{11} \end{pmatrix}$$

であることがわかる (19 ページの公式を参照せよ)．また，A が 3 次の場合の逆行列は，次のようになっている．

$$A^{-1} = \frac{1}{|A|}\begin{pmatrix} \widetilde{a}_{11} & \widetilde{a}_{21} & \widetilde{a}_{31} \\ \widetilde{a}_{12} & \widetilde{a}_{22} & \widetilde{a}_{32} \\ \widetilde{a}_{13} & \widetilde{a}_{23} & \widetilde{a}_{33} \end{pmatrix}$$

例 3.5.2. 次の行列の逆行列を求めよ．

(1) $A = \begin{pmatrix} 1 & 3 \\ 2 & 4 \end{pmatrix}$ (2) $A = \begin{pmatrix} 8 & 1 & 2 \\ 7 & 0 & 3 \\ 6 & 5 & 4 \end{pmatrix}$

[**解**] (1) $|A| = 1 \cdot 4 - 3 \cdot 2 = -2 \neq 0$ より逆行列が存在する．$a_{11} = 1$ の余因子は 4, $a_{12} = 3$ の余因子は -2, $a_{21} = 2$ の余因子は -3, $a_{22} = 4$ の余因子は 1. したがって，逆行列は，

$$A^{-1} = \frac{1}{|A|}\begin{pmatrix} \widetilde{a}_{11} & \widetilde{a}_{21} \\ \widetilde{a}_{12} & \widetilde{a}_{22} \end{pmatrix} = \frac{1}{-2}\begin{pmatrix} 4 & -3 \\ -2 & 1 \end{pmatrix}$$

(2) $|A| = \begin{vmatrix} 8 & 1 & 2 \\ 7 & 0 & 3 \\ 6 & 5 & 4 \end{vmatrix} = -\begin{vmatrix} 7 & 3 \\ 6 & 4 \end{vmatrix} - 5\begin{vmatrix} 8 & 2 \\ 7 & 3 \end{vmatrix} = -10 - 50 = -60$

各余因子を求めると

$$\widetilde{a}_{11} = \begin{vmatrix} 0 & 3 \\ 5 & 4 \end{vmatrix} = -15, \quad \widetilde{a}_{21} = -\begin{vmatrix} 1 & 2 \\ 5 & 4 \end{vmatrix} = 6, \quad \widetilde{a}_{31} = \begin{vmatrix} 1 & 2 \\ 0 & 3 \end{vmatrix} = 3,$$

$$\widetilde{a}_{12} = -\begin{vmatrix} 7 & 3 \\ 6 & 4 \end{vmatrix} = -10, \quad \widetilde{a}_{22} = \begin{vmatrix} 8 & 2 \\ 6 & 4 \end{vmatrix} = 20, \quad \widetilde{a}_{32} = -\begin{vmatrix} 8 & 2 \\ 7 & 3 \end{vmatrix} = -10,$$

$$\widetilde{a}_{13} = \begin{vmatrix} 7 & 0 \\ 6 & 5 \end{vmatrix} = 35, \quad \widetilde{a}_{23} = -\begin{vmatrix} 8 & 1 \\ 6 & 5 \end{vmatrix} = -34, \quad \widetilde{a}_{33} = \begin{vmatrix} 8 & 1 \\ 7 & 0 \end{vmatrix} = -7$$

したがって,

$$A^{-1} = \frac{1}{|A|} \begin{pmatrix} \widetilde{a}_{11} & \widetilde{a}_{21} & \widetilde{a}_{31} \\ \widetilde{a}_{12} & \widetilde{a}_{22} & \widetilde{a}_{32} \\ \widetilde{a}_{13} & \widetilde{a}_{23} & \widetilde{a}_{33} \end{pmatrix} = \frac{1}{-60} \begin{pmatrix} -15 & 6 & 3 \\ -10 & 20 & -10 \\ 35 & -34 & -7 \end{pmatrix}$$ □

●問 **3.5.3.** 次の行列の逆行列を求めよ.

(1) $\begin{pmatrix} 1 & 0 \\ 0 & 1 \end{pmatrix}$ (2) $\begin{pmatrix} 1 & 2 \\ 3 & 4 \end{pmatrix}$ (3) $\begin{pmatrix} 1 & 2 & 3 \\ 0 & 4 & 5 \\ 0 & 0 & 6 \end{pmatrix}$ (4) $\begin{pmatrix} 1 & 2 & 3 \\ 8 & 9 & 4 \\ 7 & 6 & 5 \end{pmatrix}$

3.6 連立 1 次方程式の解法 (クラメルの公式)

次の連立 1 次方程式を解いてみよう.

例 3.6.1. 連立 1 次方程式 $\begin{cases} x + y = 3 \\ x - y = 5 \end{cases}$ を解け.

この問題は簡単に解けて, 解がただ 1 通り定まる. つまり, $\begin{cases} x = 4 \\ y = -1 \end{cases}$ がその答えである.

次に, 係数を一般の文字 a, b, c, d で表して, 方程式の解について考えてみよう. 行列 $\begin{pmatrix} a & b \\ c & d \end{pmatrix}$ と数の組 $\begin{pmatrix} x \\ y \end{pmatrix}$ に対して

$$\begin{pmatrix} a & b \\ c & d \end{pmatrix} \begin{pmatrix} x \\ y \end{pmatrix} = \begin{pmatrix} ax + by \\ cx + dy \end{pmatrix}$$

と計算できるので, 連立 1 次方程式 $\begin{cases} ax + by = e \\ cx + dy = f \end{cases}$ は行列を用いて

$$\begin{pmatrix} a & b \\ c & d \end{pmatrix} \begin{pmatrix} x \\ y \end{pmatrix} = \begin{pmatrix} e \\ f \end{pmatrix}$$

と書き換えることができる.

定理 3.6.2. 連立 1 次方程式 $\begin{cases} ax + by = e \\ cx + dy = f \end{cases}$ の解は，$\begin{vmatrix} a & b \\ c & d \end{vmatrix} \neq 0$ ならば

$$x = \frac{\begin{vmatrix} e & b \\ f & d \end{vmatrix}}{\begin{vmatrix} a & b \\ c & d \end{vmatrix}}, \qquad および \qquad y = \frac{\begin{vmatrix} a & e \\ c & f \end{vmatrix}}{\begin{vmatrix} a & b \\ c & d \end{vmatrix}}$$

である．

[証明] 計算により，解を求めてみよう．連立 1 次方程式を

$$\begin{cases} ax + by = e & \cdots ① \\ cx + dy = f & \cdots ② \end{cases}$$

とおく．① $\times d -$ ② $\times b$ を計算して

$$(ad - bc)x = ed - bf, \qquad \therefore \quad ad - bc \neq 0 \text{ のとき}, \quad x = \frac{ed - bf}{ad - bc}$$

① $\times c -$ ② $\times a$ を計算して

$$(bc - ad)y = ec - af, \qquad \therefore \quad ad - bc \neq 0 \text{ のとき}, \quad y = \frac{af - ec}{ad - bc}$$

2 次の行列 $A = \begin{pmatrix} a & b \\ c & d \end{pmatrix}$ の行列式 $|A|$ は $|A| = \begin{vmatrix} a & b \\ c & d \end{vmatrix} = ad - bc$ なので，

$\begin{vmatrix} e & b \\ f & d \end{vmatrix} = ed - bf$, $\begin{vmatrix} a & e \\ c & f \end{vmatrix} = af - ec$ である．したがって，

$$x = \frac{ed - bf}{ad - bc} = \frac{\begin{vmatrix} e & b \\ f & d \end{vmatrix}}{\begin{vmatrix} a & b \\ c & d \end{vmatrix}}, \qquad y = \frac{af - ec}{ad - bc} = \frac{\begin{vmatrix} a & e \\ c & f \end{vmatrix}}{\begin{vmatrix} a & b \\ c & d \end{vmatrix}}$$

である．   ■

n 個の変数 $x_1, x_2, \cdots, x_n$ の連立 1 次方程式は，前節でみたように，

$$A = (a_{ij}), \quad \boldsymbol{x} = (x_i), \quad \boldsymbol{b} = (b_i)$$

とおくことにより,$A\boldsymbol{x} = \boldsymbol{b}$ と書くことができる.

A を n 次の正方行列とする.連立 1 次方程式 $A\boldsymbol{x} = \boldsymbol{b}$ は,$|A| \neq 0$ のとき一意に解けて,$\boldsymbol{x} = A^{-1}\boldsymbol{b}$ となる.なぜならば,

$$\boldsymbol{x} = E\boldsymbol{x} = (A^{-1}A)\boldsymbol{x} = A^{-1}(A)\boldsymbol{x} = A^{-1}(A\boldsymbol{x}) = A^{-1}\boldsymbol{b}$$

2 次の行列の場合,解 $\boldsymbol{x} = \begin{pmatrix} x_1 \\ x_2 \end{pmatrix}$ の具体的な形を上の考え方により求めてみると次のようになる.

$$\boldsymbol{x} = A^{-1}\boldsymbol{b} = \frac{1}{|A|} \begin{pmatrix} \widetilde{a}_{11} & \widetilde{a}_{21} \\ \widetilde{a}_{12} & \widetilde{a}_{22} \end{pmatrix} \begin{pmatrix} b_1 \\ b_2 \end{pmatrix}$$

これより $x_1 = \frac{1}{|A|}(b_1\widetilde{a}_{11} + b_2\widetilde{a}_{21})$ となり,右辺は行列式 $\begin{vmatrix} b_1 & a_{12} \\ b_2 & a_{22} \end{vmatrix}$ を第 1 列で展開したものである.x_2 は行列式 $\begin{vmatrix} a_{11} & b_1 \\ a_{21} & b_2 \end{vmatrix}$ を第 2 列で展開したものとなり,解は次の形で書ける (ここでは解を行ベクトルの転置行列で表している).

$$\begin{pmatrix} x_1 \\ x_2 \end{pmatrix} = \left(\frac{\begin{vmatrix} b_1 & a_{12} \\ b_2 & a_{22} \end{vmatrix}}{\begin{vmatrix} a_{11} & a_{12} \\ a_{21} & a_{22} \end{vmatrix}} \quad \frac{\begin{vmatrix} a_{11} & b_1 \\ a_{21} & b_2 \end{vmatrix}}{\begin{vmatrix} a_{11} & a_{12} \\ a_{21} & a_{22} \end{vmatrix}} \right)^T$$

この解は定理 3.6.2 で求めた解と同じである.

3 次の行列の場合も同様にして解が得られ,解 $(x_1 \ x_2 \ x_3)^T$ は次式 (**クラメル (Cramer) の公式**) で与えられる.

$$\left(\frac{\begin{vmatrix} b_1 & a_{12} & a_{13} \\ b_2 & a_{22} & a_{23} \\ b_3 & a_{32} & a_{33} \end{vmatrix}}{\begin{vmatrix} a_{11} & a_{12} & a_{13} \\ a_{21} & a_{22} & a_{23} \\ a_{31} & a_{32} & a_{33} \end{vmatrix}} \quad \frac{\begin{vmatrix} a_{11} & b_1 & a_{13} \\ a_{21} & b_2 & a_{23} \\ a_{31} & b_3 & a_{33} \end{vmatrix}}{\begin{vmatrix} a_{11} & a_{12} & a_{13} \\ a_{21} & a_{22} & a_{23} \\ a_{31} & a_{32} & a_{33} \end{vmatrix}} \quad \frac{\begin{vmatrix} a_{11} & a_{12} & b_1 \\ a_{21} & a_{22} & b_2 \\ a_{31} & a_{32} & b_3 \end{vmatrix}}{\begin{vmatrix} a_{11} & a_{12} & a_{13} \\ a_{21} & a_{22} & a_{23} \\ a_{31} & a_{32} & a_{33} \end{vmatrix}} \right)^T$$

例 3.6.3. 連立 1 次方程式 $\begin{cases} x + 2y = 1 \\ 3x + 5y = 4 \end{cases}$ の解は，クラメルの公式を用いて求めると，次のようになる．

$$\begin{pmatrix} x \\ y \end{pmatrix} = \left(\frac{\begin{vmatrix} 1 & 2 \\ 4 & 5 \end{vmatrix}}{\begin{vmatrix} 1 & 2 \\ 3 & 5 \end{vmatrix}}, \ \frac{\begin{vmatrix} 1 & 1 \\ 3 & 4 \end{vmatrix}}{\begin{vmatrix} 1 & 2 \\ 3 & 5 \end{vmatrix}} \right)^T = \begin{pmatrix} 3 \\ -1 \end{pmatrix}$$

●**問 3.6.4.** 次の連立 1 次方程式をクラメルの公式を用いて解け．

(1) $\begin{cases} 2x + 3y = 5 \\ 3x + 5y = 8 \end{cases}$ (2) $\begin{cases} 2x + 3y + 4z = 5 \\ 3x + 5y + 2z = 8 \\ 3x + 2y + 7z = 9 \end{cases}$

特に，$\boldsymbol{b} = \boldsymbol{0}$ のとき，$A\boldsymbol{x} = \boldsymbol{0}$ にクラメルの公式を用いると，$|A| \neq 0$ ならば解は自明な解であることがわかる．$|A| = 0$ ならば定理 3.5.1 により A は正則行列でないので，連立 1 次方程式 $A\boldsymbol{x} = \boldsymbol{0}$ は自明でない解をもつことが定理 2.6.5 からわかる．したがって，次の定理が成り立つ．

定理 3.6.5. A を n 次の行列とする．連立 1 次方程式 $A\boldsymbol{x} = \boldsymbol{0}$ が自明でない解をもつための必要十分条件は，$|A| = 0$ である．

A が正則であれば，方程式 $A\boldsymbol{x} = \boldsymbol{0}$ の解は一意に決まるから $\boldsymbol{x} = \boldsymbol{0}$ となる．これは自明な解である．

●**問 3.6.6.** 連立 1 次方程式 $\begin{cases} x + ay = 0 \\ ax + 4y = 0 \end{cases}$ が自明でない解をもつとき，a を求めよ．

●**問 3.6.7.** 平面上の 2 点 $\begin{pmatrix} a_1 \\ a_2 \end{pmatrix}$, $\begin{pmatrix} b_1 \\ b_2 \end{pmatrix}$ を通る直線の方程式が $\begin{vmatrix} x & a_1 & b_1 \\ y & a_2 & b_2 \\ 1 & 1 & 1 \end{vmatrix}$ $= 0$ となることを示せ．

3.7　2次の行列式の図形的な意味 (発展)

行列 $\begin{pmatrix} a & b \\ c & d \end{pmatrix}$ の第1列 $\begin{pmatrix} a \\ c \end{pmatrix}$ と第2列 $\begin{pmatrix} b \\ d \end{pmatrix}$ は平面上の点 $\mathrm{P}\begin{pmatrix} a \\ c \end{pmatrix}$ と $\mathrm{Q}\begin{pmatrix} b \\ d \end{pmatrix}$

を表していると考え，行列式 $\begin{vmatrix} a & b \\ c & d \end{vmatrix}$ の図形的な意味を調べてみよう．

例 3.7.1. 原点 O と平面上の 2 点 $\mathrm{P}\begin{pmatrix} a \\ c \end{pmatrix}$ と $\mathrm{Q}\begin{pmatrix} b \\ d \end{pmatrix}$ に対し，図 3.1 の平行

四辺形 OPRQ を考える．この平行四辺形 OPRQ の面積は，2 次の行列式の値

$$\begin{vmatrix} a & b \\ c & d \end{vmatrix} = ad - bc$$

の**絶対値**で与えられることを，図 3.1 の補助線を参考にして証明せよ．

[**解**]　平行四辺形 OPRQ の面積は，平行四辺形 O′R′RQ の面積と同じである．平行四辺形 BR″RQ の面積は ad である．さらに，次の等式

平行四辺形 BR″R′O′ の面積 = 平行四辺形 BR″PO の面積
= 長方形 OBTC の面積 = bc

が成立するので，平行四辺形 OPRQ の面積は $ad - bc$ である．　　　　□

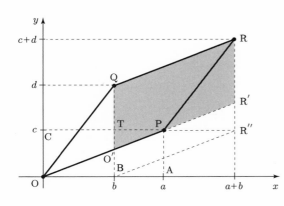

平行四辺形 OPRQ の
面積は 2 次の行列式
$\begin{vmatrix} a & b \\ c & d \end{vmatrix} = ad - bc$
の絶対値で与えられる

図 3.1　2 次の行列式と平行四辺形の面積

●問 **3.7.2.** 原点を O とする．平面上の 2 点 $P\begin{pmatrix} a \\ c \end{pmatrix}$ と $Q\begin{pmatrix} b \\ d \end{pmatrix}$ に対し，三角

形 OPQ の面積を，2 次の行列式 $\begin{vmatrix} a & b \\ c & d \end{vmatrix}$ を用いて表せ (図 3.2).

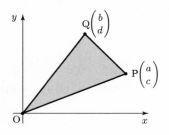

図 3.2　三角形 OPQ の面積を求めよう

●問 **3.7.3.** 平面上の 3 点 $P\begin{pmatrix} a_0 \\ b_0 \end{pmatrix}$, $Q\begin{pmatrix} a_1 \\ b_1 \end{pmatrix}$, $R\begin{pmatrix} a_2 \\ b_2 \end{pmatrix}$ を頂点とする三角形

PQR の面積を，2 次の行列式を用いて表せ (図 3.3).

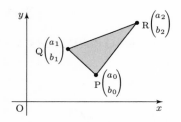

図 3.3　三角形の面積は 2 次の行列式を用いて表される

●問 **3.7.4.** 平面上の 3 点 $A\begin{pmatrix} 1 \\ 1 \end{pmatrix}$, $B\begin{pmatrix} 5 \\ 2 \end{pmatrix}$, $C\begin{pmatrix} 3 \\ 4 \end{pmatrix}$ を 3 頂点とする三角形の
面積を求めよ．

次に，行列による変換と図形の面積の変化を調べてみよう．

●問 3.7.5.　$A = \begin{pmatrix} a & b \\ c & d \end{pmatrix}$ とする．任意の平面ベクトル $\boldsymbol{x} = \begin{pmatrix} x_1 \\ x_2 \end{pmatrix}$ に対して，

$$f(\boldsymbol{x}) = A\boldsymbol{x} = \begin{pmatrix} a & b \\ c & d \end{pmatrix} \begin{pmatrix} x_1 \\ x_2 \end{pmatrix}$$

と定義する．このとき，任意のベクトル $\boldsymbol{x} = \begin{pmatrix} x_1 \\ x_2 \end{pmatrix}$, $\boldsymbol{y} = \begin{pmatrix} y_1 \\ y_2 \end{pmatrix}$ と任意の数 s に対して，次の (1) と (2) が成立することを示せ．

(1)　$f(\boldsymbol{x} + \boldsymbol{y}) = f(\boldsymbol{x}) + f(\boldsymbol{y})$

(2)　$f(s\boldsymbol{x}) = sf(\boldsymbol{x})$

問 3.7.5 にある (1) と (2) の 2 つの条件をみたす変換を **1 次変換** (または，**線形変換**) という．したがって，行列を用いて定義された変換は 1 次変換である．

●問 3.7.6.　1 次変換で平面上の直線はどのような図形に移されるか調べよ．

例 3.7.7.　平面ベクトル $\boldsymbol{x}$ に対して，平面ベクトル $f(\boldsymbol{x})$ を対応させる 1 次変換 f は，ある行列 A を用いて，

$$f(\boldsymbol{x}) = A\boldsymbol{x}$$

と表されることを証明せよ．(このことから，**1 次変換と行列による変換は実質的に同じもの**であることがわかる．)

[解]　$f(\boldsymbol{e}_1) = \begin{pmatrix} a \\ c \end{pmatrix}$, $f(\boldsymbol{e}_2) = \begin{pmatrix} b \\ d \end{pmatrix}$ とおく．$\boldsymbol{x} = \begin{pmatrix} x \\ y \end{pmatrix}$ に対して，

$$f(\boldsymbol{x}) = f(x\boldsymbol{e}_1 + y\boldsymbol{e}_2) = xf(\boldsymbol{e}_1) + yf(\boldsymbol{e}_2)$$

$$= x\begin{pmatrix} a \\ c \end{pmatrix} + y\begin{pmatrix} b \\ d \end{pmatrix} = \begin{pmatrix} ax + by \\ cx + dy \end{pmatrix} = \begin{pmatrix} a & b \\ c & d \end{pmatrix}\begin{pmatrix} x \\ y \end{pmatrix}$$

である．したがって，$A = \begin{pmatrix} a & b \\ c & d \end{pmatrix}$ とおけば，$f(\boldsymbol{x}) = A\boldsymbol{x}$ と表されることがわかる．　　　□

$$A = \begin{pmatrix} a & b \\ c & d \end{pmatrix}$$ とする．任意の平面ベクトル $\boldsymbol{x} = \begin{pmatrix} x_1 \\ x_2 \end{pmatrix}$ に対して，

$$f(\boldsymbol{x}) = A\boldsymbol{x} = \begin{pmatrix} a & b \\ c & d \end{pmatrix}\begin{pmatrix} x_1 \\ x_2 \end{pmatrix}$$

と定義する．図 3.4 の記号を用いると，

$$f(\boldsymbol{e}_1) = \begin{pmatrix} a & b \\ c & d \end{pmatrix}\begin{pmatrix} 1 \\ 0 \end{pmatrix} = \begin{pmatrix} a \\ c \end{pmatrix} = \overrightarrow{\mathrm{OP}},$$

$$f(\boldsymbol{e}_2) = \begin{pmatrix} a & b \\ c & d \end{pmatrix}\begin{pmatrix} 0 \\ 1 \end{pmatrix} = \begin{pmatrix} b \\ d \end{pmatrix} = \overrightarrow{\mathrm{OQ}}$$

である．したがって，$\boldsymbol{e}_1$ と $\boldsymbol{e}_2$ を 2 辺とする面積 1 の正方形は 1 次変換 f により，$f(\boldsymbol{e}_1) = \overrightarrow{\mathrm{OP}}$ と $f(\boldsymbol{e}_2) = \overrightarrow{\mathrm{OQ}}$ を 2 辺とし，面積が $\begin{vmatrix} a & b \\ c & d \end{vmatrix} = ad - bc$ の絶対値である平行四辺形に移される．つまり，**1 次変換 f** により，図形の面積は $\begin{vmatrix} a & b \\ c & d \end{vmatrix}$ の絶対値倍になるのである (図 3.4)．

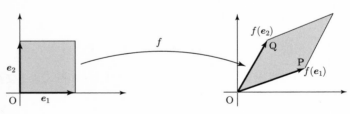

図 3.4 $f(\boldsymbol{e}_1) = \begin{pmatrix} a \\ c \end{pmatrix}$, $f(\boldsymbol{e}_2) = \begin{pmatrix} b \\ d \end{pmatrix}$ のとき，1 次変換 f により

面積は行列式 $\begin{vmatrix} a & b \\ c & d \end{vmatrix}$ の絶対値倍になる

3 章の問題 A

3.1. 次の行列式を因数分解せよ.

(1) $\begin{vmatrix} 1-x & 0 & 1 \\ 0 & 1-x & -2 \\ 2 & -2 & -x \end{vmatrix}$ (2) $\begin{vmatrix} 1-x & -2 & 2 \\ -1 & 1-x & 1 \\ -1 & -2 & 4-x \end{vmatrix}$

(3) $\begin{vmatrix} 2-x & -4 & 8 \\ -1 & 2-x & 1 \\ 1 & -1 & -x \end{vmatrix}$

3.2. 3.1 節で考えた 2 次の行列式の性質 5, 6 の幾何的な意味を述べよ.
例 3.7.1 を参考にせよ.

3.3. 平面上の 2 点 $\mathrm{A}\begin{pmatrix} a_1 \\ a_2 \end{pmatrix}$ と $\mathrm{B}\begin{pmatrix} b_1 \\ b_2 \end{pmatrix}$ を通る直線上の点を $\mathrm{C}\begin{pmatrix} x \\ y \end{pmatrix}$ とする.
ベクトル $\overrightarrow{\mathrm{AC}}$ とベクトル $\overrightarrow{\mathrm{AB}}$ を 2 辺とする平行四辺形の面積は 0 であること
を利用して, 2 点 A と B を通る直線の方程式を行列式を用いて表せ.

3 章の問題 B

3.4. 問題 3.3 を用いて, 2 点 $\begin{pmatrix} 2 \\ 7 \end{pmatrix}$ と $\begin{pmatrix} -1 \\ 1 \end{pmatrix}$ を通る直線を行列式で表せ.
また, $y = ax + b$ の形にしてみよ.

3.5. $\begin{vmatrix} x-x_1 & x_2-x_1 \\ y-y_1 & y_2-y_1 \end{vmatrix} = 0$ は, $\begin{vmatrix} x-x_1 & x-x_2 \\ y-y_1 & y-y_2 \end{vmatrix} = 0$ と変形できること
を示せ.

3.6. 3 次の行列 A に対して, $A^2 = A$ のとき, 行列式 $|A|$ の値を求めよ.

第 II 部

固有値と対角化

第4章 固有値と固有ベクトル

行列 A はベクトル $\boldsymbol{x}$ を $A\boldsymbol{x}$ に変換する写像とみなすことができる. このとき, $A\boldsymbol{x} = \lambda\boldsymbol{x}$ をみたすようなベクトル $\boldsymbol{x}$ に注目すると, 上の写像 (つまり行列 A そのもの) を見通しよく理解することができる. 本章では, そのような特別なベクトルや定数 λ について学ぶ. これらは行列を理解するうえでも, 行列を自然科学や工学へ応用する際にも, 重要な役割を果たすことになる.

4.1 数ベクトル空間

本書では, **実数全体の集合を $\mathbf{R}$ で表す**. 実数の組の集合

$$\mathbf{R}^2 = \left\{ \begin{pmatrix} a_1 \\ a_2 \end{pmatrix} \middle| \; a_k \in \mathbf{R}, \; k = 1, 2 \right\}$$

は平面ベクトル全体を表す. 空間ベクトル全体は次のように表される.

$$\mathbf{R}^3 = \left\{ \begin{pmatrix} a_1 \\ a_2 \\ a_3 \end{pmatrix} \middle| \; a_k \in \mathbf{R}, \; k = 1, 2, 3 \right\}$$

成分がすべて実数である n 次列ベクトルの全体を $\mathbf{R}^n$ で表す.

$$\mathbf{R}^n = \left\{ \begin{pmatrix} a_1 \\ a_2 \\ \vdots \\ a_n \end{pmatrix} \middle| \; a_k \in \mathbf{R}, \; k = 1, 2, \cdots, n \right\}$$

集合 $\mathbf{R}^n$ は和とスカラー倍 (定数倍) について閉じている. すなわち

(1) 任意の $\boldsymbol{a}, \boldsymbol{b} \in \mathbf{R}^n$ について, $\boldsymbol{a} + \boldsymbol{b} \in \mathbf{R}^n$,

(2) 任意の $\boldsymbol{a} \in \mathbf{R}^n$ と $c \in \mathbf{R}$ について, $c\boldsymbol{a} \in \mathbf{R}^n$

が成り立つ. このように, 和とスカラー倍が定義された集合 $\mathbf{R}^n$ を **n 次元 (実) 数ベクトル空間**とよぶ. $n = 2$ のとき $\mathbf{R}^2$ は平面全体を表し, $n = 3$ のとき $\mathbf{R}^3$ は空間全体を表している. $\mathbf{R}^n$ は平面や空間を拡張した集合といえる.

数ベクトル空間の部分集合が和とスカラー倍について閉じているとき, その部分集合も数ベクトル空間と同様の性質をみたす.

定義 4.1.1. 数ベクトル空間 $\mathbf{R}^n$ の空でない部分集合 V が和とスカラー倍について閉じているとき, すなわち
(1) 任意の $\boldsymbol{a}, \boldsymbol{b} \in V$ について, $\boldsymbol{a} + \boldsymbol{b} \in V$,
(2) 任意の $\boldsymbol{a} \in V$ と $c \in \mathbf{R}$ について, $c\boldsymbol{a} \in V$
をみたすとき, V は $\mathbf{R}^n$ の**部分空間**とよばれる.

例 4.1.2. 次の集合は $\mathbf{R}^3$ の部分空間である.

(1) $V = \left\{ \begin{pmatrix} x_1 \\ x_2 \\ x_3 \end{pmatrix} \;\middle|\; x_1 + x_2 + x_3 = 0, \; x_1, x_2, x_3 \in \mathbf{R} \right\}$

(2) $U = \left\{ \begin{pmatrix} 2a + 3b \\ a + b \\ 3a + 2b \end{pmatrix} \;\middle|\; a, b \in \mathbf{R} \right\}$

次の例は, 斉次方程式の解の性質を思い出すと部分空間になっていることがわかる. この例はこの後も用いられる重要な例である.

例 4.1.3. A を $m \times n$ 行列とすると,

$$\{ \boldsymbol{x} \in \mathbf{R}^n \mid A\boldsymbol{x} = \mathbf{0} \}$$

は $\mathbf{R}^n$ の部分空間である. これを連立 1 次方程式 $A\boldsymbol{x} = \mathbf{0}$ の**解空間**という.

例えば,

$$A = \begin{pmatrix} 1 & -2 & -1 & -1 \\ 3 & -6 & -2 & 2 \\ 4 & -8 & -1 & 11 \end{pmatrix}$$

の場合, すなわち, 連立 1 次方程式

$$\begin{cases} x_1 - 2x_2 - x_3 - x_4 = 0 \\ 3x_1 - 6x_2 - 2x_3 + 2x_4 = 0 \\ 4x_1 - 8x_2 - x_3 + 11x_4 = 0 \end{cases}$$

の解ベクトルは次のように表される.

$$\begin{pmatrix} x_1 \\ x_2 \\ x_3 \\ x_4 \end{pmatrix} = c_1 \begin{pmatrix} 2 \\ 1 \\ 0 \\ 0 \end{pmatrix} + c_2 \begin{pmatrix} -4 \\ 0 \\ -5 \\ 1 \end{pmatrix} \qquad (c_1,\ c_2 \text{ は任意の数})$$

これにより，2 つの解ベクトルの和も，スカラー倍も，上の連立方程式の解であることがわかる.

4.2 ベクトルの 1 次独立性

定義 4.2.1. m 個のベクトル $\boldsymbol{a}_1,\ \boldsymbol{a}_2,\ \cdots,\ \boldsymbol{a}_m\ (\in \mathbf{R}^n)$ と m 個の数 $c_1, c_2, \cdots, c_m\ (\in \mathbf{R})$ に対して，

$$c_1 \boldsymbol{a}_1 + c_2 \boldsymbol{a}_2 + \cdots + c_m \boldsymbol{a}_m$$

を $\boldsymbol{a}_1, \boldsymbol{a}_2, \cdots, \boldsymbol{a}_m$ の **1 次結合** (linear combination) といい，c_k を $\boldsymbol{a}_k$ の **係数** という．$\boldsymbol{a}_1, \boldsymbol{a}_2, \cdots, \boldsymbol{a}_m$ の 1 次結合の全体を

$$\mathrm{Span}\{\boldsymbol{a}_1, \boldsymbol{a}_2, \cdots, \boldsymbol{a}_m\}_{\mathbf{R}} \quad \text{または単に} \quad \mathrm{Span}\{\boldsymbol{a}_1, \boldsymbol{a}_2, \cdots, \boldsymbol{a}_m\}$$

と書く．すなわち，

$$\mathrm{Span}\{\boldsymbol{a}_1, \boldsymbol{a}_2, \cdots, \boldsymbol{a}_m\}$$
$$= \{c_1 \boldsymbol{a}_1 + c_2 \boldsymbol{a}_2 + \cdots + c_m \boldsymbol{a}_m \mid c_k \in \mathbf{R},\ k = 1, 2, \cdots, m\}.$$

定義 4.2.2. $\{\boldsymbol{a}_1, \boldsymbol{a}_2, \cdots, \boldsymbol{a}_m\}\ (\subset \mathbf{R}^n)$ において，

$$c_1 \boldsymbol{a}_1 + c_2 \boldsymbol{a}_2 + \cdots + c_m \boldsymbol{a}_m = \boldsymbol{0} \qquad (c_k \in \mathbf{R})$$

が $c_1 = c_2 = \cdots = c_m = 0$ のときに限り成り立つとき，$\boldsymbol{a}_1, \boldsymbol{a}_2, \cdots, \boldsymbol{a}_m$ は **1 次独立** (linearly independent) であるという．そうでないとき **1 次従属**

a_1 と a_2 は 1 次独立 a_1 と a_2 は 1 次従属

図 4.1 2 つのベクトルの 1 次独立と 1 次従属

(linearly dependent) であるという. すなわち, 少なくとも 1 つは 0 でない数 $c_k \neq 0$ $(k \in \{1, 2, \cdots, m\})$ があって,

$$c_1 \boldsymbol{a}_1 + c_2 \boldsymbol{a}_2 + \cdots + c_m \boldsymbol{a}_m = \boldsymbol{0}$$

とすることができるとき, 1 次従属である.

例えば, 平面 $\mathbf{R}^2$ において, 2 つのベクトル $\boldsymbol{a}_1$ と $\boldsymbol{a}_2$ が 1 次独立であるとは, それらの始点をそろえて考えたとき同一直線上にないことである (図 4.1). 具体的に, 2 つのベクトル $\begin{pmatrix} 1 \\ 0 \end{pmatrix}$ と $\begin{pmatrix} 0 \\ 1 \end{pmatrix}$ が $\mathbf{R}^2$ において 1 次独立であること を定義に従って示してみよう. そのために, $c_1 \begin{pmatrix} 1 \\ 0 \end{pmatrix} + c_2 \begin{pmatrix} 0 \\ 1 \end{pmatrix} = \begin{pmatrix} 0 \\ 0 \end{pmatrix}$ とおく. この式を変形して $\begin{pmatrix} c_1 \\ c_2 \end{pmatrix} = \begin{pmatrix} 0 \\ 0 \end{pmatrix}$ を得るので, $c_1 = c_2 = 0$ である. ゆえに, $\begin{pmatrix} 1 \\ 0 \end{pmatrix}$ と $\begin{pmatrix} 0 \\ 1 \end{pmatrix}$ は 1 次独立であることが示された.

また, $\mathbf{R}^3$ において, 3 つのベクトル $\boldsymbol{a}_1$, $\boldsymbol{a}_2$, $\boldsymbol{a}_3$ が 1 次独立であるとは, それらの始点をそろえて考えたとき同一平面上にないことである.

例 4.2.3. n 個の $\mathbf{R}^n$ のベクトルの組

$$\boldsymbol{e}_1 = \begin{pmatrix} 1 \\ 0 \\ 0 \\ \vdots \\ 0 \end{pmatrix}, \quad \boldsymbol{e}_2 = \begin{pmatrix} 0 \\ 1 \\ 0 \\ \vdots \\ 0 \end{pmatrix}, \quad \cdots, \quad \boldsymbol{e}_n = \begin{pmatrix} 0 \\ 0 \\ \vdots \\ 0 \\ 1 \end{pmatrix}$$

は 1 次独立である. これらを $\mathbf{R}^n$ の**基本単位ベクトル**という.

例 4.2.4. $a_1 = \begin{pmatrix} 1 \\ 3 \\ 2 \end{pmatrix}$, $a_2 = \begin{pmatrix} 2 \\ 0 \\ 1 \end{pmatrix}$, $a_3 = \begin{pmatrix} 0 \\ -2 \\ -1 \end{pmatrix}$ とすると, $c_1 = 2$, $c_2 =$
-1, $c_3 = 3$ ととれば $c_1 a_1 + c_2 a_2 + c_3 a_3 = 0$ となり, a_1, a_2, a_3 は1次従属
である.

例 4.2.5. $a = \begin{pmatrix} 1 \\ 1 \end{pmatrix}$, $b = \begin{pmatrix} 1 \\ 2 \end{pmatrix}$, $c = \begin{pmatrix} 2 \\ 1 \end{pmatrix}$ のとき, (1) a, b は1次独立で
ある. (2) b, c は1次独立である. (3) a, b, c は1次従属である.

[解] (1) $c_1 a + c_2 b = 0$ とおくとき, $c_1 = c_2 = 0$ を示せばよい.

$$c_1 a + c_2 b = c_1 \begin{pmatrix} 1 \\ 1 \end{pmatrix} + c_2 \begin{pmatrix} 1 \\ 2 \end{pmatrix} = \begin{pmatrix} c_1 + c_2 \\ c_1 + 2c_2 \end{pmatrix} = \begin{pmatrix} 0 \\ 0 \end{pmatrix}$$

よって, 連立方程式

$$\begin{cases} c_1 + \ c_2 = 0 \\ c_1 + 2c_2 = 0 \end{cases}$$

を解けばよい. これを解くと $c_1 = 0, c_2 = 0$ である. したがって, a, b は1次
独立である.

(2) も同様.

(3) $c_1 a + c_2 b + c_3 c = 0$, すなわち,

$$\begin{cases} c_1 + \ c_2 + 2c_3 = 0 \\ c_1 + 2c_2 + \ c_3 = 0 \end{cases}$$

をみたす c_1, c_2, c_3 を求める. 例えば, $c_1 = 3, c_2 = -1, c_3 = -1$ とすると
$c_1 a + c_2 b + c_3 c = 0$ となるので1次従属である. □

●問 4.2.6. $a = \begin{pmatrix} 2 \\ 1 \\ 2 \end{pmatrix}$, $b = \begin{pmatrix} 1 \\ 1 \\ 0 \end{pmatrix}$, $c = \begin{pmatrix} 3 \\ 1 \\ 1 \end{pmatrix}$, $d = \begin{pmatrix} 2 \\ 0 \\ 1 \end{pmatrix}$ とするとき, 次の
ベクトルの組は1次独立かどうか調べよ. 1次従属の場合, 1つのベクトルを
他のベクトルの1次結合で表せ.

(1) a, b 　　(2) a, b, c 　　(3) b, c, d 　　(4) a, b, c, d

n 個の $\mathbf{R}^n$ のベクトルの組が 1 次独立かどうかを判定する方法がある.

定理 4.2.7. $\boldsymbol{a}_1, \boldsymbol{a}_2, \cdots, \boldsymbol{a}_n$ が 1 次独立であるための必要十分条件は, n 次の行列 $A = (\boldsymbol{a}_1, \boldsymbol{a}_2, \cdots, \boldsymbol{a}_n)$ が正則行列であることである.

例 4.2.8. $\boldsymbol{a} = \begin{pmatrix} 1 \\ 2 \\ 1 \end{pmatrix}$, $\boldsymbol{b} = \begin{pmatrix} 1 \\ 0 \\ 1 \end{pmatrix}$, $\boldsymbol{c} = \begin{pmatrix} 1 \\ 2 \\ 3 \end{pmatrix}$ に対して, $A = \begin{pmatrix} 1 & 1 & 1 \\ 2 & 0 & 2 \\ 1 & 1 & 3 \end{pmatrix}$

とする. $|A| = -4 \neq 0$ より A は正則行列である. したがって, $\boldsymbol{a}$, $\boldsymbol{b}$, $\boldsymbol{c}$ は 1 次独立である. □

$n = 3$ のとき, 定理 4.2.7 が正しいことをみてみよう. $\boldsymbol{a} = A\boldsymbol{e}_1$, $\boldsymbol{b} = A\boldsymbol{e}_2$, $\boldsymbol{c} = A\boldsymbol{e}_3$ であることに注意する.

$$c_1 \boldsymbol{a} + c_2 \boldsymbol{b} + c_3 \boldsymbol{c} = A \begin{pmatrix} c_1 \\ c_2 \\ c_3 \end{pmatrix} = \boldsymbol{0}$$

とする. 両辺に左から A^{-1} を掛けると

$$E_3 \begin{pmatrix} c_1 \\ c_2 \\ c_3 \end{pmatrix} = c_1 \boldsymbol{e}_1 + c_2 \boldsymbol{e}_2 + c_3 \boldsymbol{e}_3 = \boldsymbol{0}$$

となる. $\boldsymbol{e}_1$, $\boldsymbol{e}_2$, $\boldsymbol{e}_3$ は 1 次独立なので $c_1 = c_2 = c_3 = 0$ となり, $\boldsymbol{a}$, $\boldsymbol{b}$, $\boldsymbol{c}$ が 1 次独立であることがわかる. 逆に, $\boldsymbol{a}$, $\boldsymbol{b}$, $\boldsymbol{c}$ が 1 次独立であることから A が正則行列であることも次のようにしてわかる. A が正則行列であるとする. このとき, 方程式 $A\boldsymbol{x} = \boldsymbol{0}$ の解ベクトルが $\boldsymbol{x} = \boldsymbol{0}$ だけであることを示せばよい. $\boldsymbol{x} = \begin{pmatrix} x_1 \\ x_2 \\ x_3 \end{pmatrix}$ とおくと, 方程式 $A\boldsymbol{x} = \boldsymbol{0}$ は

$$x_1 \boldsymbol{a} + x_2 \boldsymbol{b} + x_3 \boldsymbol{c} = \boldsymbol{0}$$

と書ける. $\boldsymbol{a}$, $\boldsymbol{b}$, $\boldsymbol{c}$ が 1 次独立であることから, この方程式の解が $x_1 = x_2 = x_3 = 0$ だけであることがわかる. したがって, A は正則行列である.

●問 **4.2.9.** 次のベクトルの組は 1 次独立かどうか調べよ.

(1) $\quad \boldsymbol{a} = \begin{pmatrix} 2 \\ 1 \\ 2 \end{pmatrix}, \ \boldsymbol{b} = \begin{pmatrix} 1 \\ 1 \\ 0 \end{pmatrix}, \ \boldsymbol{c} = \begin{pmatrix} 3 \\ 1 \\ 1 \end{pmatrix}$

(2) $\quad \boldsymbol{a}_1 = \begin{pmatrix} 2 \\ 2 \\ 1 \\ 2 \end{pmatrix}, \ \boldsymbol{a}_2 = \begin{pmatrix} 1 \\ 1 \\ 2 \\ 0 \end{pmatrix}, \ \boldsymbol{a}_3 = \begin{pmatrix} 3 \\ 2 \\ 1 \\ 1 \end{pmatrix}, \ \boldsymbol{a}_4 = \begin{pmatrix} 0 \\ 1 \\ 2 \\ 1 \end{pmatrix}$

4.3 部分空間の基底と次元

基底と次元を導入する前に,次のような部分空間を導入する.

定義 4.3.1. $\boldsymbol{a}_1, \boldsymbol{a}_2, \cdots, \boldsymbol{a}_m$ の 1 次結合の全体 $\mathrm{Span}\{\boldsymbol{a}_1, \boldsymbol{a}_2, \cdots, \boldsymbol{a}_m\}$ は $\mathbf{R}^n$ の部分空間である.これを $\boldsymbol{a}_1, \boldsymbol{a}_2, \cdots, \boldsymbol{a}_m$ によって**張られる** (または**生成される**) **部分空間**とよぶ.また,$\boldsymbol{a}_1, \boldsymbol{a}_2, \cdots, \boldsymbol{a}_m$ を部分空間 $\mathrm{Span}\{\boldsymbol{a}_1, \boldsymbol{a}_2, \cdots, \boldsymbol{a}_m\}$ の**生成系**という.

図 4.2 にあるように,$\boldsymbol{0}$ でないベクトル $\boldsymbol{a}$ で張られる部分空間 $\mathrm{Span}\{\boldsymbol{a}\}$ は $\boldsymbol{a}$ の定める直線と同一視でき,また,1 次独立な 2 つのベクトル $\boldsymbol{a}, \boldsymbol{b}$ に対し,$\mathrm{Span}\{\boldsymbol{a}, \boldsymbol{b}\}$ は $\boldsymbol{a}, \boldsymbol{b}$ の定める平面と同一視できる.

$\boldsymbol{a} \neq \boldsymbol{0}$ で $\boldsymbol{a}$ と $\boldsymbol{b}$ が 1 次従属のときは,$\mathrm{Span}\{\boldsymbol{a}, \boldsymbol{b}\} = \mathrm{Span}\{\boldsymbol{a}\}$ である.

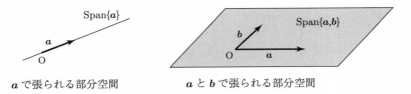

$\boldsymbol{a}$ で張られる部分空間 $\qquad$ $\boldsymbol{a}$ と $\boldsymbol{b}$ で張られる部分空間

図 4.2 ベクトルで張られる部分空間

定義 4.3.2.　$V \neq \{\mathbf{0}\}$ を $\mathbf{R}^n$ の部分空間とする．V の s 個のベクトルの組 $\{\boldsymbol{a}_1, \boldsymbol{a}_2, \cdots, \boldsymbol{a}_s\}$ について

(1)　$\boldsymbol{a}_1, \boldsymbol{a}_2, \cdots, \boldsymbol{a}_s$ は 1 次独立である．

(2)　$V = \mathrm{Span}\{\boldsymbol{a}_1, \boldsymbol{a}_2, \cdots, \boldsymbol{a}_s\}$

が成り立つとき，$\{\boldsymbol{a}_1, \boldsymbol{a}_2, \cdots, \boldsymbol{a}_s\}$ を V の**基底**といい[†]，s を V の**次元** (dimension) とよび，

$$\dim_{\mathbf{R}} V = s \quad \text{または} \quad \dim V = s$$

と書く．また，$V = \{\mathbf{0}\}$ のときは，$\dim V = 0$ とする．

　一言で言えば，基底とは部分空間 V の 1 次独立な生成系である．

●**問 4.3.3.**　$\mathbf{R}$ の次元 $\dim \mathbf{R}$，$\mathbf{R}^2$ の次元 $\dim \mathbf{R}^2$，$\mathbf{R}^3$ の次元 $\dim \mathbf{R}^3$ を求めよ．

●**問 4.3.4.**　空間 $\mathbf{R}^3$ の 0 次元部分空間，1 次元部分空間，2 次元部分空間，3 次元部分空間はどのようなものか説明せよ．

例 4.3.5.　$\mathbf{R}^n$ の基本単位ベクトル $\boldsymbol{e}_1, \boldsymbol{e}_2, \cdots, \boldsymbol{e}_n$ について，これらは $\mathbf{R}^n$ 上で 1 次独立であり，$\mathbf{R}^n = \mathrm{Span}\{\boldsymbol{e}_1, \boldsymbol{e}_2, \cdots, \boldsymbol{e}_n\}_{\mathbf{R}}$ が成立するので，$\mathbf{R}^n$ は $\mathbf{R}^n$ の部分空間で，$\{\boldsymbol{e}_1, \boldsymbol{e}_2, \cdots, \boldsymbol{e}_n\}$ は $\mathbf{R}^n$ の基底で，$\dim_{\mathbf{R}} \mathbf{R}^n = n$ である．

例 4.3.6.　$\boldsymbol{a} = \begin{pmatrix} 3 \\ 2 \end{pmatrix}$, $\boldsymbol{b} = \begin{pmatrix} 1 \\ -1 \end{pmatrix}$, $\boldsymbol{c} = \begin{pmatrix} 3 \\ -3 \end{pmatrix}$ のとき，

(1)　$\{\boldsymbol{a}, \boldsymbol{b}\}$ は $\mathbf{R}^2$ の基底となる．

(2)　$\{\boldsymbol{b}, \boldsymbol{c}\}$ は $\mathbf{R}^2$ の基底とならない．

例 4.3.7.　$\mathbf{R}^3$ の部分空間の次元と基底を求めてみよう．

(1)　$V = \left\{ \begin{pmatrix} x_1 \\ x_2 \\ x_3 \end{pmatrix} \;\middle|\; x_1 + x_2 + x_3 = 0,\ x_1, x_2, x_3 \in \mathbf{R} \right\}$

(2)　$U = \left\{ \begin{pmatrix} 2a + 3b \\ a + b \\ 3a + 2b \end{pmatrix} \;\middle|\; a, b \in \mathbf{R} \right\}$

[†]　カッコ $\{\ \}$ をつけずに，$\boldsymbol{a}_1, \boldsymbol{a}_2, \cdots, \boldsymbol{a}_s$ を V の基底ということもある．

[解]　(1)　$x_1 + x_2 + x_3 = 0$ なので

$$\begin{pmatrix} x_1 \\ x_2 \\ x_3 \end{pmatrix} = \begin{pmatrix} x_1 \\ x_2 \\ -x_1 - x_2 \end{pmatrix} = x_1 \begin{pmatrix} 1 \\ 0 \\ -1 \end{pmatrix} + x_2 \begin{pmatrix} 0 \\ 1 \\ -1 \end{pmatrix}$$

となる. したがって,

$$V = \left\{ x_1 \begin{pmatrix} 1 \\ 0 \\ -1 \end{pmatrix} + x_2 \begin{pmatrix} 0 \\ 1 \\ -1 \end{pmatrix} \ \middle| \ x_1, x_2 \in \mathbf{R} \right\} = \mathrm{Span} \left\{ \begin{pmatrix} 1 \\ 0 \\ -1 \end{pmatrix}, \begin{pmatrix} 0 \\ 1 \\ -1 \end{pmatrix} \right\}$$

さらに, $\begin{pmatrix} 1 \\ 0 \\ -1 \end{pmatrix}$, $\begin{pmatrix} 0 \\ 1 \\ -1 \end{pmatrix}$ は1次独立であるから, これらは V の基底をなし,

$\dim V = 2$ となる.

　(2)　$U = \mathrm{Span} \left\{ \begin{pmatrix} 2 \\ 1 \\ 3 \end{pmatrix}, \begin{pmatrix} 3 \\ 1 \\ 2 \end{pmatrix} \right\}$ で, しかも $\begin{pmatrix} 2 \\ 1 \\ 3 \end{pmatrix}$, $\begin{pmatrix} 3 \\ 1 \\ 2 \end{pmatrix}$ は1次独立である

から, これらは U の基底をなし, $\dim U = 2$ となる.　　　　　□

●問 4.3.8.　次の部分空間の次元と基底を求めよ.

　(1)　$V = \mathrm{Span} \left\{ \begin{pmatrix} -1 \\ 1 \end{pmatrix}, \begin{pmatrix} -2 \\ 2 \end{pmatrix}, \begin{pmatrix} 1 \\ 3 \end{pmatrix} \right\}$

　(2)　$U = \left\{ \begin{pmatrix} a_1 \\ a_2 \\ a_3 \\ a_4 \end{pmatrix} \ \middle| \ a_1 = 2a_2 = 3a_3 = 4a_4 \right\}$

　　例 4.1.3 で紹介した連立1次方程式の解空間は重要な部分空間の例である. 解空間の基底と次元を求めるために, 連立1次方程式の解について振り返ってみよう.

　　例 4.3.9.　斉次連立1次方程式 $\begin{cases} x + y + 2z - w = 0 \\ x - y + 4z + 3w = 0 \end{cases}$ を解け.

[解]

$$(A \quad \boldsymbol{b}) = \begin{array}{cccccc} x & y & z & w & 定 \end{array} \begin{pmatrix} 1 & 1 & 2 & -1 & 0 \\ 1 & -1 & 4 & 3 & 0 \end{pmatrix} \sim \begin{array}{cccccc} x & y & z & w & 定 \end{array} \begin{pmatrix} 1 & 1 & 2 & -1 & 0 \\ 0 & -2 & 2 & 4 & 0 \end{pmatrix}$$

$$\sim \begin{array}{cccccc} x & y & z & w & 定 \end{array} \begin{pmatrix} 1 & 1 & 2 & -1 & 0 \\ 0 & 1 & -1 & -2 & 0 \end{pmatrix} \sim \begin{array}{cccccc} x & y & z & w & 定 \end{array} \begin{pmatrix} 1 & 0 & 3 & 1 & 0 \\ 0 & 1 & -1 & -2 & 0 \end{pmatrix}$$

したがって, $z = c, w = d$ (c, d は任意の数) とおくと, 解は 次のようになる.

$$\begin{pmatrix} x \\ y \\ z \\ w \end{pmatrix} = c \begin{pmatrix} -3 \\ 1 \\ 1 \\ 0 \end{pmatrix} + d \begin{pmatrix} -1 \\ 2 \\ 0 \\ 1 \end{pmatrix} \qquad (c, d \text{ は任意の数})$$

□

ベクトル $\boldsymbol{e} = \begin{pmatrix} -3 \\ 1 \\ 1 \\ 0 \end{pmatrix}$, $\boldsymbol{f} = \begin{pmatrix} -1 \\ 2 \\ 0 \\ 1 \end{pmatrix}$ は 1 次独立であるから, 上の例の連立 1

次方程式の解空間の基底は $\{\boldsymbol{e}, \boldsymbol{f}\}$ であることがわかる. 上の例の解法をよく
見ると, 解空間の基底は連立 1 次方程式の基本解 $\boldsymbol{e}, \boldsymbol{f}$ であり, 解空間は $\mathbf{R}^4$
の 2 次元部分空間であることがわかる. このことは一般の連立 1 次方程式で
も次のように成り立つ.

定理 4.3.10. A を $m \times n$ 行列とする. 連立 1 次方程式 $A\boldsymbol{x} = \boldsymbol{0}$ の解空間

$$\{\boldsymbol{x} \mid A\boldsymbol{x} = \boldsymbol{0}\} \subset \mathbf{R}^n$$

は, 基本解を基底とする $\mathbf{R}^n$ の部分空間で, その次元は $n - \mathrm{rank}(A)$ である.

基底の重要な性質は, 部分空間の任意のベクトルを基底の 1 次結合によっ
て表すことができ, その表し方はただ 1 つであることである.

定理 4.3.11. $\{\boldsymbol{a}_1, \boldsymbol{a}_2, \cdots, \boldsymbol{a}_s\}$ が $\mathbf{R}^n$ の部分空間 V の基底ならば, V の任
意のベクトル $\boldsymbol{x}$ は

$$\boldsymbol{x} = c_1\boldsymbol{a}_1 + c_2\boldsymbol{a}_2 + \cdots + c_s\boldsymbol{a}_s$$

とただ 1 通りに書ける. ただし, c_1, c_2, $\cdots$, $c_s \in \mathbf{R}$ である.

例 4.3.12. $\mathbf{R}^n$ の任意のベクトル $\boldsymbol{x} = \begin{pmatrix} x_1 \\ x_2 \\ \vdots \\ x_n \end{pmatrix}$ は基底 $\{\boldsymbol{e}_1,\ \boldsymbol{e}_2, \cdots \boldsymbol{e}_n\}$ を用

いて

$$\boldsymbol{x} = x_1 \boldsymbol{e}_1 + x_2 \boldsymbol{e}_2 + \cdots + x_n \boldsymbol{e}_n$$

とただ 1 通りに書ける.

　次のことから, 部分空間が $\mathbf{R}^n$ 全体であるとき, 任意の n 個の 1 次独立な
ベクトルは $\mathbf{R}^n$ の基底をなすことがわかる.

　定理 4.3.13. $\boldsymbol{a}_1, \boldsymbol{a}_2, \cdots, \boldsymbol{a}_n$ を $\mathbf{R}^n$ の n 個のベクトルとする.
$\boldsymbol{a}_1, \boldsymbol{a}_2, \cdots, \boldsymbol{a}_n$ が 1 次独立であるための必要十分条件は, $\{\boldsymbol{a}_1, \boldsymbol{a}_2, \cdots, \boldsymbol{a}_n\}$
が $\mathbf{R}^n$ の基底であることである.

　例 4.3.14. $\boldsymbol{a} = \begin{pmatrix} 1 \\ 2 \\ 1 \end{pmatrix}, \boldsymbol{b} = \begin{pmatrix} 1 \\ 0 \\ 1 \end{pmatrix}, \boldsymbol{c} = \begin{pmatrix} 1 \\ 2 \\ 3 \end{pmatrix}$ は 1 次独立である (例 4.2.8).
したがって, $\{\boldsymbol{a},\ \boldsymbol{b},\ \boldsymbol{c}\}$ は $\mathbf{R}^3$ の基底である. これを確かめてみよう.
　$\{\boldsymbol{a},\ \boldsymbol{b},\ \boldsymbol{c}\}$ が基底であるためには $\{\boldsymbol{a},\ \boldsymbol{b},\ \boldsymbol{c}\}$ は $\mathbf{R}^3$ の生成系であればよい.
つまり, 任意のベクトル $\boldsymbol{x} = \begin{pmatrix} x_1 \\ x_2 \\ x_3 \end{pmatrix}$ に対して, $\boldsymbol{x} = c_1 \boldsymbol{a} + c_2 \boldsymbol{b} + c_3 \boldsymbol{c}$ をみた
す c_1, c_2, c_3 を見つければよい.
$A = \begin{pmatrix} 1 & 1 & 1 \\ 2 & 0 & 2 \\ 1 & 1 & 3 \end{pmatrix}$ とおくと, 上式は $\boldsymbol{x} = A \begin{pmatrix} c_1 \\ c_2 \\ c_3 \end{pmatrix}$ と書ける. A は正則行

列であるので $\begin{pmatrix} c_1 \\ c_2 \\ c_3 \end{pmatrix} = A^{-1} \boldsymbol{x}$ となる.

　したがって, $\{\boldsymbol{a},\ \boldsymbol{b},\ \boldsymbol{c}\}$ は $\mathbf{R}^3$ の生成系であり, $\mathbf{R}^3$ の基底であることがわ
かる.

4.4 複素数ベクトル空間

　平方すると -1 となる数を i で表し，**虚数単位**とよぶ．実数 a, b と虚数単位 i を用いて $a + bi$ と表される数を**複素数** (complex number) という．複素数 z が $z = a + bi$ と表されるとき，a を**実部**，b を**虚部**といい，特に $a = 0$ のものを単に bi と書いて**純虚数**という．複素数でも $i^2 = -1$ に注意して通常の四則演算が成り立つ．

　実数全体を $\mathbf{R}$ で表したように，**複素数全体を $\mathbf{C}$ で表す**ことにする．実数を虚部が 0 である複素数とみなすことで，$\mathbf{R}$ は $\mathbf{C}$ の部分集合となることに注意しておく．成分がすべて複素数である n 次列ベクトルの全体を $\mathbf{C}^n$ で表す．すなわち，

$$\mathbf{C}^n = \left\{ \begin{pmatrix} a_1 \\ a_2 \\ \vdots \\ a_n \end{pmatrix} \middle| \; a_k \in \mathbf{C}, \; k = 1, 2, \cdots, n \right\}$$

　$\mathbf{R}^n$ と同様に，$\mathbf{C}^n$ に対しても 1 次結合などの概念が導入できる．例えば，1 次結合は次のように定義できる．

　定義 4.4.1. m 個の複素ベクトル $\boldsymbol{a}_1, \boldsymbol{a}_2, \cdots, \boldsymbol{a}_m \; (\in \mathbf{C}^n)$ と m 個の複素数 $c_1, c_2, \cdots, c_m \; (\in \mathbf{C})$ に対して，

$$c_1 \boldsymbol{a}_1 + c_2 \boldsymbol{a}_2 + \cdots + c_m \boldsymbol{a}_m$$

を $\boldsymbol{a}_1, \boldsymbol{a}_2, \cdots, \boldsymbol{a}_m$ の **1 次結合**といい，c_k を $\boldsymbol{a}_k$ の**係数**という．

　$\boldsymbol{a}_1, \boldsymbol{a}_2, \cdots, \boldsymbol{a}_m$ の 1 次結合の全体を

$$\mathrm{Span}\{\boldsymbol{a}_1, \boldsymbol{a}_2, \cdots, \boldsymbol{a}_m\}_{\mathbf{C}} \quad \text{または単に} \quad \mathrm{Span}\{\boldsymbol{a}_1, \boldsymbol{a}_2, \cdots, \boldsymbol{a}_m\}$$

と書く．$\{\boldsymbol{a}_1, \boldsymbol{a}_2, \cdots, \boldsymbol{a}_m\} \; (\subset \mathbf{C}^n)$ において

$$c_1 \boldsymbol{a}_1 + c_2 \boldsymbol{a}_2 + \cdots + c_m \boldsymbol{a}_m = \boldsymbol{0} \quad (c_k \in \mathbf{C})$$

が $c_1 = c_2 = \cdots = c_m = 0$ のときに限り成り立つとき，$\boldsymbol{a}_1, \boldsymbol{a}_2, \cdots, \boldsymbol{a}_m$ は**1 次独立**であるという．そうでないとき**1 次従属**であるという．すなわち，少なくとも 1 つは 0 でない数 $c_k \neq 0 \; (k \in \{1, 2, \cdots, m\})$ があって，

$$c_1 \boldsymbol{a}_1 + c_2 \boldsymbol{a}_2 + \cdots + c_m \boldsymbol{a}_m = \boldsymbol{0}$$

とすることができるとき，1 次従属という．

例 4.4.2. $\boldsymbol{a} = \begin{pmatrix} i \\ 1 \end{pmatrix}, \boldsymbol{b} = \begin{pmatrix} 0 \\ 2-i \end{pmatrix}, \boldsymbol{c} = \begin{pmatrix} 1 \\ -1 \end{pmatrix}$ のとき，

(1) $\boldsymbol{a}, \boldsymbol{b}$ は 1 次独立である．

(2) $\boldsymbol{a}, \boldsymbol{b}, \boldsymbol{c}$ は 1 次従属である．

[解] (1) $c_1 \boldsymbol{a} + c_2 \boldsymbol{b} = \boldsymbol{0}$ とおくとき，$c_1 = c_2 = 0$ を示せばよい．

$$c_1 \boldsymbol{a} + c_2 \boldsymbol{b} = c_1 \begin{pmatrix} i \\ 1 \end{pmatrix} + c_2 \begin{pmatrix} 0 \\ 2-i \end{pmatrix} = \begin{pmatrix} ic_1 \\ c_1 + (2-i)c_2 \end{pmatrix} = \begin{pmatrix} 0 \\ 0 \end{pmatrix}$$

よって，連立方程式

$$\begin{cases} ic_1 & = 0 \\ c_1 + (2-i)c_2 = 0 \end{cases}$$

を解けばよい．これを解くと $c_1 = 0, c_2 = 0$ である．したがって，$\boldsymbol{a}, \boldsymbol{b}$ は 1 次独立である．

(2) $c_1 \boldsymbol{a} + c_2 \boldsymbol{b} + c_3 \boldsymbol{c} = \boldsymbol{0}$，すなわち，

$$\begin{cases} ic_1 & + c_3 = 0 \\ c_1 + (2-i)c_2 - c_3 = 0 \end{cases}$$

をみたす c_1, c_2, c_3 を求める．例えば，$c_1 = 5i, c_2 = 3 - i, c_3 = 5$ とすると $c_1 \boldsymbol{a} + c_2 \boldsymbol{b} + c_3 \boldsymbol{c} = \boldsymbol{0}$ となるので 1 次従属である． □

このように，定義や定理を述べる場合，スカラー倍などを複素数 $\mathbf{C}$ の範囲で考えても実数 $\mathbf{R}$ の範囲で考えるのと同じような結果となることが多い．

4.5 固有値と固有ベクトル

4.5 節と 4.6 節では，ベクトルの成分は複素数とする．

定義 4.5.1. A を n 次の行列とする．ある n 次列ベクトル $\boldsymbol{x} (\neq \boldsymbol{0})$ に対して

$$A\boldsymbol{x} = \lambda\boldsymbol{x}$$

となる定数 λ を A の**固有値**といい，この $\boldsymbol{x}$ を固有値 λ に対する A の**固有ベクトル**という (λ はギリシャ文字である．「ラムダ」と読む)．

例 4.5.2. $\boldsymbol{x} = \begin{pmatrix} 1 \\ 1 \\ 1 \end{pmatrix}$, $A = \begin{pmatrix} 2 & 1 & 1 \\ 1 & 2 & 1 \\ 1 & 1 & 2 \end{pmatrix}$ とすると，$A\boldsymbol{x} = 4\boldsymbol{x}$ となる．したがって，このベクトル $\boldsymbol{x}$ は A の固有値 $\lambda = 4$ に対する固有ベクトルである．また，$\boldsymbol{x} = \begin{pmatrix} 1 \\ -1 \\ 0 \end{pmatrix}$ または $\boldsymbol{x} = \begin{pmatrix} 1 \\ 0 \\ -1 \end{pmatrix}$ とすると，$A\boldsymbol{x} = \boldsymbol{x}$ となる．したがって，これらのベクトル $\boldsymbol{x}$ は，A の固有値 $\lambda = 1$ に対する固有ベクトルである．

定理 4.5.3. 行列 A の固有値 λ に対する固有ベクトル全体にベクトル **0** を加えた集合

$$E_A(\lambda) = \{\boldsymbol{x} \in \mathbf{C}^n \mid A\boldsymbol{x} = \lambda\boldsymbol{x}\}$$

は $\mathbf{C}^n$ の部分空間である．

例 4.5.4. $A = \begin{pmatrix} 2 & 1 & 1 \\ 1 & 2 & 1 \\ 1 & 1 & 2 \end{pmatrix}$ とすると，$\boldsymbol{x}$ が固有値 $\lambda = 4$ に対する固有ベクトルとは $A\boldsymbol{x} = 4\boldsymbol{x}$ をみたすベクトルである．このようなベクトル全体は連立方程式

$$(A - 4E_3)\boldsymbol{x} = \begin{pmatrix} -2 & 1 & 1 \\ 1 & -2 & 1 \\ 1 & 1 & -2 \end{pmatrix} \begin{pmatrix} x_1 \\ x_2 \\ x_3 \end{pmatrix} = \begin{pmatrix} 0 \\ 0 \\ 0 \end{pmatrix}$$

の解空間である．これは $\mathbf{C}^3$ の部分空間である．

定義 4.5.5. 上の $E_A(\lambda)$ を固有値 λ に対する A の**固有空間**という．

4.6 固有値・固有空間の求め方

ここでは，固有値と固有空間の基底を具体的に求める方法を学ぶ．まず，固有値は次のような方程式の解として得られる．

定理 4.6.1. A を n 次の行列とする．λ が A の固有値であるための必要十分条件は，λ が $|A - \lambda E_n| = 0$ をみたすことである．

例 4.6.2. $A = \begin{pmatrix} 2 & 1 & 1 \\ 1 & 2 & 1 \\ 1 & 1 & 2 \end{pmatrix}$ とすると，$\boldsymbol{x}$ が固有値 λ に対する固有ベクトルとは $A\boldsymbol{x} = \lambda\boldsymbol{x}$ をみたすベクトルである．つまり，連立方程式

$$(A - \lambda E_3)\boldsymbol{x} = \begin{pmatrix} 2-\lambda & 1 & 1 \\ 1 & 2-\lambda & 1 \\ 1 & 1 & 2-\lambda \end{pmatrix} \begin{pmatrix} x_1 \\ x_2 \\ x_3 \end{pmatrix} = \begin{pmatrix} 0 \\ 0 \\ 0 \end{pmatrix}$$

の解である．しかし，$\boldsymbol{x}$ は $\boldsymbol{0}$ ではないので，上の方程式は $\boldsymbol{0}$ 以外の解をもたなければならない (逆に $\boldsymbol{0}$ 以外の解があれば，それらが固有ベクトルとなる)．連立 1 次方程式が $\boldsymbol{0}$ 以外の解をもつことと係数行列の行列式が 0 になることが同値であることから，λ は 3 次方程式

$$|A - \lambda E_3| = \begin{vmatrix} 2-\lambda & 1 & 1 \\ 1 & 2-\lambda & 1 \\ 1 & 1 & 2-\lambda \end{vmatrix} = 0$$

の解である． $\square$

定義 4.6.3. n 次の行列 $A = (a_{ij})$ に対して，x の n 次の多項式

$$|A - xE_n| = \begin{vmatrix} a_{11}-x & a_{12} & \cdots & a_{1n} \\ a_{21} & a_{22}-x & \cdots & a_{2n} \\ \vdots & \vdots & & \vdots \\ a_{n1} & a_{n2} & \cdots & a_{nn}-x \end{vmatrix}$$

を A の**固有多項式**という．n 次方程式 $|A - xE_n| = 0$ を A の**固有方程式**という．

> 行列 A の固有値を求めることは,
> A の固有方程式の解を求めることと同じである.

　また, 固有値 λ に対する固有空間を求めることは, 連立方程式 $(A - \lambda E_n)\boldsymbol{x}$ $= \boldsymbol{0}$ の解空間の基底 (つまり, 連立方程式の基本解) を求めることと同じである. 基底さえわかれば, 固有値 λ に対する固有ベクトルは基底の 1 次結合で表すことができる.

　例 4.6.4.　次の行列の固有値と固有空間を求める.

(1)　$A = \begin{pmatrix} 5 & -4 \\ 3 & -2 \end{pmatrix}$　　　　(2)　$B = \begin{pmatrix} -1 & 2 \\ -2 & 3 \end{pmatrix}$

　[解]　(1)　A の固有多項式は

$$|A - xE_2| = \left| \begin{pmatrix} 5 & -4 \\ 3 & -2 \end{pmatrix} - x \begin{pmatrix} 1 & 0 \\ 0 & 1 \end{pmatrix} \right| = \begin{vmatrix} 5-x & -4 \\ 3 & -2-x \end{vmatrix} = x^2 - 3x + 2$$

である. このとき, 固有方程式 $x^2 - 3x + 2 = 0$ を解くと $x = 1, 2$ となり, A の固有値は $\lambda = 1, 2$ である.

　固有値 $\lambda = 1$ に対する固有ベクトルは $A\boldsymbol{x} = \lambda\boldsymbol{x}$, すなわち, $(A - \lambda E_2)\boldsymbol{x} = \boldsymbol{0}$ をみたす $\boldsymbol{0}$ 以外のベクトル $\boldsymbol{x} = \begin{pmatrix} x_1 \\ x_2 \end{pmatrix}$ である.

$$A - 1E_2 = \begin{pmatrix} 5 & -4 \\ 3 & -2 \end{pmatrix} - 1 \begin{pmatrix} 1 & 0 \\ 0 & 1 \end{pmatrix} = \begin{pmatrix} 4 & -4 \\ 3 & -3 \end{pmatrix}$$

であるから, $\begin{pmatrix} 4 & -4 \\ 3 & -3 \end{pmatrix} \begin{pmatrix} x_1 \\ x_2 \end{pmatrix} = \begin{pmatrix} 0 \\ 0 \end{pmatrix}$ を解くと, $\begin{pmatrix} 4 & -4 \\ 3 & -3 \end{pmatrix} \sim \begin{pmatrix} 1 & -1 \\ 0 & 0 \end{pmatrix}$ より, 固有ベクトルは $\boldsymbol{x} = c_1 \begin{pmatrix} 1 \\ 1 \end{pmatrix}$ $(c_1 \neq 0)$ である. したがって, 固有空間は

$$E_A(1) = \mathrm{Span}\left\{ \begin{pmatrix} 1 \\ 1 \end{pmatrix} \right\}$$

となることがわかる.

固有値 $\lambda = 2$ に対する固有ベクトルも同様にして, $\boldsymbol{x} = c_2 \begin{pmatrix} 4 \\ 3 \end{pmatrix}$ $(c_2 \neq 0)$ であり,

$$E_A(2) = \mathrm{Span} \left\{ \begin{pmatrix} 4 \\ 3 \end{pmatrix} \right\}$$

が固有値 2 に対する固有空間である.

(2) B の固有値を求める. B の固有方程式は

$$0 = \begin{vmatrix} -1-x & 2 \\ -2 & 3-x \end{vmatrix} = (-1-x)(3-x) - (-2)\cdot 2 = x^2 - 2x + 1 = (x-1)^2$$

したがって, A の固有値は 1 のみである.

固有値 1 に対する固有ベクトル $\boldsymbol{x}$ は, 連立 1 次方程式 $(B - 1E_2)\boldsymbol{x} = \boldsymbol{0}$ の $\boldsymbol{0}$ 以外の解であるから, 係数行列に行の基本変形を行うと

$$B - 1E_2 = \begin{pmatrix} -2 & 2 \\ -2 & 2 \end{pmatrix} \sim \begin{pmatrix} 1 & -1 \\ 0 & 0 \end{pmatrix}$$

より, 固有ベクトルは $\boldsymbol{x} = c \begin{pmatrix} 1 \\ 1 \end{pmatrix}$ $(c \neq 0)$ で, 固有空間は

$$E_B(1) = \mathrm{Span} \left\{ \begin{pmatrix} 1 \\ 1 \end{pmatrix} \right\}$$

である. $\square$

例 4.6.5. 次の行列の固有値とそれぞれの固有値に対する固有空間を求める.

(1) $A = \begin{pmatrix} 3 & 7 \\ 1 & 3 \end{pmatrix}$ (2) $B = \begin{pmatrix} 1 & 0 & 1 \\ 0 & 1 & -2 \\ 2 & -2 & 0 \end{pmatrix}$

[**解**] (1) まず, A の固有方程式

$$|A - xE_2| = \begin{vmatrix} 3-x & 7 \\ 1 & 3-x \end{vmatrix} = x^2 - 6x + 2 = 0$$

を解いて, $x = 3 \pm \sqrt{7}$ が A の固有値であることがわかる.

固有値 $\lambda = 3 + \sqrt{7}$ に対する固有ベクトル $\boldsymbol{x}$ は，連立 1 次方程式 $(A - (3 + \sqrt{7})E_2)\boldsymbol{x} = \boldsymbol{0}$ の $\boldsymbol{0}$ 以外の解だから

$$A - (3 + \sqrt{7})E_2 = \begin{pmatrix} -\sqrt{7} & 7 \\ 1 & -\sqrt{7} \end{pmatrix} \sim \begin{pmatrix} 1 & -\sqrt{7} \\ 0 & 0 \end{pmatrix}$$

より，$\boldsymbol{x} = c_1 \begin{pmatrix} \sqrt{7} \\ 1 \end{pmatrix}$ $(c_1 \neq 0)$ である．

同様にして，固有値 $\lambda = 3 - \sqrt{7}$ に対する固有ベクトル $\boldsymbol{x}$ は，

$$A - (3 - \sqrt{7})E_2 = \begin{pmatrix} \sqrt{7} & 7 \\ 1 & \sqrt{7} \end{pmatrix} \sim \begin{pmatrix} 1 & \sqrt{7} \\ 0 & 0 \end{pmatrix}$$

であるから，$\boldsymbol{x} = c_2 \begin{pmatrix} -\sqrt{7} \\ 1 \end{pmatrix}$ $(c_2 \neq 0)$ である．

したがって，それぞれの固有空間は

$$E_A(3 + \sqrt{7}) = \mathrm{Span}\left\{ \begin{pmatrix} \sqrt{7} \\ 1 \end{pmatrix} \right\}, \quad E_A(3 - \sqrt{7}) = \mathrm{Span}\left\{ \begin{pmatrix} -\sqrt{7} \\ 1 \end{pmatrix} \right\}$$

となる．

(2)　B の固有方程式

$$|B - xE_3| = \begin{vmatrix} 1-x & 0 & 1 \\ 0 & 1-x & -2 \\ 2 & -2 & -x \end{vmatrix} = (1-x)(x+2)(x-3) = 0$$

を解くと，B の固有値は 1 と 3 と -2 であることがわかる．

固有値 1 に対する固有ベクトル $\boldsymbol{x}$ は，連立 1 次方程式 $(B - 1E_3)\boldsymbol{x} = \boldsymbol{0}$ の $\boldsymbol{0}$ 以外の解だから，

$$B - 1E_3 = \begin{pmatrix} 0 & 0 & 1 \\ 0 & 0 & -2 \\ 2 & -2 & -1 \end{pmatrix} \sim \begin{pmatrix} 0 & 0 & 1 \\ 0 & 0 & 0 \\ 2 & -2 & 0 \end{pmatrix} \sim \begin{pmatrix} 1 & -1 & 0 \\ 0 & 0 & 1 \\ 0 & 0 & 0 \end{pmatrix}$$

したがって，固有ベクトルは $\boldsymbol{x} = c_1 \begin{pmatrix} 1 \\ 1 \\ 0 \end{pmatrix}$ $(c_1 \neq 0)$ である．

同様にして，固有値 3 と -2 に対する固有ベクトルは，それぞれ

$$B - 3E_3 = \begin{pmatrix} -2 & 0 & 1 \\ 0 & -2 & -2 \\ 2 & -2 & -3 \end{pmatrix} \sim \begin{pmatrix} -2 & 0 & 1 \\ 0 & 1 & 1 \\ 2 & 0 & -1 \end{pmatrix} \sim \begin{pmatrix} 1 & 0 & -\frac{1}{2} \\ 0 & 1 & 1 \\ 0 & 0 & 0 \end{pmatrix},$$

$$B - (-2)E_3 = \begin{pmatrix} 3 & 0 & 1 \\ 0 & 3 & -2 \\ 2 & -2 & 2 \end{pmatrix} \sim \begin{pmatrix} 1 & 0 & \frac{1}{3} \\ 0 & 1 & -\frac{2}{3} \\ 2 & -2 & 2 \end{pmatrix} \sim \begin{pmatrix} 1 & 0 & \frac{1}{3} \\ 0 & 1 & -\frac{2}{3} \\ 0 & 0 & 0 \end{pmatrix}$$

より，$c_2 \begin{pmatrix} 1 \\ -2 \\ 2 \end{pmatrix}$ $(c_2 \neq 0)$ と $c_3 \begin{pmatrix} -1 \\ 2 \\ 3 \end{pmatrix}$ $(c_3 \neq 0)$ である.

したがって，求める固有空間はそれぞれ

$$E_B(1) = \mathrm{Span}\left\{ \begin{pmatrix} 1 \\ 1 \\ 0 \end{pmatrix} \right\}, \quad E_B(3) = \mathrm{Span}\left\{ \begin{pmatrix} 1 \\ -2 \\ 2 \end{pmatrix} \right\},$$

$$E_B(-2) = \mathrm{Span}\left\{ \begin{pmatrix} -1 \\ 2 \\ 3 \end{pmatrix} \right\}$$

となる. □

例 4.6.6. $A = \begin{pmatrix} 0 & -1 \\ 1 & 0 \end{pmatrix}$ の固有値と固有空間を求める.

[解] A の固有方程式

$$|A - xE_2| = \begin{vmatrix} -x & -1 \\ 1 & -x \end{vmatrix} = x^2 + 1 = 0$$

を解いて，$x = \pm i$ が A の固有値であることがわかる.

固有値 $\lambda = i$ に対する固有ベクトル $\boldsymbol{x}$ は，連立 1 次方程式 $(A - iE_2)\boldsymbol{x} = \boldsymbol{0}$ の $\boldsymbol{0}$ 以外の解なので，

$$A - i\,E_2 = \begin{pmatrix} -i & -1 \\ 1 & -i \end{pmatrix} \sim \begin{pmatrix} 1 & -i \\ 0 & 0 \end{pmatrix}$$

より，$\boldsymbol{x} = c_1 \begin{pmatrix} i \\ 1 \end{pmatrix}$ $(c_1 \neq 0)$ である.

　同様にして，固有値 $\lambda = -i$ に対する固有ベクトルは，

$$A - (-i)E_2 = \begin{pmatrix} i & -1 \\ 1 & i \end{pmatrix} \sim \begin{pmatrix} 1 & i \\ 0 & 0 \end{pmatrix}$$

であるから，$\boldsymbol{x} = c_2 \begin{pmatrix} -i \\ 1 \end{pmatrix}$ $(c_2 \neq 0)$ である.

　以上より，それぞれの固有空間は

$$E_A(i) = \mathrm{Span}\left\{ \begin{pmatrix} i \\ 1 \end{pmatrix} \right\}, \qquad E_A(-i) = \mathrm{Span}\left\{ \begin{pmatrix} -i \\ 1 \end{pmatrix} \right\}$$

となる. □

●**問 4.6.7.** 次の行列の固有値とそれぞれの固有値に対する固有空間を求めよ.

(1) $A = \begin{pmatrix} 1 & 3 \\ -1 & 5 \end{pmatrix}$ (2) $B = \begin{pmatrix} 2 & 3 \\ -3 & 2 \end{pmatrix}$ (3) $C = \begin{pmatrix} 2 & 1 & 1 \\ 2 & 3 & 2 \\ 1 & 1 & 2 \end{pmatrix}$

4章の問題 A

4.1. $\boldsymbol{a} = \begin{pmatrix} 1 \\ 2 \end{pmatrix}$, $\boldsymbol{b} = \begin{pmatrix} 1 \\ 1 \end{pmatrix}$, $\boldsymbol{c} = \begin{pmatrix} 1 \\ -1 \end{pmatrix}$ を平面ベクトルとするとき，次のベク

トルの組は 1 次独立かどうか調べよ.
1 次従属の場合，1 つのベクトルを他のベクトルの 1 次結合で表せ.

(1) $\boldsymbol{a}, \boldsymbol{b}$　　(2) $\boldsymbol{b}, \boldsymbol{c}$　　(3) $\boldsymbol{a}, \boldsymbol{b}, \boldsymbol{c}$

4.2. $\boldsymbol{a}_1 = \begin{pmatrix} 1 \\ 2 \\ 1 \end{pmatrix}$, $\boldsymbol{a}_2 = \begin{pmatrix} 2 \\ 1 \\ 0 \end{pmatrix}$, $\boldsymbol{a}_3 = \begin{pmatrix} 5 \\ 4 \\ 1 \end{pmatrix}$ を空間ベクトルとするとき，

$\boldsymbol{a}_1, \boldsymbol{a}_2, \boldsymbol{a}_3$ は 1 次従属であることを示し，1 つのベクトルを他のベクトルの
1 次結合で表せ．

4.3. 次のベクトルの組は 1 次独立かどうか調べよ．

(1) $\boldsymbol{a}_1 = \begin{pmatrix} 1 \\ -1 \\ 1 \end{pmatrix}$, $\boldsymbol{a}_2 = \begin{pmatrix} 3 \\ 2 \\ 1 \end{pmatrix}$, $\boldsymbol{a}_3 = \begin{pmatrix} 1 \\ 1 \\ 0 \end{pmatrix}$

(2) $\boldsymbol{a}_1 = \begin{pmatrix} 2 \\ 1 \\ 2 \end{pmatrix}$, $\boldsymbol{a}_2 = \begin{pmatrix} 1 \\ 1 \\ 0 \end{pmatrix}$, $\boldsymbol{a}_3 = \begin{pmatrix} 0 \\ -1 \\ 2 \end{pmatrix}$

(3) $\boldsymbol{a}_1 = \begin{pmatrix} 1 \\ 2 \\ 1 \\ 2 \end{pmatrix}$, $\boldsymbol{a}_2 = \begin{pmatrix} -1 \\ 1 \\ 2 \\ 0 \end{pmatrix}$, $\boldsymbol{a}_3 = \begin{pmatrix} 1 \\ 2 \\ -1 \\ 1 \end{pmatrix}$, $\boldsymbol{a}_4 = \begin{pmatrix} 1 \\ 0 \\ 2 \\ 1 \end{pmatrix}$

4.4. 次の部分空間の次元と基底を求めよ．

(1) $V = \mathrm{Span} \left\{ \begin{pmatrix} 3 \\ 1 \end{pmatrix}, \begin{pmatrix} 2 \\ -1 \end{pmatrix}, \begin{pmatrix} 3 \\ 4 \end{pmatrix} \right\}$

(2) $V = \left\{ \begin{pmatrix} x_1 \\ x_2 \\ x_3 \end{pmatrix} \,\middle|\, x_1 + 2x_2 + 3x_3 = 0, \ x_1, x_2, x_3 \in \mathbf{R} \right\}$

(3) $V = \left\{ \begin{pmatrix} a + 2b \\ a - 2b \\ 2a + 3b \end{pmatrix} \,\middle|\, a, b \in \mathbf{R} \right\}$

(4) $V = \left\{ \begin{pmatrix} a_1 \\ a_2 \\ a_3 \\ a_4 \end{pmatrix} \,\middle|\, 4a_1 = 3a_2 = 2a_3 = a_4 \right\}$

4.5. 次のベクトルの組は 3 次元複素ベクトル空間 $\mathbf{C}^3$ の基底かどうか調べよ.

(1) $\quad \boldsymbol{a} = \begin{pmatrix} -3 \\ 0 \\ i \end{pmatrix}, \quad \boldsymbol{b} = \begin{pmatrix} 2+i \\ 1-i \\ 2i \end{pmatrix}, \quad \boldsymbol{c} = \begin{pmatrix} 2-2i \\ 1-i \\ -2+2i \end{pmatrix}$

(2) $\quad \boldsymbol{a}_1 = \begin{pmatrix} 1-i \\ 2-i \\ 2-2i \end{pmatrix}, \boldsymbol{a}_2 = \begin{pmatrix} -1-i \\ 3 \\ 1-i \end{pmatrix}, \boldsymbol{a}_3 = \begin{pmatrix} -2 \\ 1+i \\ -1+i \end{pmatrix}$

4.6. (1) $\quad \boldsymbol{a}_1 = \begin{pmatrix} -1 \\ 4 \\ -2 \end{pmatrix}, \boldsymbol{a}_2 = \begin{pmatrix} 2 \\ 0 \\ 1 \end{pmatrix}, \boldsymbol{a}_3 = \begin{pmatrix} 3 \\ 1 \\ 3 \end{pmatrix}, \boldsymbol{b} = \begin{pmatrix} -2 \\ 5 \\ -1 \end{pmatrix}$

のとき, $\{\boldsymbol{a}_1, \boldsymbol{a}_2, \boldsymbol{a}_3\}$ は 3 次元実ベクトル空間 $\mathbf{R}^3$ の基底であることを示し, $\boldsymbol{b}$ を $\boldsymbol{a}_1, \boldsymbol{a}_2, \boldsymbol{a}_3$ の 1 次結合で表せ.

(2) $\quad \boldsymbol{a}_1 = \begin{pmatrix} 1 \\ 2+i \\ 0 \end{pmatrix}, \boldsymbol{a}_2 = \begin{pmatrix} 1 \\ 0 \\ -i \end{pmatrix}, \boldsymbol{a}_3 = \begin{pmatrix} i \\ -1 \\ 2 \end{pmatrix}, \boldsymbol{b} = \begin{pmatrix} 2 \\ 3i \\ -2-3i \end{pmatrix}$

のとき, $\{\boldsymbol{a}_1, \boldsymbol{a}_2, \boldsymbol{a}_3\}$ は 3 次元複素ベクトル空間 $\mathbf{C}^3$ の基底であることを示し, $\boldsymbol{b}$ を $\boldsymbol{a}_1, \boldsymbol{a}_2, \boldsymbol{a}_3$ の 1 次結合で表せ.

4.7. 次の行列 A の固有値とそれぞれの固有値に対する固有空間を求めよ.

(1) $\quad A = \begin{pmatrix} 2 & 0 \\ 0 & 3 \end{pmatrix}$ (2) $\quad A = \begin{pmatrix} 2 & 4 \\ -1 & -3 \end{pmatrix}$ (3) $\quad A = \begin{pmatrix} 1 & 2 \\ -2 & 1 \end{pmatrix}$

(4) $\quad A = \begin{pmatrix} 3 & 4i \\ -2i & 1 \end{pmatrix}$ (5) $\quad A = \begin{pmatrix} 1 & 2 & 3 \\ 0 & 4 & 5 \\ 0 & 0 & 6 \end{pmatrix}$ (6) $\quad A = \begin{pmatrix} 5 & 1 & 2 \\ -6 & 0 & -4 \\ -3 & -1 & 0 \end{pmatrix}$

(7) $\quad A = \begin{pmatrix} 5 & -2 & 0 \\ -2 & 6 & 2 \\ 0 & 2 & 7 \end{pmatrix}$ (8) $\quad A = \begin{pmatrix} 2 & 2i & 1 \\ -i & 0 & -i \\ 1 & 2i & 2 \end{pmatrix}$

4 章の問題 B

4.8. 3 次の行列 A が三角行列のとき，A の固有値は対角成分であることを示せ．

4.9. λ を行列 A の固有値とするとき，次が成り立つことを示せ．

(1) A が正則行列ならば，$\lambda \neq 0$ である．

(2) A が正則行列ならば，$\dfrac{1}{\lambda}$ は逆行列 A^{-1} の固有値である．

(3) λ^n は A^n の固有値である．

4.10. n 次の行列 $A = (a_{ij})$ に対して，A のトレース (trace) を，

$$\mathrm{tr}\,(A) = a_{11} + a_{22} + \cdots + a_{nn}$$

と定義する．このとき，次が成り立つことを示せ．

(1) $\mathrm{tr}\,(A + B) = \mathrm{tr}\,(A) + \mathrm{tr}\,(B),\quad \mathrm{tr}\,(kA) = k\,\mathrm{tr}\,(A)$ (k は任意の数)

(2) $\mathrm{tr}\,(AB) = \mathrm{tr}\,(BA)$

(3) P が正則行列ならば，$\mathrm{tr}\,(P^{-1}AP) = \mathrm{tr}\,(A)$

4.11. 3 次の行列 A の固有値を，重複度を考慮して λ_1, λ_2, λ_3 とするとき，次が成り立つことを示せ．

(1) $\lambda_1\lambda_2\lambda_3 = |A|$

(2) $\lambda_1 + \lambda_2 + \lambda_3 = \mathrm{tr}\,(A)$

4.12. P, A を n 次の行列とする．P が正則行列ならば，行列 A の固有値と $P^{-1}AP$ の固有値はすべて同じであることを示せ．

第5章 行列の対角化

　本章では，行列の対角化を定義し，対角化の問題と固有値と固有ベクトルとの関係について述べる．また，固有値がすべて異なるときは，対角化可能であることを示す．

5.1 行列の対角化と固有値，固有ベクトル

　行列の対角化可能の定義から始めよう．

　定義 5.1.1. n 次の行列 A に対して，ある n 次の正則行列 P とある数 λ_1, λ_2, $\cdots$, λ_n が存在して

$$(*) \qquad P^{-1}AP = \begin{pmatrix} \lambda_1 & & & \mathbf{0} \\ & \lambda_2 & & \\ & & \ddots & \\ \mathbf{0} & & & \lambda_n \end{pmatrix}$$

が成り立つとき，A は**対角化可能** (diagonalizable) であるといい，P を A を**対角化する行列**という．ここで，$(*)$ の右辺の行列は対角成分以外の成分がすべて 0 であることを表している．また，数 λ_1, λ_2, $\cdots$, λ_n の中には同じ数があってもかまわないことを注意しておく．

　n 次の行列 A が対角化可能で，$(*)$ が成り立つとする．
　$(*)$ の両辺に左から P を掛けて

$$(**) \qquad AP = P \begin{pmatrix} \lambda_1 & & & \mathbf{0} \\ & \lambda_2 & & \\ & & \ddots & \\ \mathbf{0} & & & \lambda_n \end{pmatrix}$$

を得る．このとき，行列の積の計算から次の定理を得る．

定理 5.1.2. A と P を n 次の行列とし，P の列ベクトル表示を $P = (\boldsymbol{p}_1, \ \boldsymbol{p}_2, \ \cdots, \ \boldsymbol{p}_n)$ とする．このとき

$$(**) \qquad AP = P \begin{pmatrix} \lambda_1 & & & \mbox{\Large 0} \\ & \lambda_2 & & \\ & & \ddots & \\ \mbox{\Large 0} & & & \lambda_n \end{pmatrix}$$

が成り立つための必要十分条件は，

$$(\dagger) \qquad A\boldsymbol{p}_1 = \lambda_1 \boldsymbol{p}_1, \quad A\boldsymbol{p}_2 = \lambda_2 \boldsymbol{p}_2, \quad \cdots, \quad A\boldsymbol{p}_n = \lambda_n \boldsymbol{p}_n$$

が成り立つことである．

[証明] 行列 AP と $P \begin{pmatrix} \lambda_1 & & & \mbox{\Large 0} \\ & \lambda_2 & & \\ & & \ddots & \\ \mbox{\Large 0} & & & \lambda_n \end{pmatrix}$ の 1 列をそれぞれ $\boldsymbol{p}_1$ を用い

て表すと，$A\boldsymbol{p}_1$ と $\lambda_1 \boldsymbol{p}_1$ である．$(**)$ から 1 列目が等しくなるから $A\boldsymbol{p}_1 = \lambda_1 \boldsymbol{p}_1$ を得る．以下同様にして，2 列，$\cdots$，n 列をそれぞれ $\boldsymbol{p}_2$，$\cdots$，$\boldsymbol{p}_n$ で表すと，$A\boldsymbol{p}_2 = \lambda_2 \boldsymbol{p}_2$，$\cdots$，$A\boldsymbol{p}_n = \lambda_n \boldsymbol{p}_n$ を得る．よって，$(\dagger)$ が成り立つ．逆に $(\dagger)$ が成り立てば 2 つの行列の各列が等しくなるので $(**)$ が成り立つ．したがって，定理が成り立つ． ■

●**問 5.1.3.** 3 次の行列 $A = (a_{ij})$ と $P = (\boldsymbol{p}_1, \ \boldsymbol{p}_2, \ \boldsymbol{p}_3)$ に対して，定理 5.1.2 を直接確かめよ．

これより，対角化と固有値，固有ベクトルの関係を表す次の定理を得る．

定理 5.1.4. n 次の行列 A が対角化可能で，正則行列 P を用いて

$$(*) \qquad P^{-1}AP = \begin{pmatrix} \lambda_1 & & & \mbox{\Large 0} \\ & \lambda_2 & & \\ & & \ddots & \\ \mbox{\Large 0} & & & \lambda_n \end{pmatrix}$$

と対角化されるとする. このとき, P の列ベクトル表示を $P = (\boldsymbol{p}_1, \boldsymbol{p}_2, \cdots, \boldsymbol{p}_n)$ とすると

$$Ap_1 = \lambda_1 \boldsymbol{p}_1, \quad A\boldsymbol{p}_2 = \lambda_2 \boldsymbol{p}_2, \quad \cdots, \quad A\boldsymbol{p}_n = \lambda_n \boldsymbol{p}_n \tag{†}$$

が成り立つ. 特に, λ_1, λ_2, $\cdots$, λ_n は A の固有値で, $\boldsymbol{p}_1$, $\boldsymbol{p}_2$, $\cdots$, $\boldsymbol{p}_n$ はそれぞれ固有値 λ_1, λ_2, $\cdots$, λ_n に対する A の固有ベクトルである.

[証明] $(*)$ から $(**)$ が成り立ち, 定理 5.1.2 より $(†)$ が成り立つ. ここで, $P = (\boldsymbol{p}_1, \boldsymbol{p}_2, \cdots, \boldsymbol{p}_n)$ は正則だから, 各 $\boldsymbol{p}_i \neq \boldsymbol{0}$ である. よって, 各 λ_i は A の固有値で, $\boldsymbol{p}_i$ は固有値 λ_i に対する固有ベクトルである. ■

5.2 対角化可能と固有ベクトルの条件

行列 A の固有値 λ_1, λ_2, $\cdots$, λ_n と, それぞれの固有値に対する固有ベクトル $\boldsymbol{p}_1$, $\boldsymbol{p}_2$, $\cdots$, $\boldsymbol{p}_n$ は定理 4.6.1 と 定理 4.5.3 により計算できるので, それらを計算して $P = (\boldsymbol{p}_1, \boldsymbol{p}_2, \cdots, \boldsymbol{p}_n)$ とおくと, 定理 5.1.2 より

$$(**) \qquad AP = P \begin{pmatrix} \lambda_1 & & & \mathbf{0} \\ & \lambda_2 & & \\ & & \ddots & \\ \mathbf{0} & & & \lambda_n \end{pmatrix}$$

を得る. したがって, 行列 A が対角化可能かどうかは P が正則行列にとれるか否かによる. 正則行列の列ベクトルに関する定理 4.2.7 によって, 対角化可能の必要十分条件を与える次の定理を得る.

定理 5.2.1. (1) n 次の行列 A が対角化可能であるための必要十分条件は, n 個の 1 次独立な A の固有ベクトル $\boldsymbol{p}_1$, $\boldsymbol{p}_2$, $\cdots$, $\boldsymbol{p}_n$ が存在することである.

(2) n 次の行列 A が対角化可能のとき, n 個の 1 次独立な A の固有ベクトル $\boldsymbol{p}_1$, $\boldsymbol{p}_2$, $\cdots$, $\boldsymbol{p}_n$ をとり,

$$P = (\boldsymbol{p}_1, \boldsymbol{p}_2, \cdots, \boldsymbol{p}_n)$$

とおく. このとき, P は n 次の正則行列で,

$$A\boldsymbol{p}_1 = \lambda_1 \boldsymbol{p}_1, \quad A\boldsymbol{p}_2 = \lambda_2 \boldsymbol{p}_2, \quad \cdots, \quad A\boldsymbol{p}_n = \lambda_n \boldsymbol{p}_n$$

とすると，A は

$$P^{-1}AP = \begin{pmatrix} \lambda_1 & & & \mathbf{0} \\ & \lambda_2 & & \\ & & \ddots & \\ \mathbf{0} & & & \lambda_n \end{pmatrix}$$

と対角化される．

[証明]　(1)　行列 A が対角化可能であるための必要十分条件は，

$$P = (\boldsymbol{p}_1,\ \boldsymbol{p}_2,\ \cdots,\ \boldsymbol{p}_n)$$

が正則行列にとれることである．これは，定理 4.2.7 によって，$\boldsymbol{p}_1,\ \boldsymbol{p}_2,\ \cdots,$ $\boldsymbol{p}_n$ が 1 次独立となることである．

(2)　定理 5.1.2 と P が正則であることから成り立つ．　∎

　実際に，具体的な 2 次の行列について 2 個の 1 次独立な固有ベクトルがとれるかどうかを調べて，対角化可能かどうか判定してみよう．

例 5.2.2.　次の行列 A の固有値，固有ベクトルを求め，2 個の 1 次独立な固有ベクトルがとれるかどうか調べて，対角化可能かどうか判定せよ．

(1)　$A = \begin{pmatrix} 5 & -4 \\ 3 & -2 \end{pmatrix}$　　　　(2)　$A = \begin{pmatrix} -1 & 2 \\ -2 & 3 \end{pmatrix}$

[解]　(1)　例 4.6.4(1) より，A の固有値は 1 と 2 で，それぞれの固有ベクトルは $c_1 \begin{pmatrix} 1 \\ 1 \end{pmatrix}$ $(c_1 \neq 0)$，$c_2 \begin{pmatrix} 4 \\ 3 \end{pmatrix}$ $(c_2 \neq 0)$ で与えられる．

ここで，$\boldsymbol{p}_1 = \begin{pmatrix} 1 \\ 1 \end{pmatrix}$，$\boldsymbol{p}_2 = \begin{pmatrix} 4 \\ 3 \end{pmatrix}$ とおくと，$|\boldsymbol{p}_1, \boldsymbol{p}_2| = \begin{vmatrix} 1 & 4 \\ 1 & 3 \end{vmatrix} = -1 \neq 0$ だから，定理 4.2.7 より，$\boldsymbol{p}_1, \boldsymbol{p}_2$ は 1 次独立である．よって，2 個の 1 次独立な固有ベクトルが存在する．したがって，定理 5.2.1 から A は対角化可能である．

(2)　例 4.6.4 (2) より，A の固有値は 1 (重複度 2) で，固有値 1 に対する固有ベクトルは $c \begin{pmatrix} 1 \\ 1 \end{pmatrix}$ $(c \neq 0)$ で与えられる．

ここで，$\boldsymbol{p}_1 = \begin{pmatrix} c_1 \\ c_1 \end{pmatrix}$，$\boldsymbol{p}_2 = \begin{pmatrix} c_2 \\ c_2 \end{pmatrix}$　$(c_1 \neq 0,\, c_2 \neq 0)$ とすると，

$c_2\boldsymbol{p}_1 + (-c_1)\boldsymbol{p}_2 = \boldsymbol{0}$, $(c_1 \neq 0, c_2 \neq 0)$ だから，$\boldsymbol{p}_1$, $\boldsymbol{p}_2$ は 1 次独立ではない．よって，2 個の 1 次独立な固有ベクトルは存在しない．したがって，A は対角化可能でない． $\qquad\qquad\qquad\qquad\qquad\qquad\qquad\qquad\qquad\qquad\qquad$ □

　この例 5.2.2 から，2 次の行列 A が対角化可能かどうかは固有値が異なればよいのではないかと思われる．このことは実際正しく，定理 5.3.2 (1) で示される．なお，同じ固有値が固有方程式の 2 重解としてでてくる場合は，例 5.2.2 (2) の解の中で表示したように**重複度 2** と表すことにする．

●問 5.2.3.　次の行列 A の固有値，固有ベクトルを求め，2 個の 1 次独立な固有ベクトルがとれるかどうか調べて，対角化可能かどうか判定せよ．

(1) $A = \begin{pmatrix} 6 & -8 \\ 4 & -6 \end{pmatrix}$ $\qquad\qquad$ (2) $A = \begin{pmatrix} 2 & 1 \\ -1 & 4 \end{pmatrix}$

5.3　対角化可能の十分条件

　例 5.2.2 (1) では，固有値がすべて異なっていて，対角化可能であった．異なる固有値とその固有ベクトルの 1 次独立性との関係について，次の定理が成り立つ．これは行列の対角化問題で基本となる結果である．

　定理 5.3.1.　n 次の行列 A の異なる固有値を λ_1, λ_2, $\cdots$, λ_r とし，$\boldsymbol{p}_1$, $\boldsymbol{p}_2 \cdots$, $\boldsymbol{p}_r$ をそれぞれ固有値 λ_1, λ_2, $\cdots$, λ_r に対する A の固有ベクトルとする．このとき，$\boldsymbol{p}_1$, $\boldsymbol{p}_2$, $\cdots$, $\boldsymbol{p}_r$ は 1 次独立である．

　[証明]　r に関する数学的帰納法によって証明する．

　(1)　まず，$r = 1$ のときを考える．$c_1\boldsymbol{p}_1 = \boldsymbol{0}$ とすると，$\boldsymbol{p}_1 \neq \boldsymbol{0}$ だから $c_1 = 0$ となり，1 次独立性の定義から，$\boldsymbol{p}_1$ は 1 次独立である．

　(2)　次に，$r \geqq 2$ で，$\boldsymbol{p}_1$, $\boldsymbol{p}_2$, $\cdots$, $\boldsymbol{p}_{r-1}$ が 1 次独立であると仮定する．このとき，$\boldsymbol{p}_1$, $\boldsymbol{p}_2$, $\cdots$, $\boldsymbol{p}_{r-1}$, $\boldsymbol{p}_r$ が 1 次独立であることを示すために

$$c_1\boldsymbol{p}_1 + c_2\boldsymbol{p}_2 + \cdots + c_{r-1}\boldsymbol{p}_{r-1} + c_r\boldsymbol{p}_r = \boldsymbol{0} \qquad\qquad ①$$

であるとしよう．① の両辺のベクトルに左から行列 A を掛けて，$A\boldsymbol{p}_1 = \lambda_1\boldsymbol{p}_1$, $A\boldsymbol{p}_2 = \lambda_2\boldsymbol{p}_2$, $\cdots$, $A\boldsymbol{p}_r = \lambda_r\boldsymbol{p}_r$ を用いると

$$c_1\lambda_1\boldsymbol{p}_1 + c_2\lambda_2\boldsymbol{p}_2 + \cdots + c_{r-1}\lambda_{r-1}\boldsymbol{p}_{r-1} + c_r\lambda_r\boldsymbol{p}_r = \boldsymbol{0} \qquad ②$$

を得る. ここで, ① × λ_r − ② を計算して $\boldsymbol{p}_r$ を消去すると

$$c_1(\lambda_r - \lambda_1)\boldsymbol{p}_1 + c_2(\lambda_r - \lambda_2)\boldsymbol{p}_2 + \cdots + c_{r-1}(\lambda_r - \lambda_{r-1})\boldsymbol{p}_{r-1} = \boldsymbol{0} \qquad ③$$

を得る. ここで, 帰納法の仮定「$\boldsymbol{p}_1$, $\boldsymbol{p}_2$, $\cdots$, $\boldsymbol{p}_{r-1}$ が 1 次独立であること」を用いると, ③ より

$$c_1(\lambda_r - \lambda_1) = c_2(\lambda_r - \lambda_2) = \cdots = c_{r-1}(\lambda_r - \lambda_{r-1}) = 0 \qquad ④$$

仮定より, 固有値 λ_1, λ_2, $\cdots$, λ_r はすべて異なるので, ④ より

$$c_1 = c_2 = \cdots = c_{r-1} = 0 \qquad ⑤$$

これを ① に代入すると, $c_r\boldsymbol{p}_r = \boldsymbol{0}$ である. (1) の証明と同様にして, $\boldsymbol{p}_r \neq \boldsymbol{0}$ を用いて

$$c_r = 0 \qquad ⑥$$

よって, ⑤, ⑥ より, $\boldsymbol{p}_1$, $\boldsymbol{p}_2$, $\cdots$, $\boldsymbol{p}_r$ は 1 次独立である. ∎

これより対角化可能の簡単な十分条件を得る.

定理 5.3.2. n 次の行列 A の固有値 λ_1, λ_2, $\cdots$, λ_n がすべて異なるとする. このとき, 次が成り立つ.

(1) A は対角化可能である.

(2) A の固有値 λ_1, λ_2, $\cdots$, λ_n に対する固有ベクトルをそれぞれ $\boldsymbol{p}_1$, $\boldsymbol{p}_2$, $\cdots$, $\boldsymbol{p}_n$ とし, これらを列ベクトルとする n 次の行列を $P = (\boldsymbol{p}_1, \boldsymbol{p}_2, \cdots, \boldsymbol{p}_n)$ とすると, P は正則で, 行列 A は

$$P^{-1}AP = \begin{pmatrix} \lambda_1 & & & \Large{0} \\ & \lambda_2 & & \\ & & \ddots & \\ \Large{0} & & & \lambda_n \end{pmatrix}$$

と対角化できる.

[**証明**] (1) 定理 5.3.1 より, 異なる n 個の固有値 λ_1, λ_2, $\cdots$, λ_n に対するそれぞれの固有ベクトル $\boldsymbol{p}_1$, $\boldsymbol{p}_2$, $\cdots$, $\boldsymbol{p}_n$ は 1 次独立だから, 定理 5.2.1 (1) より, A は対角化可能である.

(2) 定理 5.2.1 (2) の証明と同様である. ∎

例 5.3.3. 行列 $A = \begin{pmatrix} 1 & -2 & 2 \\ -1 & 1 & 1 \\ -1 & -2 & 4 \end{pmatrix}$ は対角化可能かどうか調べ，可能な

ときは対角化する正則行列 P を求めよ.

[**解**] A の固有値を求める. A の固有方程式は

$$0 = \begin{vmatrix} 1-x & -2 & 2 \\ -1 & 1-x & 1 \\ -1 & -2 & 4-x \end{vmatrix} = \begin{vmatrix} 2-x & 0 & -2+x \\ -1 & 1-x & 1 \\ -1 & -2 & 4-x \end{vmatrix}$$

$$= \begin{vmatrix} 2-x & 0 & 0 \\ -1 & 1-x & 0 \\ -1 & -2 & 3-x \end{vmatrix} = (2-x)\begin{vmatrix} 1-x & 0 \\ -2 & 3-x \end{vmatrix}$$

$$= (2-x)\{(1-x)(3-x)-(-2)\cdot 0\} = (1-x)(2-x)(3-x)$$

よって，A の固有値は 1 と 2 と 3 である. ゆえに，定理 5.3.2(1) より，A は対角化可能である.

固有値 1 に対する固有ベクトル $\boldsymbol{x}$ は，連立 1 次方程式 $(A-1E)\boldsymbol{x}=\boldsymbol{0}$ の $\boldsymbol{0}$ 以外の解だから，解を求めるため係数行列に行の基本変形を行うと

$$A-1E = \begin{pmatrix} 0 & -2 & 2 \\ -1 & 0 & 1 \\ -1 & -2 & 3 \end{pmatrix} \sim \begin{pmatrix} 1 & 0 & -1 \\ 0 & 1 & -1 \\ 0 & -2 & 2 \end{pmatrix} \sim \begin{pmatrix} 1 & 0 & -1 \\ 0 & 1 & -1 \\ 0 & 0 & 0 \end{pmatrix}$$

よって，固有ベクトルは $\boldsymbol{x} = c_1 \begin{pmatrix} 1 \\ 1 \\ 1 \end{pmatrix}$ $(c_1 \neq 0)$ である.

また，固有値 2 に対する固有ベクトルも同様にして求めると

$$A-2E = \begin{pmatrix} -1 & -2 & 2 \\ -1 & -1 & 1 \\ -1 & -2 & 2 \end{pmatrix} \sim \begin{pmatrix} 1 & 2 & -2 \\ 0 & 1 & -1 \\ 0 & 0 & 0 \end{pmatrix} \sim \begin{pmatrix} 1 & 0 & 0 \\ 0 & 1 & -1 \\ 0 & 0 & 0 \end{pmatrix}$$

よって，固有ベクトルは $c_2 \begin{pmatrix} 0 \\ 1 \\ 1 \end{pmatrix}$ $(c_2 \neq 0)$ である.

最後に，固有値 3 に対する固有ベクトルも同様にして求めると

$$A - 3E = \begin{pmatrix} -2 & -2 & 2 \\ -1 & -2 & 1 \\ -1 & -2 & 1 \end{pmatrix} \sim \begin{pmatrix} 1 & 1 & -1 \\ 0 & -1 & 0 \\ 0 & 0 & 0 \end{pmatrix} \sim \begin{pmatrix} 1 & 0 & -1 \\ 0 & 1 & 0 \\ 0 & 0 & 0 \end{pmatrix}$$

よって，固有ベクトルは $c_3 \begin{pmatrix} 1 \\ 0 \\ 1 \end{pmatrix}$ $(c_3 \neq 0)$ である.

ここで，$\boldsymbol{p}_1 = \begin{pmatrix} 1 \\ 1 \\ 1 \end{pmatrix}$, $\boldsymbol{p}_2 = \begin{pmatrix} 0 \\ 1 \\ 1 \end{pmatrix}$, $\boldsymbol{p}_3 = \begin{pmatrix} 1 \\ 0 \\ 1 \end{pmatrix}$ とし，$P = \begin{pmatrix} 1 & 0 & 1 \\ 1 & 1 & 0 \\ 1 & 1 & 1 \end{pmatrix}$ と

おくと，定理 5.3.2 (2) より，A は正則行列 P を用いて，

$$P^{-1}AP = \begin{pmatrix} 1 & 0 & 0 \\ 0 & 2 & 0 \\ 0 & 0 & 3 \end{pmatrix}$$

と対角化される. □

●問 5.3.4. 例 5.3.3 において，$Q^{-1}AQ = \begin{pmatrix} 3 & 0 & 0 \\ 0 & 2 & 0 \\ 0 & 0 & 1 \end{pmatrix}$ と対角化するには

Q をどのように定めればよいか.

●問 5.3.5. 次の行列 A は対角化可能かどうか調べ，可能なときは対角化する正則行列 P を求めよ.

(1) $A = \begin{pmatrix} 1 & 2 \\ 3 & 2 \end{pmatrix}$　　(2) $A = \begin{pmatrix} 3 & 1 \\ 3 & 5 \end{pmatrix}$

(3) $A = \begin{pmatrix} 1 & -1 & 1 \\ -7 & 2 & 1 \\ 2 & 1 & 2 \end{pmatrix}$　　(4) $A = \begin{pmatrix} 0 & 0 & 1 \\ 1 & 0 & 0 \\ -1 & -1 & -1 \end{pmatrix}$

これまでは対角化可能な条件について考えてきたが，最後に対角化可能でない条件を述べる.

行列 A が対角行列であれば，明らかに A は対角化可能であるので，対角化を考えるとき，A は対角行列でないとしてよい.

定理 5.3.6. 対角行列でない n 次の行列 A の固有値がすべて等しければ，A は対角化可能ではない．

[証明] 背理法により証明する．n 次の正則行列 P が存在して

$$P^{-1}AP = \begin{pmatrix} \lambda & & & 0 \\ & \lambda & & \\ & & \ddots & \\ 0 & & & \lambda \end{pmatrix} = \lambda E$$

と A が対角化できると仮定すると，$A = P(\lambda E)P^{-1} = \lambda E$ となり，A が対角行列となるので「A は対角行列ではない」という仮定に矛盾する．ゆえに，定理が成り立つ．　∎

5.4　2次の行列の対角化可能の条件

2 次の行列の対角化について次の定理が成り立つ．

定理 5.4.1. (1) 対角行列でない 2 次の行列 A が対角化可能であるための必要十分条件は，A が異なる 2 つの固有値 λ_1, λ_2 をもつことである．

(2) 2 次の行列 A が対角化可能であるとき，$\boldsymbol{p}_1$, $\boldsymbol{p}_2$ をそれぞれ固有値 λ_1, λ_2 の固有ベクトルとし，2 次の行列 $P = (\boldsymbol{p}_1, \boldsymbol{p}_2)$ とする．このとき，P は正則行列で，行列 A は

$$P^{-1}AP = \begin{pmatrix} \lambda_1 & 0 \\ 0 & \lambda_2 \end{pmatrix}$$

と対角化できる．

[証明] (1) 定理 5.3.2 (1)，定理 5.3.1 と定理 5.3.6 より明らかである．
(2) 定理 5.2.1 (2) より明らかである．　∎

例 5.4.2. 次の行列 A は対角化可能かどうか調べ，可能なときは対角化する正則行列 P を求めよ．

(1) $A = \begin{pmatrix} -1 & 2 \\ -3 & 4 \end{pmatrix}$　　　(2) $A = \begin{pmatrix} 1 & 1 \\ -1 & 3 \end{pmatrix}$

[解] (1) A の固有値を求める．A の固有方程式は

$$0 = \begin{vmatrix} -1-x & 2 \\ -3 & 4-x \end{vmatrix} = (-1-x)(4-x) - (-3) \cdot 2$$
$$= x^2 - 3x + 2 = (x-1)(x-2)$$

よって，A の固有値は 1 と 2 であるので，定理 5.4.1 (1) より，A は対角化可能である．

固有値 1 に対する固有ベクトルは，連立 1 次方程式 $(A-1E)\boldsymbol{x} = \boldsymbol{0}$ の $\boldsymbol{0}$ 以外の解であるから，解を求めるために係数行列に行の基本変形を行うと

$$A - 1E = \begin{pmatrix} -2 & 2 \\ -3 & 3 \end{pmatrix} \sim \begin{pmatrix} 1 & -1 \\ 0 & 0 \end{pmatrix}$$

よって，固有ベクトルは $c_1 \begin{pmatrix} 1 \\ 1 \end{pmatrix}$ $(c_1 \neq 0)$ である．

また，固有値 2 に対する固有ベクトルも同様にして求めると

$$A - 2E = \begin{pmatrix} -3 & 2 \\ -3 & 2 \end{pmatrix} \sim \begin{pmatrix} 3 & -2 \\ 0 & 0 \end{pmatrix}$$

よって，固有ベクトルは $c_2 \begin{pmatrix} 2 \\ 3 \end{pmatrix}$ $(c_2 \neq 0)$ である．

したがって，$P = \begin{pmatrix} 1 & 2 \\ 1 & 3 \end{pmatrix}$ とおくと，P は正則で，定理 5.4.1 (2) より，

$P^{-1}AP = \begin{pmatrix} 1 & 0 \\ 0 & 2 \end{pmatrix}$ と対角化される．

(2)　A の固有値を求める．A の固有方程式は

$$0 = \begin{vmatrix} 1-x & 1 \\ -1 & 3-x \end{vmatrix} = (1-x)(3-x) - (-1) \cdot 1$$
$$= x^2 - 4x + 4 = (x-2)^2$$

よって，A の固有値は 2 (重複度 2) であるから，定理 5.4.1 (1) より，A は対角化可能でない．　　　　　　　　　　　　　　　　　　　　　□

●問 **5.4.3.** 次の行列 A は対角化可能かどうか調べ，可能なときは対角化する正則行列 P を求めよ．

(1) $A = \begin{pmatrix} 2 & -1 \\ 1 & 4 \end{pmatrix}$　　　(2) $A = \begin{pmatrix} 1 & 2 \\ 2 & 1 \end{pmatrix}$

(3) $A = \begin{pmatrix} -1 & -1 \\ 4 & -5 \end{pmatrix}$　　　(4) $A = \begin{pmatrix} 0 & -1 \\ 2 & 3 \end{pmatrix}$

5.5　3次の行列の対角化可能の条件

次に，対角行列でない 3 次の行列の対角化について考えてみよう．3 次の行列 A の固有値については次の 3 つの場合が考えられる．

(I)　固有値がすべて異なるとき．
(II)　異なる固有値が λ_1 (重複度 2) と λ_2 のとき．
(III)　固有値がすべて等しいとき．

(I) の場合は定理 5.3.1 と定理 5.2.1(1) より対角化可能で，(III) の場合は定理 5.3.6 より対角化可能でない．

(II) において，"λ_1 (重複度 2)" と書いているのは，λ_1 が 2 重解であることを表している．この場合，対角化可能かどうかは，実は固有値の状況だけではわからず，重複度 2 の固有値 λ_1 に対する固有空間の状況による．固有空間の状況の違いを次の 2 つの例でみてみよう．

例 5.5.1. 行列 $A = \begin{pmatrix} 9 & -4 & 4 \\ 16 & -7 & 8 \\ 2 & -1 & 2 \end{pmatrix}$ の固有値を求め，重複度 2 の固有値に対する固有空間の基底と次元を求めよ．

[解]　A の固有値を求める．A の固有方程式は

$$0 = \begin{vmatrix} 9-x & -4 & 4 \\ 16 & -7-x & 8 \\ 2 & -1 & 2-x \end{vmatrix} = -(x-1)^2(x-2)$$

よって，A の固有値は 1 (重複度 2) と 2 である．

次に，固有値 1 に対する固有ベクトルを求める．係数行列に行の基本変形を行うと

$$A - 1E = \begin{pmatrix} 8 & -4 & 4 \\ 16 & -8 & 8 \\ 2 & -1 & 1 \end{pmatrix} \sim \begin{pmatrix} 2 & -1 & 1 \\ 0 & 0 & 0 \\ 0 & 0 & 0 \end{pmatrix}$$

よって，固有ベクトルは $c_1 \begin{pmatrix} 1 \\ 2 \\ 0 \end{pmatrix} + c_2 \begin{pmatrix} -1 \\ 0 \\ 2 \end{pmatrix}$ $((c_1, c_2) \neq (0,0))$ である．

したがって，固有値 1 に対する固有空間 $E_A(1)$ の基底は $\left\{ \begin{pmatrix} 1 \\ 2 \\ 0 \end{pmatrix}, \begin{pmatrix} -1 \\ 0 \\ 2 \end{pmatrix} \right\}$

で，$\dim E_A(1) = 2$ である．   □

例 5.5.2. 行列 $A = \begin{pmatrix} 2 & 2 & 2 \\ -1 & 2 & 1 \\ 1 & -1 & 0 \end{pmatrix}$ の固有値を求め，重複度 2 の固有値

に対する固有空間の基底と次元を求めよ．

[**解**] A の固有値を求める．A の固有方程式は

$$0 = \begin{vmatrix} 2-x & 2 & 2 \\ -1 & 2-x & 1 \\ 1 & -1 & 0-x \end{vmatrix} = -(x-1)^2(x-2)$$

よって，A の固有値は 1 (重複度 2) と 2 である．

固有値 1 に対する固有ベクトルを求める．係数行列に行の基本変形を行うと

$$A - 1E = \begin{pmatrix} 1 & 2 & 2 \\ -1 & 1 & 1 \\ 1 & -1 & -1 \end{pmatrix} \sim \begin{pmatrix} 1 & 0 & 0 \\ 0 & 1 & 1 \\ 0 & 0 & 0 \end{pmatrix}$$

よって，固有ベクトルは $c_1 \begin{pmatrix} 0 \\ -1 \\ 1 \end{pmatrix}$ $(c_1 \neq 0)$ である．

したがって，固有値 1 に対する固有空間 $E_A(1)$ の基底は $\left\{ \begin{pmatrix} 0 \\ -1 \\ 1 \end{pmatrix} \right\}$ で，

$\dim E_A(1) = 1$ である．   □

●問 **5.5.3.** 次の 3 次の行列 A の固有値を求め，重複度 2 の固有値に対する固有空間の基底と次元を求めよ.

(1) $A = \begin{pmatrix} 3 & 1 & 1 \\ 2 & 4 & 2 \\ 1 & 1 & 3 \end{pmatrix}$ 　　　(2) $A = \begin{pmatrix} 6 & -1 & 3 \\ 4 & 1 & 3 \\ -1 & 1 & 2 \end{pmatrix}$

例 5.5.1 と例 5.5.2 では，いずれの場合も，固有値の状況は (II) の場合であり，固有値が λ_1 (重複度 2) と λ_2 となっていて同じであるが，重複度 2 の固有値 λ_1 の固有ベクトルの様子が異なっている. すなわち，例 5.5.1 では $\dim E_A(\lambda_1) = 2$ であるが，例 5.5.2 では $\dim E_A(\lambda_1) = 1$ である. この違いにより，固有値の状況が同じであるにもかかわらず，対角化可能とそうでない場合に分かれることが次の定理で示される.

定理 5.5.4. (1) 対角行列でない 3 次の行列 A が対角化可能であるための必要十分条件は，次の条件のいずれかが成り立つことである.

　(a) 異なる 3 つの固有値 λ_1, λ_2, λ_3 をもつ.

　(b) 固有値が λ_1 (重複度 2) と λ_2 で，$\dim E_A(\lambda_1) = 2$ である.

(2) 固有値 λ_1 (重複度 2) と λ_2 をもつ 3 次の行列 A が対角化可能であるとき，$\{p_1,\ p_2\}$ を固有値 λ_1 に対する固有空間 $E_A(\lambda_1)$ の基底とし，p_3 を固有値 λ_2 に対する固有ベクトルとし，3 次の行列 $P = (p_1,\ p_2,\ p_3)$ とする. このとき，P は正則で，行列 A は

$$P^{-1}AP = \begin{pmatrix} \lambda_1 & 0 & 0 \\ 0 & \lambda_1 & 0 \\ 0 & 0 & \lambda_2 \end{pmatrix}$$

と対角化される.

[証明] (1) (十分性) (a) 異なる 3 つの固有値 λ_1, λ_2, λ_3 をもつときは，定理 5.3.1 と定理 5.2.1 (1) により対角化可能である.

(b) 固有値が λ_1 (重複度 2)，λ_2 で，$\dim E_A(\lambda_1) = 2$ のときは，$\{p_1,\ p_2\}$ を固有値 λ_1 に対する固有空間 $E_A(\lambda_1)$ の基底とし，p_3 を固有値 λ_2 に対する固有ベクトルとする. このとき，p_1, p_2, p_3 が 1 次独立かどうかを調べる.

$$c_1 p_1 + c_2 p_2 + c_3 p_3 = 0 \qquad\qquad ①$$

とする．この両辺に左から行列 A を掛けて，$A\boldsymbol{p}_1 = \lambda_1\boldsymbol{p}_1$，$A\boldsymbol{p}_2 = \lambda_1\boldsymbol{p}_2$，$A\boldsymbol{p}_3 = \lambda_2\boldsymbol{p}_3$ を用いると

$$c_1\lambda_1\boldsymbol{p}_1 + c_2\lambda_1\boldsymbol{p}_2 + c_3\lambda_2\boldsymbol{p}_3 = \boldsymbol{0} \qquad ②$$

を得る．ここで，① $\times\lambda_2 -$ ② を計算して $\boldsymbol{p}_3$ を消去すると

$$c_1(\lambda_2 - \lambda_1)\boldsymbol{p}_1 + c_2(\lambda_2 - \lambda_1)\boldsymbol{p}_2 = \boldsymbol{0} \qquad ③$$

を得る．ここで，仮定より $\boldsymbol{p}_1$，$\boldsymbol{p}_2$ は 1 次独立だから

$$c_1(\lambda_2 - \lambda_1) = c_2(\lambda_2 - \lambda_1) = 0 \qquad ④$$

仮定より，固有値 λ_1，λ_2 は異なるので，④ より

$$c_1 = c_2 = 0 \qquad ⑤$$

これを ① に代入すると，$c_3\boldsymbol{p}_3 = \boldsymbol{0}$ である．ここで，$\boldsymbol{p}_3 \neq \boldsymbol{0}$ を用いて

$$c_3 = 0 \qquad ⑥$$

よって，⑤，⑥ より，$\boldsymbol{p}_1$，$\boldsymbol{p}_2$，$\boldsymbol{p}_3$ は 1 次独立である．

したがって，定理 5.2.1 (1) より，A は対角化可能で，3 次の行列 $P = (\boldsymbol{p}_1, \boldsymbol{p}_2, \boldsymbol{p}_3)$ とすると，P は正則で，行列 A は

$$P^{-1}AP = \begin{pmatrix} \lambda_1 & 0 & 0 \\ 0 & \lambda_1 & 0 \\ 0 & 0 & \lambda_2 \end{pmatrix}$$

と対角化される．

(必要性)　(a) でも (b) でもないとすると，

(c)　固有値が λ_1 (重複度 2) と λ_2 で，$\dim E_A(\lambda_1) \neq 2$ である．

か，または

(d)　固有値がすべて λ_1 に等しい．

のいずれかが成り立つ．(c) の場合，$\dim E_A(\lambda_1) = 3$ とする．このとき，$E_A(\lambda_1)$ の基底 $\{\boldsymbol{p}_1, \boldsymbol{p}_2, \boldsymbol{p}_3\}$ をとり，3 次の行列 $P = (\boldsymbol{p}_1, \boldsymbol{p}_2, \boldsymbol{p}_3)$ とすると，P は正則で，行列 A は

$$P^{-1}AP = \begin{pmatrix} \lambda_1 & 0 & 0 \\ 0 & \lambda_1 & 0 \\ 0 & 0 & \lambda_1 \end{pmatrix}$$

と対角化され，4 章の問題 B の 4.12 より，A の固有値と $P^{-1}AP$ の固有値は
すべて同じであることから，A の固有値は λ_1 だけとなり，矛盾である．した
がって，(c) の場合は $\dim E_A(\lambda_1) = 1$ である．このとき，$E_A(\lambda_1)$ の基底を
$\{\boldsymbol{p}_1\}$ とすると，固有値 λ_1 の固有ベクトルとして，どのような 2 つのベクト
ル $\boldsymbol{q}_1 = c_1\boldsymbol{p}_1$，$\boldsymbol{q}_2 = c_2\boldsymbol{p}_1$ $(c_1 \neq 0,\ c_2 \neq 0)$ と固有値 λ_2 の固有ベクトル $\boldsymbol{q}_3$
をとっても

$$c_2\boldsymbol{q}_1 + (-c_1)\boldsymbol{q}_2 + 0\,\boldsymbol{q}_3 = \boldsymbol{0} \qquad (c_1 \neq 0,\ c_2 \neq 0)$$

だから，1 次独立な 3 つの固有ベクトルをとることができない．したがって，
対角化可能でない．

(d) の場合は，定理 5.3.6 より対角化可能でない．

したがって，対角化可能であれば，(a) か (b) のいずれかが成り立つ．

(2) (1) の十分性の証明より明らかである． ∎

例 5.5.5. 行列 $A = \begin{pmatrix} 9 & -4 & 4 \\ 16 & -7 & 8 \\ 2 & -1 & 2 \end{pmatrix}$ は対角化可能かどうか調べ，可能な

ときは対角化する正則行列 P を求めよ．

[解] 例 5.5.1 より，A の固有値は 1 (重複度 2) と 2 であり，固有値 1 に
対する固有空間 $E_A(1)$ の基底は $\left\{ \begin{pmatrix} 1 \\ 2 \\ 0 \end{pmatrix}, \begin{pmatrix} -1 \\ 0 \\ 2 \end{pmatrix} \right\}$ で，$\dim E_A(1) = 2$ であ
る．よって，定理 5.5.4 (1) より，A は対角化可能である．さらに，固有値 2
に対する固有ベクトルを求めるため，係数行列に行の基本変形を行うと

$$A - 2E = \begin{pmatrix} 7 & -4 & 4 \\ 16 & -9 & 8 \\ 2 & -1 & 0 \end{pmatrix} \sim \begin{pmatrix} 1 & 0 & -4 \\ 0 & 1 & -8 \\ 0 & 0 & 0 \end{pmatrix}$$

よって，固有ベクトルは $c_3 \begin{pmatrix} 4 \\ 8 \\ 1 \end{pmatrix}$ $(c_3 \neq 0)$ である．

ここで，固有値 1 に対する固有ベクトルを $\boldsymbol{p}_1 = \begin{pmatrix} 1 \\ 2 \\ 0 \end{pmatrix}$，$\boldsymbol{p}_2 = \begin{pmatrix} -1 \\ 0 \\ 2 \end{pmatrix}$ と

し，固有値 2 に対する固有ベクトルを $\boldsymbol{p}_3 = \begin{pmatrix} 4 \\ 8 \\ 1 \end{pmatrix}$ とし，$P = \begin{pmatrix} 1 & -1 & 4 \\ 2 & 0 & 8 \\ 0 & 2 & 1 \end{pmatrix}$

とおくと，定理 5.5.4 (2) より，P は正則行列で，行列 A は

$$P^{-1}AP = \begin{pmatrix} 1 & 0 & 0 \\ 0 & 1 & 0 \\ 0 & 0 & 2 \end{pmatrix}$$

と対角化される． □

例 5.5.6. 行列 $A = \begin{pmatrix} 2 & 2 & 2 \\ -1 & 2 & 1 \\ 1 & -1 & 0 \end{pmatrix}$ は対角化可能かどうか調べ，可能な

ときは対角化する正則行列 P を求めよ．

[解] 例 5.5.2 より，A の固有値は 1 (重複度 2) と 2 であり，固有値 1 に対

する固有空間 $E_A(1)$ の基底は $\left\{ \begin{pmatrix} 0 \\ -1 \\ 1 \end{pmatrix} \right\}$ で，$\dim E_A(1) = 1$ である．したが

って，定理 5.5.4 (1) より，A は対角化可能でない． □

●問 **5.5.7.** 次の 3 次の行列 A は対角化可能かどうか調べ，可能なときは対
角化する正則行列 P を求めよ．

(1) $A = \begin{pmatrix} 3 & -2 & 1 \\ 2 & -1 & 1 \\ -2 & 2 & 0 \end{pmatrix}$　　(2) $A = \begin{pmatrix} 5 & 2 & 1 \\ 1 & 4 & -1 \\ 1 & 2 & 5 \end{pmatrix}$

(3) $A = \begin{pmatrix} 2 & 2 & 1 \\ 1 & 3 & 1 \\ 1 & 2 & 2 \end{pmatrix}$　　(4) $A = \begin{pmatrix} 3 & -2 & 1 \\ -2 & 3 & -1 \\ -2 & 2 & 0 \end{pmatrix}$

5.6 複素行列の対角化

これまでにあげた例は成分がすべて実数である行列であったが，成分が複素
数であっても，固有値が複素数となっても同様に取り扱える．そのような例を
次に述べる．すべての成分が実数である行列を**実行列**といい，成分が複素数で

ある行列を**複素行列**という．n 次の実行列を n 次実行列，n 次の複素行列を n 次複素行列ともいう．

例 5.6.1. 次の行列 A は対角化可能かどうか調べ，可能なときは対角化する正則行列 P を求めよ．

(1) $A = \begin{pmatrix} 2 & 1-i \\ 1+i & 3 \end{pmatrix}$ (2) $A = \begin{pmatrix} 1-i & 2 \\ 2 & 1+3i \end{pmatrix}$

[**解**] (1) A の固有値を求める．A の固有方程式は

$$0 = \begin{vmatrix} 2-x & 1-i \\ 1+i & 3-x \end{vmatrix} = (x-1)(x-4)$$

よって，A の固有値は 1 と 4 である．したがって，定理 5.4.1 (1) より，A は対角化可能である．

次に，固有値 1 に対する固有ベクトルを求めるため，係数行列に行の基本変形を行うと

$$A - 1E = \begin{pmatrix} 1 & 1-i \\ 1+i & 2 \end{pmatrix} \sim \begin{pmatrix} 1 & 1-i \\ 0 & 0 \end{pmatrix}$$

なので，固有ベクトルは $c_1 \begin{pmatrix} -1+i \\ 1 \end{pmatrix}$ $(c_1 \neq 0)$ である．

また，固有値 4 に対する固有ベクトルを求めるため，係数行列に行の基本変形を行うと

$$A - 4E = \begin{pmatrix} -2 & 1-i \\ 1+i & -1 \end{pmatrix} \sim \begin{pmatrix} 2 & -1+i \\ 0 & 0 \end{pmatrix}$$

なので，固有ベクトルは $c_2 \begin{pmatrix} 1-i \\ 2 \end{pmatrix}$ $(c_2 \neq 0)$ である．

したがって，$P = \begin{pmatrix} -1+i & 1-i \\ 1 & 2 \end{pmatrix}$ とおくと，定理 5.4.1 (2) より，P は正則行列で，行列 A は $P^{-1}AP = \begin{pmatrix} 1 & 0 \\ 0 & 4 \end{pmatrix}$ と対角化される．

(2)　A の固有値を求める．A の固有方程式は

$$0 = \begin{vmatrix} 1-i-x & 2 \\ 2 & 1+3i-x \end{vmatrix} = (x - (1+i))^2$$

よって，A の固有値は $1+i$ (重複度 2) である．したがって，定理 5.4.1 (1) より，A は対角化可能でない．　　　　　　　　　　　　　　　　　　　□

3 次の行列についても同様に定理 5.5.4 を適用すればよい．

●**問 5.6.2.** 次の行列 A は対角化可能かどうか調べ，可能なときは対角化する正則行列 P を求めよ．

(1)　$A = \begin{pmatrix} 0 & -1 \\ 1 & 0 \end{pmatrix}$　　　　(2)　$A = \begin{pmatrix} 2 & i \\ -i & 2 \end{pmatrix}$

(3)　$A = \begin{pmatrix} 2 & i & 1 \\ i & 4 & -i \\ 1 & -i & 2 \end{pmatrix}$　　　(4)　$A = \begin{pmatrix} 1 & -3 & 2 \\ 2 & -1 & 0 \\ 2 & 0 & -1 \end{pmatrix}$

5.7　ジョルダン標準形 (発展)

ここまでは，与えられた正方行列 A に対して，適当な正則行列 P をとって $P^{-1}AP$ が対角行列になる問題を考えてきた．では，A が対角化可能でないとき，どのようなことがいえるのだろうか．この問題に対する結果がこの節で考えるジョルダンの定理である．ジョルダンの定理は，対角化可能な場合も含めた結果であるということができる．ここでは証明抜きでその概略を述べる．

r 次の行列

$$J_r(\lambda) = \begin{pmatrix} \lambda & 1 & 0 & 0 & 0 \\ 0 & \lambda & 1 & 0 & 0 \\ 0 & 0 & \ddots & \ddots & 0 \\ 0 & 0 & 0 & \lambda & 1 \\ 0 & 0 & 0 & 0 & \lambda \end{pmatrix}$$

を r 次のジョルダン細胞という．例えば，

$$J_1(\lambda) = (\lambda), \quad J_2(\lambda) = \begin{pmatrix} \lambda & 1 \\ 0 & \lambda \end{pmatrix}, \quad J_3(\lambda) = \begin{pmatrix} \lambda & 1 & 0 \\ 0 & \lambda & 1 \\ 0 & 0 & \lambda \end{pmatrix}$$

である. また, 例えば, 5 次の行列

$$J = \begin{pmatrix} \lambda_1 & 1 & 0 & 0 & 0 \\ 0 & \lambda_1 & 0 & 0 & 0 \\ 0 & 0 & \lambda_1 & 0 & 0 \\ 0 & 0 & 0 & \lambda_2 & 0 \\ 0 & 0 & 0 & 0 & \lambda_2 \end{pmatrix} = J_2(\lambda_1) \oplus J_1(\lambda_1) \oplus J_1(\lambda_2) \oplus J_1(\lambda_2)$$

と表記し, J はジョルダン細胞の**直和**であるという. 特に, **対角行列は 1 次のジョルダン細胞の直和である**. また上の例で,

$$J(\lambda_1) = J_2(\lambda_1) \oplus J_1(\lambda_1), \quad J(\lambda_2) = J_1(\lambda_2) \oplus J_1(\lambda_2)$$

とおくとき, $J(\lambda_1)$, $J(\lambda_2)$ をそれぞれ λ_1, λ_2 に関する**ジョルダンブロック**という.

定理 5.7.1. (ジョルダンの定理) n 次の行列 A は, 適当な n 次の正則行列 P を用いて

$$P^{-1}AP = J(\lambda_1) \oplus J(\lambda_2) \oplus \cdots \oplus J(\lambda_r)$$

と書ける. ここで, $J(\lambda_i)$ は λ_i に関するジョルダンブロックで, $J(\lambda_i)$ はいくつかのジョルダン細胞 $J_k(\lambda_i)$ の直和である $(1 \leqq i \leqq r)$.

行列 $J(\lambda_1) \oplus J(\lambda_2) \oplus \cdots \oplus J(\lambda_r)$ を行列 A の**ジョルダン標準形**という.

ジョルダン標準形が 1 次のジョルダン細胞の直和になるときが, A が対角化可能なときである. したがって, ジョルダンの定理は対角化可能に関する定理を含む. また, 次の結果が知られている.

定理 5.7.2. A を n 次の行列とし,

$$J = J(\lambda_1) \oplus J(\lambda_2) \oplus \cdots \oplus J(\lambda_r)$$

をジョルダン標準形とする. このとき, 次が成り立つ.

(1) $\lambda_1, \lambda_2, \cdots, \lambda_r$ は A の異なる固有値全体である．また λ_i の重複度を m_i とすると，λ_i に関するジョルダンブロック $J(\lambda_i)$ は m_i 次の行列である．

(2) 固有値 λ の固有空間 $E_A(\lambda)$ の次元を k とすると，λ に関するジョルダンブロック $J(\lambda)$ は k 個のジョルダン細胞の直和である．

この定理から，2 次と 3 次の行列についてのジョルダン標準形が固有値の固有空間の次元からわかる．

定理 5.7.3. A を 2 次の行列とし，J を A のジョルダン標準形とする．

(1) A の 2 つの固有値 λ_1, λ_2 が異なるとき，

$$J = J_1(\lambda_1) \oplus J_1(\lambda_2) \qquad (\text{対角化可能}).$$

(2) A の固有値が λ_1 (重複度 2) のとき，$E_A(\lambda_1)$ を固有値 λ_1 の固有空間とすると，

$\dim E_A(\lambda_1) = 2$ ならば，$J = J_1(\lambda_1) \oplus J_1(\lambda_1)$ （対角化可能で $A = \lambda_1 E$)，

$\dim E_A(\lambda_1) = 1$ ならば，$J = J_2(\lambda_1)$ （対角化可能でない）．

定理 5.7.4. A を 3 次の行列とし，J を A のジョルダン標準形とする．

(1) A の 3 つの固有値 $\lambda_1, \lambda_2, \lambda_3$ がすべて異なるとき，

$$J = J_1(\lambda_1) \oplus J_1(\lambda_2) \oplus J_1(\lambda_3) \qquad (\text{対角化可能})$$

(2) A の固有値が λ_1 (重複度 2) と λ_2 のとき，$E_A(\lambda_1)$ を固有値 λ_1 の固有空間とすると，

$\dim E_A(\lambda_1) = 2$ ならば，$J = J_1(\lambda_1) \oplus J_1(\lambda_1) \oplus J_1(\lambda_2)$ （対角化可能），

$\dim E_A(\lambda_1) = 1$ ならば，$J = J_2(\lambda_1) \oplus J_1(\lambda_2)$ （対角化可能でない）．

(3) A の固有値が λ_1 (重複度 3) のとき，$E_A(\lambda_1)$ を固有値 λ_1 の固有空間とすると，

$\dim E_A(\lambda_1) = 3$ ならば，$J = J_1(\lambda_1) \oplus J_1(\lambda_1) \oplus J_1(\lambda_1)$

$$(\text{対角化可能で } A = \lambda_1 E),$$

$\dim E_A(\lambda_1) = 2$ ならば，$J = J_2(\lambda_1) \oplus J_1(\lambda_1)$ （対角化可能でない），

$\dim E_A(\lambda_1) = 1$ ならば，$J = J_3(\lambda_1)$ （対角化可能でない）．

4 次の行列 A については，A の固有値が λ_1 (重複度 4) で $\dim E_A(\lambda_1) = 2$ の場合は，定理 5.7.2 によってだけでは A のジョルダン標準形 J が $J = J_3(\lambda_1) \oplus J_1(\lambda_1)$ であるか $J = J_2(\lambda_1) \oplus J_2(\lambda_1)$ のいずれであるかを特定で

きない．したがって，ジョルダン標準形を決定するにはさらなる情報が必要
で，それは固有空間 $E_A(\lambda_1)$ を一般化した広義固有空間に関するものである．
これに関してはここでは述べない．

　また，ジョルダン標準形に変換する行列 P の具体的な求め方については，
次の例 5.7.5，例 5.7.7 および問 5.7.8 と問 5.7.9 を参照されたい．

　例 5.7.5.　2 次の行列 $A = \begin{pmatrix} 1 & 1 \\ -1 & 3 \end{pmatrix}$ のジョルダン標準形と，それに変換
する正則行列 P を求めよ．

　[解]　まず，A の固有値を求める．A の固有方程式は

$$0 = \begin{vmatrix} 1-x & 1 \\ -1 & 3-x \end{vmatrix} = \begin{vmatrix} 2-x & 1 \\ 2-x & 3-x \end{vmatrix} = \begin{vmatrix} 2-x & 1 \\ 0 & 2-x \end{vmatrix} = (2-x)^2$$

より，A の固有値は 2 (重複度 2) である．

　次に，固有値 2 に対する固有空間を求める．係数行列に行の基本変形を行
うと

$$A - 2E = \begin{pmatrix} -1 & 1 \\ -1 & 1 \end{pmatrix} \sim \begin{pmatrix} 1 & -1 \\ 0 & 0 \end{pmatrix}$$

より，固有空間 $E_A(2)$ の基底は $\left\{ \begin{pmatrix} 1 \\ 1 \end{pmatrix} \right\}$ であり，$\dim E_A(2) = 1$ だから，定
理 5.7.3 (2) より，A のジョルダン標準形 J は $J = J_2(2) = \begin{pmatrix} 2 & 1 \\ 0 & 2 \end{pmatrix}$ である．

　また，$P^{-1}AP = \begin{pmatrix} 2 & 1 \\ 0 & 2 \end{pmatrix}$ をみたす正則行列 P を $P = (\boldsymbol{p}_1, \boldsymbol{p}_2)$ と列ベクト
ル表示する．このとき，$AP = P \begin{pmatrix} 2 & 1 \\ 0 & 2 \end{pmatrix}$ より，$\boldsymbol{p}_1,\ \boldsymbol{p}_2$ は

$$A\boldsymbol{p}_1 = 2\boldsymbol{p}_1, \qquad A\boldsymbol{p}_2 = \boldsymbol{p}_1 + 2\boldsymbol{p}_2$$

すなわち，

$$(A - 2E)\boldsymbol{p}_1 = \boldsymbol{0}, \qquad (A - 2E)\boldsymbol{p}_2 = \boldsymbol{p}_1$$

をみたす．例えば $\boldsymbol{p}_1 = \begin{pmatrix} 1 \\ 1 \end{pmatrix}$ として，拡大係数行列に行の基本変形を行うと

$$(A - 2E, \, \boldsymbol{p}_1) = \begin{pmatrix} -1 & 1 & 1 \\ -1 & 1 & 1 \end{pmatrix} \sim \begin{pmatrix} 1 & -1 & -1 \\ 0 & 0 & 0 \end{pmatrix}$$

より, 例えば $\boldsymbol{p}_2 = \begin{pmatrix} -1 \\ 0 \end{pmatrix}$ とする. したがって, $P = \begin{pmatrix} 1 & -1 \\ 1 & 0 \end{pmatrix}$ とおくと,

P は正則行列で, $P^{-1}AP = \begin{pmatrix} 2 & 1 \\ 0 & 2 \end{pmatrix}$ をみたす. □

●問 5.7.6. 2 次の行列 $A = \begin{pmatrix} -1 & 2 \\ -2 & 3 \end{pmatrix}$ のジョルダン標準形と, それに変換する正則行列 P を求めよ.

例 5.7.7. 例 5.5.2 より, $A = \begin{pmatrix} 2 & 2 & 2 \\ -1 & 2 & 1 \\ 1 & -1 & 0 \end{pmatrix}$ の固有値は 1 (重複度 2) と

2 で, 固有空間 $E_A(1)$ の基底は $\left\{ \begin{pmatrix} 0 \\ -1 \\ 1 \end{pmatrix} \right\}$ である. したがって, 定理 5.7.4

(2) より, A のジョルダン標準形は $\begin{pmatrix} 1 & 1 & 0 \\ 0 & 1 & 0 \\ 0 & 0 & 2 \end{pmatrix}$ である. このとき, ジョルダ

ン標準形に変換する正則行列 P を求めよ.

[解] $P^{-1}AP = \begin{pmatrix} 1 & 1 & 0 \\ 0 & 1 & 0 \\ 0 & 0 & 2 \end{pmatrix}$ をみたす正則行列 P を $P = (\boldsymbol{p}_1, \, \boldsymbol{p}_2, \, \boldsymbol{p}_3)$ と

列ベクトル表示する. このとき, $AP = P \begin{pmatrix} 1 & 1 & 0 \\ 0 & 1 & 0 \\ 0 & 0 & 2 \end{pmatrix}$ である. 両辺の行列の

列ベクトルをそれぞれ $\boldsymbol{p}_1, \, \boldsymbol{p}_2, \, \boldsymbol{p}_3$ を用いて表すと,

$$AP = A(\boldsymbol{p}_1, \, \boldsymbol{p}_2, \, \boldsymbol{p}_3) = (A\boldsymbol{p}_1, \, A\boldsymbol{p}_2, \, A\boldsymbol{p}_3),$$

$$P \begin{pmatrix} 1 & 1 & 0 \\ 0 & 1 & 0 \\ 0 & 0 & 2 \end{pmatrix} = (\boldsymbol{p}_1, \, \boldsymbol{p}_2, \, \boldsymbol{p}_3) \begin{pmatrix} 1 & 1 & 0 \\ 0 & 1 & 0 \\ 0 & 0 & 2 \end{pmatrix} = (\boldsymbol{p}_1, \, \boldsymbol{p}_1 + \boldsymbol{p}_2, \, 2\boldsymbol{p}_3)$$

である．よって，

$$Ap_1 = p_1, \quad Ap_2 = p_1 + p_2, \quad Ap_3 = 2p_3$$

を得る．すなわち，p_1 は固有値 1 に対する固有ベクトル，p_3 は固有値 2 に対する固有ベクトル，p_2 は連立 1 次方程式 $(A - 1E)x = p_1$ の解である．例えば $p_1 = \begin{pmatrix} 0 \\ -3 \\ 3 \end{pmatrix}$ として，連立 1 次方程式 $(A - 1E)x = p_1$ を解くために拡大

係数行列に行の基本変形を行うと，

$$(A - 1E, \, p_1) = \begin{pmatrix} 1 & 2 & 2 & 0 \\ -1 & 1 & 1 & -3 \\ 1 & -1 & -1 & 3 \end{pmatrix} \sim \begin{pmatrix} 1 & 0 & 0 & 2 \\ 0 & 1 & 1 & -1 \\ 0 & 0 & 0 & 0 \end{pmatrix}$$

より，連立 1 次方程式 $(A - 1E)x = p_1$ の解は $x = \begin{pmatrix} 2 \\ -1 \\ 0 \end{pmatrix} + c_1 \begin{pmatrix} 0 \\ -1 \\ 1 \end{pmatrix}$

(c_1 は任意の数) だから，例えば $p_2 = \begin{pmatrix} 2 \\ -1 \\ 0 \end{pmatrix}$ とおく．また，固有値 2 に対す

る固有ベクトルを求めるため，係数行列に行の基本変形を行うと

$$A - 2E = \begin{pmatrix} 0 & 2 & 2 \\ -1 & 0 & 1 \\ 1 & -1 & -2 \end{pmatrix} \sim \begin{pmatrix} 1 & 0 & -1 \\ 0 & 1 & 1 \\ 0 & 0 & 0 \end{pmatrix}$$

より，固有値 2 に対する固有ベクトルは $c_3 \begin{pmatrix} 1 \\ -1 \\ 1 \end{pmatrix}$ ($c_3 \neq 0$) だから，例えば

$p_3 = \begin{pmatrix} 1 \\ -1 \\ 1 \end{pmatrix}$ とおく．したがって，$P = \begin{pmatrix} 0 & 2 & 1 \\ -3 & -1 & -1 \\ 3 & 0 & 1 \end{pmatrix}$ とおくと，P は正

則行列で，$P^{-1}AP = \begin{pmatrix} 1 & 1 & 0 \\ 0 & 1 & 0 \\ 0 & 0 & 2 \end{pmatrix}$ とジョルダン標準形に変換される． $\square$

●**問 5.7.8.**　3 次の行列 $A = \begin{pmatrix} -4 & 1 & 2 \\ 1 & -4 & -2 \\ -1 & 1 & -1 \end{pmatrix}$ の固有値は -3 (重複度 3)

で, 固有空間 $E_A(-3)$ の基底は $\left\{ \begin{pmatrix} 1 \\ 1 \\ 0 \end{pmatrix}, \begin{pmatrix} 2 \\ 0 \\ 1 \end{pmatrix} \right\}$ である. したがって, A の

ジョルダン標準形は $\begin{pmatrix} -3 & 1 & 0 \\ 0 & -3 & 0 \\ 0 & 0 & -3 \end{pmatrix}$ である. このとき, ジョルダン標準形

に変換する正則行列 P を求めよ.

●**問 5.7.9.**　3 次の行列 $A = \begin{pmatrix} 1 & -1 & 1 \\ 8 & -5 & 2 \\ -6 & 1 & -5 \end{pmatrix}$ の固有値は -3 (重複度 3)

で, 固有空間 $E_A(-3)$ の基底は $\left\{ \begin{pmatrix} -1 \\ -2 \\ 2 \end{pmatrix} \right\}$ である. したがって, A のジョ

ルダン標準形は $\begin{pmatrix} -3 & 1 & 0 \\ 0 & -3 & 1 \\ 0 & 0 & -3 \end{pmatrix}$ である. このとき, ジョルダン標準形に変

換する正則行列 P を求めよ.

5 章の問題 A

5.1.　次の行列 A は対角化可能かどうか調べ, 可能なときは対角化する正則
行列 P を求めよ.

(1)　$A = \begin{pmatrix} 1 & 2 \\ 6 & 2 \end{pmatrix}$　　　　(2)　$A = \begin{pmatrix} 4 & 1 \\ -1 & 2 \end{pmatrix}$

(3)　$A = \begin{pmatrix} -1 & 1 \\ -9 & -7 \end{pmatrix}$　　　　(4)　$A = \begin{pmatrix} 2 & 1 \\ 1 & 4 \end{pmatrix}$

5.2. 次の行列 A は対角化可能かどうか調べ，可能なときは対角化する正則行列 P を求めよ．

(1) $A = \begin{pmatrix} 1 & 2 \\ -1 & 3 \end{pmatrix}$ 　　(2) $A = \begin{pmatrix} 2i & 1 \\ 1 & 0 \end{pmatrix}$

(3) $A = \begin{pmatrix} 1 & -i \\ i & 3 \end{pmatrix}$ 　　(4) $A = \begin{pmatrix} 0 & i \\ i & 0 \end{pmatrix}$

5.3. 次の行列 A は対角化可能かどうか調べ，可能なときは対角化する正則行列 P を求めよ．

(1) $A = \begin{pmatrix} 3 & -2 & -1 \\ -1 & 4 & 1 \\ 1 & 2 & 5 \end{pmatrix}$ 　　(2) $A = \begin{pmatrix} 1 & 1 & 1 \\ 0 & 0 & 1 \\ 0 & -1 & 0 \end{pmatrix}$

(3) $A = \begin{pmatrix} 6 & -3 & -7 \\ -1 & 2 & 1 \\ 5 & -3 & -6 \end{pmatrix}$ 　　(4) $A = \begin{pmatrix} 1 & -3 & 2 \\ 2 & -1 & 0 \\ 2 & 0 & -1 \end{pmatrix}$

5.4. 次の行列 A は対角化可能かどうか調べ，可能なときは対角化する正則行列 P を求めよ．

(1) $A = \begin{pmatrix} 1 & 1+i & -i \\ 1-i & 1 & i \\ i & -i & 2 \end{pmatrix}$ 　　(2) $A = \begin{pmatrix} i & 2 & 0 \\ -2 & -i & -1 \\ 0 & -1 & i \end{pmatrix}$

5.5. 次の行列 A は対角化可能かどうか調べ，可能なときは対角化する正則行列 P を求めよ．

(1) $A = \begin{pmatrix} 6 & -3 & -7 \\ -1 & 2 & 1 \\ 5 & -3 & -6 \end{pmatrix}$ 　　(2) $A = \begin{pmatrix} 2 & -2 & 1 \\ 1 & -1 & 1 \\ -3 & 2 & -2 \end{pmatrix}$

(3) $A = \begin{pmatrix} -1 & 1 & -4 \\ 1 & 2 & 1 \\ 3 & -1 & 6 \end{pmatrix}$ 　　(4) $A = \begin{pmatrix} 1 & 2 & 2 \\ -1 & -2 & -1 \\ 1 & 1 & 0 \end{pmatrix}$

5.6. 次の行列 A は対角化可能かどうか調べ，可能なときは対角化する正則行列 P を求めよ．

$$(1) \quad A = \begin{pmatrix} 0 & 1 & i \\ 1 & 0 & -i \\ -i & i & 0 \end{pmatrix} \qquad (2) \quad A = \begin{pmatrix} 1+i & i & 0 \\ -i & 1+i & 0 \\ 0 & 0 & i \end{pmatrix}$$

$$(3) \quad A = \begin{pmatrix} i & 1+i & 0 \\ 0 & i & 0 \\ 0 & -1 & 1 \end{pmatrix} \qquad (4) \quad A = \begin{pmatrix} 2 & i & 1 \\ i & 4 & -i \\ 1 & -i & 2 \end{pmatrix}$$

5 章の問題 B

5.7. 次の行列 A が対角化可能となるように a の値を定め，対角化する正則行列 P を求めよ．

$$(1) \quad A = \begin{pmatrix} a+2 & a-1 \\ 1 & 2a \end{pmatrix} \qquad (2) \quad A = \begin{pmatrix} a+1 & -a \\ 1 & 2a+2 \end{pmatrix}$$

5.8. 次の行列 A のジョルダン標準形と，それに変換する正則行列 P を求めよ．

$$(1) \quad A = \begin{pmatrix} 4 & 1 \\ -1 & 2 \end{pmatrix} \qquad (2) \quad A = \begin{pmatrix} -1 & 1 \\ -9 & -7 \end{pmatrix}$$

$$(3) \quad A = \begin{pmatrix} 1 & -1 \\ 4 & -3 \end{pmatrix} \qquad (4) \quad A = \begin{pmatrix} 2i & 1 \\ 1 & 0 \end{pmatrix}$$

5.9. 次の行列 A のジョルダン標準形と，それに変換する正則行列 P を求めよ．

$$(1) \quad A = \begin{pmatrix} 2 & -2 & 1 \\ 1 & -1 & 1 \\ -3 & 2 & -2 \end{pmatrix} \qquad (2) \quad A = \begin{pmatrix} -1 & 1 & -4 \\ 1 & 2 & 1 \\ 3 & -1 & 6 \end{pmatrix}$$

$$(3) \quad A = \begin{pmatrix} 0 & 2 & 1 \\ -4 & 6 & 2 \\ 4 & -4 & 0 \end{pmatrix} \qquad (4) \quad A = \begin{pmatrix} 6 & -1 & 1 \\ 8 & 0 & 2 \\ -6 & 1 & 0 \end{pmatrix}$$

第 **6** 章　行列の多項式と指数関数

本章では，16 ページにおいて定義された n 次の行列 A のべきを利用し，行列の多項式，および行列の指数関数について学ぶ．そしてそれら応用としていくつかの漸化式や 1 階線形定数係数の連立微分方程式の解法について学ぶ．

6.1　行列のべきと指数関数の応用例

高校生のときに学んだいくつかの漸化式は行列を用いて表現することができる．例えば，連立漸化式 $\begin{cases} x_{n+1} = -x_n + 2y_n \\ y_{n+1} = -3x_n + 4y_n \end{cases}$ は，2 次の正方行列

$A = \begin{pmatrix} -1 & 2 \\ -3 & 4 \end{pmatrix}$ を利用すると，

$$\begin{pmatrix} x_{n+1} \\ y_{n+1} \end{pmatrix} = A \begin{pmatrix} x_n \\ y_n \end{pmatrix}$$

のように表すことができるので，行列のべきを利用すると

$$\begin{pmatrix} x_n \\ y_n \end{pmatrix} = A \begin{pmatrix} x_{n-1} \\ y_{n-1} \end{pmatrix} = A^2 \begin{pmatrix} x_{n-2} \\ y_{n-2} \end{pmatrix} = A^3 \begin{pmatrix} x_{n-3} \\ y_{n-3} \end{pmatrix} = \cdots = A^{n-1} \begin{pmatrix} x_1 \\ y_1 \end{pmatrix}$$

となるので，行列のべきを求めることによって漸化式を解くことができる．また，漸化式 $x_{n+1} = \dfrac{-x_n + 2}{-3x_n + 4}$ という分数型の漸化式も，

$$x_{n+1} : 1 = (-x_n + 2) : (-3x_n + 4)$$

と考えることにより，先程と同じ A を用いて

$$\begin{pmatrix} x_{n+1} \\ 1 \end{pmatrix} \mathbin{/\!/} \begin{pmatrix} -x_n + 2 \\ -3x_n + 4 \end{pmatrix} = A \begin{pmatrix} x_n \\ 1 \end{pmatrix}$$

のように表すことができるので，

$$\begin{pmatrix} x_n \\ 1 \end{pmatrix} \ /\!/ \ A \begin{pmatrix} x_{n-1} \\ 1 \end{pmatrix} \ /\!/ \ \cdots \ /\!/ \ A^{n-1} \begin{pmatrix} x_1 \\ 1 \end{pmatrix}$$

と，やはり A のべきを利用して解くことができる．

　また，隣接 3 項間漸化式 $x_{n+2} = x_{n+1} + 6x_n$ も行列を用いて表現することができる．この漸化式とダミーの式 $x_{n+1} = x_{n+1}$ とあわせて 2 つの式を用いることによって，

$$\begin{pmatrix} x_{n+1} \\ x_{n+2} \end{pmatrix} = \begin{pmatrix} 0 & 1 \\ 6 & 1 \end{pmatrix} \begin{pmatrix} x_n \\ x_{n+1} \end{pmatrix}$$

と表現できるからである．したがって，隣接 3 項間漸化式も行列のべきを利用して解くことができる．そこで本章では，まずは行列のべきについて学び，行列の多項式について学ぶ．

　次に，行列の指数関数について学ぶ．微分積分において微分方程式 $\dfrac{dx}{dt} = kx$ の解が $x = Ce^{kt}$ となり，これを 2 変数に拡張した連立微分方程式

$$\begin{cases} \dfrac{dx_1}{dt} = -x_1 + 2x_2 \\ \dfrac{dx_2}{dt} = -3x_1 + 4x_2 \end{cases}$$

について学ぶが，この連立微分方程式は，2 次の正方行列 $A = \begin{pmatrix} -1 & 2 \\ -3 & 4 \end{pmatrix}$ を用いて

$$\frac{d}{dt}\begin{pmatrix} x_1 \\ x_2 \end{pmatrix} = \begin{pmatrix} \dfrac{dx_1}{dt} \\ \dfrac{dx_2}{dt} \end{pmatrix} = A \begin{pmatrix} x_1 \\ x_2 \end{pmatrix}$$

と表現することができる．この連立微分方程式の解は，後で定義する行列の指数関数を用いて

$$\begin{pmatrix} x_1(t) \\ x_2(t) \end{pmatrix} = e^{tA} \begin{pmatrix} x_1(0) \\ x_2(0) \end{pmatrix}$$

と表現できることを学び，具体的な行列について行列の指数関数を計算する方法について学ぶ．

6.2　行列のべきの計算

　ここでは，まずは対角化可能な行列のべきについて考え，発展としてジョルダン標準形に基づく行列のべきについて考え，行列のべきを利用した漸化式の解法について計算を行う．

6.2.1　対角化可能な場合の行列のべき

　行列 A が対角化可能な場合は，対角化する行列 P を用いて，行列のべき A^n を次のように計算することができる．

　例 6.2.1.　$A = \begin{pmatrix} -1 & 2 \\ -3 & 4 \end{pmatrix}$ のとき，A^n を求めよ．

　[解]　例 5.4.2 (1) より，A は $P = \begin{pmatrix} 1 & 2 \\ 1 & 3 \end{pmatrix}$ で，$P^{-1}AP = \begin{pmatrix} 1 & 0 \\ 0 & 2 \end{pmatrix}$ と対角化される．

　ところで，$(P^{-1}AP)^n = P^{-1}A^nP$ だから，$A^n = P(P^{-1}AP)^nP^{-1}$ である．ここで，$P^{-1} = \begin{pmatrix} 3 & -2 \\ -1 & 1 \end{pmatrix}$ より，

$$A^n = \begin{pmatrix} 1 & 2 \\ 1 & 3 \end{pmatrix} \begin{pmatrix} 1 & 0 \\ 0 & 2 \end{pmatrix}^n \begin{pmatrix} 3 & -2 \\ -1 & 1 \end{pmatrix} = \begin{pmatrix} 3 - 2 \cdot 2^n & -2 + 2 \cdot 2^n \\ 3 - 3 \cdot 2^n & -2 + 3 \cdot 2^n \end{pmatrix}$$

である．　　　　　　　　　　　　　　　　　　　　　　　　　　　　　　□

　この結果から，先程の連立漸化式の解は

$$\begin{pmatrix} x_n \\ y_n \end{pmatrix} = \begin{pmatrix} 3 - 2 \cdot 2^{n-1} & -2 + 2 \cdot 2^{n-1} \\ 3 - 3 \cdot 2^{n-1} & -2 + 3 \cdot 2^{n-1} \end{pmatrix} \begin{pmatrix} x_1 \\ y_1 \end{pmatrix}$$

となる，つまり

$$\begin{cases} x_n = (3 - 2 \cdot 2^{n-1})x_1 + (-2 + 2 \cdot 2^{n-1})y_1 \\ y_n = (3 - 3 \cdot 2^{n-1})x_1 + (-2 + 3 \cdot 2^{n-1})y_1 \end{cases}$$

となることがわかる．また，先程の分数型漸化式の解は

$$\begin{pmatrix} x_n \\ 1 \end{pmatrix} /\!/ \begin{pmatrix} 3-2\cdot 2^{n-1} & -2+2\cdot 2^{n-1} \\ 3-3\cdot 2^{n-1} & -2+3\cdot 2^{n-1} \end{pmatrix} \begin{pmatrix} x_1 \\ 1 \end{pmatrix}$$

$$= \begin{pmatrix} (3-2\cdot 2^{n-1})x_1 + (-2+2\cdot 2^{n-1}) \\ (3-3\cdot 2^{n-1})x_1 + (-2+3\cdot 2^{n-1}) \end{pmatrix}$$

から

$$x_n = \frac{(3-2\cdot 2^{n-1})x_1 + (-2+2\cdot 2^{n-1})}{(3-3\cdot 2^{n-1})x_1 + (-2+3\cdot 2^{n-1})}$$

となることがわかる.

例 6.2.2. $A = \begin{pmatrix} 1 & -2 & 2 \\ -1 & 1 & 1 \\ -1 & -2 & 4 \end{pmatrix}$ のとき, A^n を求めよ.

[解]　例 5.3.3 より, A は正則行列 $P = \begin{pmatrix} 1 & 0 & 1 \\ 1 & 1 & 0 \\ 1 & 1 & 1 \end{pmatrix}$ で,

$$P^{-1}AP = \begin{pmatrix} 1 & 0 & 0 \\ 0 & 2 & 0 \\ 0 & 0 & 3 \end{pmatrix}$$

と対角化できる.

ところで, $(P^{-1}AP)^n = P^{-1}A^nP$ だから, $A^n = P(P^{-1}AP)^nP^{-1}$ である. ここで, $P^{-1} = \begin{pmatrix} 1 & 1 & -1 \\ -1 & 0 & 1 \\ 0 & -1 & 1 \end{pmatrix}$ より,

$$A^n = \begin{pmatrix} 1 & 0 & 1 \\ 1 & 1 & 0 \\ 1 & 1 & 1 \end{pmatrix} \begin{pmatrix} 1 & 0 & 0 \\ 0 & 2 & 0 \\ 0 & 0 & 3 \end{pmatrix}^n \begin{pmatrix} 1 & 1 & -1 \\ -1 & 0 & 1 \\ 0 & -1 & 1 \end{pmatrix}$$

である. したがって,

$$A^n = \begin{pmatrix} 1 & 1-3^n & -1+3^n \\ 1-2^n & 1 & -1+2^n \\ 1-2^n & 1-3^n & -1+2^n+3^n \end{pmatrix}$$

である.　　　　　　　　□

6.2.2　ジョルダン標準形に基づく行列のべき (発展)

定理 5.7.1 にあるように，n 次の正方行列 A は，適当な n 次の正則行列 P を用いて

$$P^{-1}AP = J(\lambda_1) \oplus J(\lambda_2) \oplus \cdots \oplus J(\lambda_r)$$

と書くことができ，このとき

$$P^{-1}A^n P = \{J(\lambda_1)\}^n \oplus \{J(\lambda_2)\}^n \oplus \cdots \oplus \{J(\lambda_r)\}^n$$

が成り立つので，各ジョルダンブロックのべきが求まれば A^n が計算できる．

ここで，ジョルダンブロックはジョルダン細胞の直和であるから，ジョルダン細胞のべきが計算できればジョルダンブロックのべきが計算でき，したがって，A^n が計算できることになる．

例 6.2.3.　次のジョルダン細胞 $J_r(\lambda)$ のべき $\{J_r(\lambda)\}^n$ (n は任意の正の整数) を計算せよ．

$$(1) \quad J_2(\lambda) = \begin{pmatrix} \lambda & 1 \\ 0 & \lambda \end{pmatrix} \qquad (2) \quad J_3(\lambda) = \begin{pmatrix} \lambda & 1 & 0 \\ 0 & \lambda & 1 \\ 0 & 0 & \lambda \end{pmatrix}$$

[解]　(1)　$S = \begin{pmatrix} \lambda & 0 \\ 0 & \lambda \end{pmatrix}, T = \begin{pmatrix} 0 & 1 \\ 0 & 0 \end{pmatrix}$ とおくと，$J_2(\lambda) = S + T$ である．ここで，$ST = TS$ であるから，$(S+T)^n$ は多項式と同様に 2 項展開ができる．これと $T^2 = O$ から

$$\begin{aligned}
\{J_2(\lambda)\}^n &= (S + T)^n \\
&= S^n + nS^{n-1}T + \frac{n(n-1)}{2}S^{n-2}T^2 + {}_n\mathrm{C}_3 S^{n-3}T^3 + \cdots + T^n \\
&= S^n + nS^{n-1}T \\
&= \begin{pmatrix} \lambda & 0 \\ 0 & \lambda \end{pmatrix}^n + n\begin{pmatrix} \lambda & 0 \\ 0 & \lambda \end{pmatrix}^{n-1}\begin{pmatrix} 0 & 1 \\ 0 & 0 \end{pmatrix} = \begin{pmatrix} \lambda^n & n\lambda^{n-1} \\ 0 & \lambda^n \end{pmatrix}
\end{aligned}$$

となる．

(2)　$S = \begin{pmatrix} \lambda & 0 & 0 \\ 0 & \lambda & 0 \\ 0 & 0 & \lambda \end{pmatrix}, T = \begin{pmatrix} 0 & 1 & 0 \\ 0 & 0 & 1 \\ 0 & 0 & 0 \end{pmatrix}$ とおくと，$J_3(\lambda) = S + T$ であ

る．ここで，$ST = TS$ であるから，$(S + T)^n$ は多項式と同様に 2 項展開がで

きる．これと $T^2 = \begin{pmatrix} 0 & 0 & 1 \\ 0 & 0 & 0 \\ 0 & 0 & 0 \end{pmatrix}$, $T^3 = O$ から

$$\{J_3(\lambda)\}^n = S^n + nS^{n-1}T + \frac{n(n-1)}{2}S^{n-2}T^2$$

$$= \begin{pmatrix} \lambda & 0 & 0 \\ 0 & \lambda & 0 \\ 0 & 0 & \lambda \end{pmatrix}^n + n\begin{pmatrix} \lambda & 0 & 0 \\ 0 & \lambda & 0 \\ 0 & 0 & \lambda \end{pmatrix}^{n-1}\begin{pmatrix} 0 & 1 & 0 \\ 0 & 0 & 1 \\ 0 & 0 & 0 \end{pmatrix}$$

$$\quad + \frac{n(n-1)}{2}\begin{pmatrix} \lambda & 0 & 0 \\ 0 & \lambda & 0 \\ 0 & 0 & \lambda \end{pmatrix}^{n-2}\begin{pmatrix} 0 & 0 & 1 \\ 0 & 0 & 0 \\ 0 & 0 & 0 \end{pmatrix}$$

$$= \begin{pmatrix} \lambda^n & n\lambda^{n-1} & \frac{1}{2}n(n-1)\lambda^{n-2} \\ 0 & \lambda^n & n\lambda^{n-1} \\ 0 & 0 & \lambda^n \end{pmatrix}$$

である．　　　　　　　　　　　　　　　　　　　　　　　　　　　　□

例 6.2.4.　行列 $A = \begin{pmatrix} 2 & 2 & 2 \\ -1 & 2 & 1 \\ 1 & -1 & 0 \end{pmatrix}$ について，A^n (n は任意の正の整数)

を計算せよ．

　[解]　例 5.7.7 により，$P = \begin{pmatrix} 0 & 2 & 1 \\ -3 & -1 & -1 \\ 3 & 0 & 1 \end{pmatrix}$ によって，

$$P^{-1}AP = \begin{pmatrix} 1 & 1 & 0 \\ 0 & 1 & 0 \\ 0 & 0 & 2 \end{pmatrix} = J_2(1) \oplus J_1(2)$$

とジョルダン標準形に変換されるので，

$$P^{-1}A^nP = \{J_2(1)\}^n \oplus \{J_1(2)\}^n = \begin{pmatrix} 1 & n \\ 0 & 1 \end{pmatrix} \oplus J_1(2^n) = \begin{pmatrix} 1 & n & 0 \\ 0 & 1 & 0 \\ 0 & 0 & 2^n \end{pmatrix}$$

となり,

$$A^n = P \begin{pmatrix} 1 & n & 0 \\ 0 & 1 & 0 \\ 0 & 0 & 2^n \end{pmatrix} P^{-1}$$

$$= \begin{pmatrix} 2^n & 2^{n+1} - 2 & 2^{n+1} - 2 \\ -2^n + 1 & -2^{n+1} + 3n + 3 & -2^{n+1} + 3n + 2 \\ 2^n - 1 & 2^{n+1} - 3n - 2 & 2^{n+1} - 3n - 1 \end{pmatrix}$$

となる. □

6.2.3 定数係数斉次線形漸化式

冒頭にあげた隣接 3 項間漸化式 $x_{n+2} = x_{n+1} + 6x_n$ について考える. これは x_{n+2} が x_n と x_{n+1} の係数が定数である 1 次式で表されるので線形漸化式とよばれ, 特に 0 次の項がないことから斉次線形漸化式とよばれる. 例えば, $x_{n+1} = 2x_n + 3^n$ という漸化式は, x_{n+1} が x_n の係数が定数である 1 次式で表されるので線形漸化式であるが, 0 次の項 (定数でなく n の式でかまわない) のある線形漸化式のため, 非斉次線形漸化式とよばれる.

この漸化式は行列とそのべきを用いて

$$\begin{pmatrix} x_{n+1} \\ x_{n+2} \end{pmatrix} = \begin{pmatrix} 0 & 1 \\ 6 & 1 \end{pmatrix} \begin{pmatrix} x_n \\ x_{n+1} \end{pmatrix} = \cdots = \begin{pmatrix} 0 & 1 \\ 6 & 1 \end{pmatrix}^{n-1} \begin{pmatrix} x_1 \\ x_2 \end{pmatrix}$$

と表されるのであった. ここで, $P = \begin{pmatrix} 1 & 1 \\ 3 & 2 \end{pmatrix}$ とおくと,

$$\begin{pmatrix} 0 & 1 \\ 6 & 1 \end{pmatrix} = P \begin{pmatrix} 3 & 0 \\ 0 & -2 \end{pmatrix} P^{-1}$$

と対角化できるので,

$$\begin{pmatrix} 0 & 1 \\ 6 & 1 \end{pmatrix}^n = P \begin{pmatrix} 3 & 0 \\ 0 & -2 \end{pmatrix}^n P^{-1}$$

$$= \frac{1}{5} \begin{pmatrix} 2 \cdot 3^n + 3 \cdot (-2)^n & 3^n - (-2)^n \\ 2 \cdot 3^{n+1} + 3 \cdot (-2)^{n+1} & 3^{n+1} - (-2)^{n+1} \end{pmatrix}$$

のように行列のべきを計算することができ,

$$x_n = \frac{\{2 \cdot 3^{n-1} + 3 \cdot (-2)^{n-1}\}x_1 + \{3^{n-1} - (-2)^{n-1}\}x_2}{5}$$

と求めることができる.

例 6.2.5. 隣接 4 項間漸化式 $x_{n+3} = 3x_{n+2} + 4x_{n+1} - 12x_n$, $x_1 = 1$, $x_2 = 2$, $x_3 = 3$ を解け.

[**解**]　与えられた漸化式は, ダミーの式 $x_{n+2} = x_{n+2}$, $x_{n+1} = x_{n+1}$ とあわせて

$$\begin{pmatrix} x_{n+1} \\ x_{n+2} \\ x_{n+3} \end{pmatrix} = \begin{pmatrix} 0 & 1 & 0 \\ 0 & 0 & 1 \\ -12 & 4 & 3 \end{pmatrix} \begin{pmatrix} x_n \\ x_{n+1} \\ x_{n+2} \end{pmatrix}$$

のように行列で表現することができる. この行列を A とおくと, A の固有多項式は, 行列式を第 1 列で展開して計算することにより

$$\begin{aligned} |A - xE_3| &= \begin{vmatrix} -x & 1 & 0 \\ 0 & -x & 1 \\ -12 & 4 & 3-x \end{vmatrix} \\ &= (-x)\begin{vmatrix} -x & 1 \\ 4 & 3-x \end{vmatrix} + (-12)\begin{vmatrix} 1 & 0 \\ -x & 1 \end{vmatrix} \\ &= -x(x^2 - 3x - 4) - 12 = -x^3 + 3x^2 + 4x - 12 \\ &= -(x+2)(x-2)(x-3) = 0 \end{aligned}$$

となる. よって, A の固有値は $x = -2, 2, 3$ となる.

ここで, 任意の固有値 λ に対して, 固有方程式から $\lambda^3 = 3\lambda^2 + 4\lambda - 12$ が成立するので,

$$A\begin{pmatrix} 1 \\ \lambda \\ \lambda^2 \end{pmatrix} = \begin{pmatrix} \lambda \\ \lambda^2 \\ -12 + 4\lambda + 3\lambda^2 \end{pmatrix} = \begin{pmatrix} \lambda \\ \lambda^2 \\ \lambda^3 \end{pmatrix} = \lambda\begin{pmatrix} 1 \\ \lambda \\ \lambda^2 \end{pmatrix}$$

が成立する. つまり, 固有値をべきしたものを並べてできるベクトルが, その固有値に対応する固有ベクトルになることに注意する. なお, この固有ベクトルに対応する数列, つまり $x_{n+1} = \lambda x_n$, $x_{n+2} = \lambda x_{n+1}$ をみたす数列に対して

$$\begin{pmatrix} x_n \\ x_{n+1} \\ x_{n+2} \end{pmatrix} \ /\!/ \ \begin{pmatrix} 1 \\ \lambda \\ \lambda^2 \end{pmatrix}$$

ならば,

$$\begin{pmatrix} x_{n+1} \\ x_{n+2} \\ x_{n+3} \end{pmatrix} \ /\!/ \ A \begin{pmatrix} 1 \\ \lambda \\ \lambda^2 \end{pmatrix} = \lambda \begin{pmatrix} 1 \\ \lambda \\ \lambda^2 \end{pmatrix}$$

が成立するので, 帰納的に $x_{n+3} = \lambda x_{n+2}$ をみたし, よって $\{x_n\}$ は等比数列であることに注意しておく.

いま, A の固有値は $-2,\ 2,\ 3$ とすべて異なるので対角化可能であり, A の固有値 $-2, 2, 3$ に対応するヴァンデルモンドの行列 $P = \begin{pmatrix} 1 & 1 & 1 \\ -2 & 2 & 3 \\ (-2)^2 & 2^2 & 3^2 \end{pmatrix}$

を用いて $P^{-1}AP = \begin{pmatrix} -2 & 0 & 0 \\ 0 & 2 & 0 \\ 0 & 0 & 3 \end{pmatrix}$ と対角化できることがわかる. よって

$$\begin{pmatrix} x_n \\ x_{n+1} \\ x_{n+2} \end{pmatrix} = \begin{pmatrix} 0 & 1 & 0 \\ 0 & 0 & 1 \\ -12 & 4 & 3 \end{pmatrix}^{n-1} \begin{pmatrix} x_1 \\ x_2 \\ x_3 \end{pmatrix}$$

$$= P^{-1} \begin{pmatrix} (-2)^{n-1} & 0 & 0 \\ 0 & 2^{n-1} & 0 \\ 0 & 0 & 3^{n-1} \end{pmatrix} P \begin{pmatrix} 1 \\ 2 \\ 3 \end{pmatrix}$$

となり, この両辺に左から $\begin{pmatrix} 1 & 0 & 0 \end{pmatrix}$ を掛けることにより

$$x_n = \begin{pmatrix} 1 & 0 & 0 \end{pmatrix} P^{-1} \begin{pmatrix} (-2)^{n-1} & 0 & 0 \\ 0 & 2^{n-1} & 0 \\ 0 & 0 & 3^{n-1} \end{pmatrix} P \begin{pmatrix} 1 \\ 2 \\ 3 \end{pmatrix}$$

となる. $P^{-1} = \dfrac{1}{20} \begin{pmatrix} 6 & -5 & 1 \\ 30 & 5 & -5 \\ -16 & 0 & 4 \end{pmatrix}$ であるから,

$$x_n = \frac{1}{20} \begin{pmatrix} 6 & -5 & 1 \end{pmatrix} \begin{pmatrix} (-2)^{n-1} & 0 & 0 \\ 0 & 2^{n-1} & 0 \\ 0 & 0 & 3^{n-1} \end{pmatrix} \begin{pmatrix} 6 \\ 11 \\ 39 \end{pmatrix}$$

$$= \frac{-9 \cdot (-2)^{n+2} - 55 \cdot 2^n + 26 \cdot 3^n}{40}$$

となる. □

●問 **6.2.6.** 次の対角化可能な行列 A のべき A^n (n は任意の正の整数) を計算せよ.

(1) $A = \begin{pmatrix} 1 & -2 \\ 4 & -8 \end{pmatrix}$　　　(2) $A = \begin{pmatrix} 1 & 2 \\ 3 & 2 \end{pmatrix}$

●問 **6.2.7.** 次の対角化可能な行列 A のべき A^n (n は任意の正の整数) を計算せよ.

(1) $A = \begin{pmatrix} 6 & -3 & -7 \\ -1 & 2 & 1 \\ 5 & -3 & -6 \end{pmatrix}$　　(2) $A = \begin{pmatrix} 9 & -4 & 4 \\ 16 & -7 & 8 \\ 2 & -1 & 2 \end{pmatrix}$

●問 **6.2.8.** 次の対角化できない行列 A のべき A^n (n は任意の正の整数) を計算せよ.

(1) $A = \begin{pmatrix} 1 & 1 \\ -1 & 3 \end{pmatrix}$　　　(2) $A = \begin{pmatrix} 2 & 2 & 2 \\ -1 & 2 & 1 \\ 1 & -1 & 0 \end{pmatrix}$

●問 **6.2.9.** 次の漸化式を解け.

(1) $a_1 = 1$, $a_2 = -1$, $a_{n+2} = 5a_{n+1} - 6a_n$ ($n \geqq 1$)

(2) $a_1 = 2$, $a_2 = 3$, $a_{n+2} = 4a_{n+1} - 4a_n$ ($n \geqq 1$)

(3) $a_1 = 1$, $a_2 = 2$, $a_{n+2} = 2a_{n+1} - 4a_n$ ($n \geqq 1$)

●問 **6.2.10.** 次の漸化式を解け.

(1) $a_1 = 0$, $a_{n+1} = \dfrac{3a_n + 2}{a_n + 2}$ ($n \geqq 1$)

(2) $a_1 = 2$, $a_{n+1} = \dfrac{4a_n - 1}{a_n + 2}$ ($n \geqq 1$)

●問 **6.2.11.**　次の漸化式を解け.

(1) $\begin{cases} x_{n+1} = x_n + 3y_n \\ y_{n+1} = 3x_n + y_n \end{cases}$, $x_1 = 1,\ y_1 = 2$

(2) $\begin{cases} x_{n+1} = 2x_n + y_n \\ y_{n+1} = -x_n + 4y_n \end{cases}$, $x_1 = 1,\ y_1 = 2$

6.3　ケーリー・ハミルトンの定理

　ここでは, 行列のべきを利用してスカラーを係数とする行列の多項式を定義する. そして, ケーリー・ハミルトンの定理, つまり, 任意の d 次の行列 A は, その成分から定まるスカラーを係数とする行列の多項式が零行列に等しくなるという定理について述べる.

6.3.1　スカラーを係数とする行列の多項式

　x の多項式 $f(x) = \displaystyle\sum_{k=0}^{n} a_k x^k$ (a_k はスカラーとする) の x を A に置き換え, 定数項の 1 は単位行列 E に置き換えた

$$f(A) = \sum_{k=0}^{n} a_k A^k = a_n A^n + a_{n-1} A^{n-1} + \cdots + a_1 A + a_0 E$$

(本章では便宜上, 任意の正方行列に対して $A^0 = E$ と約束する) を考える. ここで, A が d 次の行列のとき, $f(A)$ も d 次の行列である.

　一般に, $f(x), g(x)$ が x の多項式のとき,

$$p(x) = f(x) + g(x), \quad q(x) = f(x)g(x)$$

とすると, この多項式の x を A に置き換えた式の計算において登場する行列の積は $EE = E, AE = A, EA = A, AA = A^2$ の組合せのみ登場するので, 行列 A の多項式の和と積は, x の多項式の和と積と同様に計算することができ,

$$p(A) = f(A) + g(A), \quad q(A) = f(A)g(A)$$

が成立する．よって，x の多項式 $f(x), g(x)$ について，$f(x)$ を $g(x)$ で割った商を $q(x)$，余りを $r(x)$ とするとき，

$$f(A) = g(A)q(A) + r(A)$$

が成立する．

　ここで，もし $g(A) = O$ となるような多項式 $g(x)$ が見つかれば，

$$f(A) = g(A)q(A) + r(A) = Oq(A) + r(A) = r(A)$$

が成立するので，$f(A)$ の計算を $r(A)$ の計算に帰着することができる．

6.3.2　2次の行列に対するケーリー・ハミルトンの定理

　1 章の問題 B の 1.6 (29 ページ) において，ケーリー・ハミルトンの定理，つまり行列 $A = \begin{pmatrix} a & b \\ c & d \end{pmatrix}$ と 2 次の単位行列 E，2 次の零行列 O に対して，等式

$$A^2 - (a+d)A + (ad-bc)E = A^2 - \operatorname{tr}(A)\,A + |A|\,E = O$$

が成り立つことを述べた．この等式は A の固有方程式

$$\begin{vmatrix} a-x & b \\ c & d-x \end{vmatrix} = x^2 - \operatorname{tr}(A)\,x + |A| = 0$$

の左辺の x を A に置き換え，定数項の 1 は単位行列 E に置き換えたスカラーを係数とする行列 A の多項式が零行列に等しくなるという定理である．

　そこで，固有方程式の左辺である x の多項式 $|A - xE|$ を固有多項式とよぶことにする．2 次の行列の固有多項式を $\varphi_A(x)$ とおくと，

$$\varphi_A(x) = x^2 - \operatorname{tr}(A)\,x + |A|$$

である．このとき，ケーリー・ハミルトンの定理は $\varphi_A(A) = O$ と表現することができる．

　前節に最後で述べたことから，x の多項式 $f(x)$ について，$f(x)$ を 2 次式 $\varphi_A(x)$ で割った商を $q(x)$，余りを $r(x)$ (1 次以下) とするとき，

$$f(A) = \varphi_A(x)q(A) + r(A) = r(A)$$

が成立するので，2 次の行列 A に対し，任意の A のスカラーを係数とする多項式は A の 1 次以下の多項式と等しくなることがわかる．

そして，一般に，x の多項式 $f(x)$ を $(x-\alpha)(x-\beta)$ で割った余り $r(x)$ は

$$r(x) = \begin{cases} \dfrac{f(\beta)-f(\alpha)}{\beta-\alpha}(x-\alpha) + f(\alpha) & (\alpha \neq \beta), \\ f'(\alpha)(x-\alpha) + f(\alpha) & (\alpha = \beta) \end{cases}$$

となることに注意すると，2 次の正方行列 A に対する $f(A)$ は

$$f(A) = \begin{cases} \dfrac{f(\beta)-f(\alpha)}{\beta-\alpha}(A-\alpha E_2) + f(\alpha)E_2 & (\alpha \neq \beta), \\ f'(\alpha)(A-\alpha E_2) + f(\alpha)E_2 & (\alpha = \beta) \end{cases}$$

のように，A の 1 次式で表すことができる．

●問 **6.3.1.** 2 次の実正方行列 A が以下の条件をみたすとき，A^n を $\alpha A + \beta E_2$ (α, β は実数) の形で表せ．

(1) $(A - E_2)(A - 2E_2) = O$ (2) $(A - 2E_2)^2 = O$

(3) $A^2 + A + E_2 = O$

●問 **6.3.2.** 2 次の実正方行列 A が $A^2 - 3A + 5E_2$ をみたすとき，A^{-1} を $\alpha A + \beta E_2$ (α, β は実数) の形で表せ．

●問 **6.3.3.** 正方行列 A に対し，$\displaystyle\lim_{n\to\infty} A^n$ のすべての成分が収束して正方行列 B と等しくなったとき，A^n は B に収束するといい，

$$\lim_{n\to\infty} A^n = B$$

とかく．$A = \dfrac{1}{7}\begin{pmatrix} 4 & 2 \\ 3 & 5 \end{pmatrix}$ のとき，$\displaystyle\lim_{n\to\infty} A^n$ を求めよ．

6.3.3 3 次の行列に対するケーリー・ハミルトンの定理

3 次の行列 $A = \begin{pmatrix} a_{11} & a_{12} & a_{13} \\ a_{21} & a_{22} & a_{23} \\ a_{31} & a_{32} & a_{33} \end{pmatrix}$ の固有多項式を $\varphi_A(x)$ とおくと

$$\varphi_A(x) = |A - xE|$$
$$= -x^3 + \mathrm{tr}(A)\,x^2$$
$$\quad - (a_{11}a_{22} - a_{12}a_{21} + a_{22}a_{33} - a_{23}a_{32} + a_{33}a_{11} - a_{31}a_{13})x$$
$$\quad + |A|$$

が成立し，固有多項式の x を A に置き換え，定数項の 1 は単位行列に置き換えたスカラーを係数とする行列の多項式 $\varphi_A(A)$ を計算すると，2 次の行列の場合と同様に $\varphi_A(A) = O$ 行列になることが確かめられる．この固有多項式 x を A に置き換え，定数項の 1 は単位行列に置き換えたスカラーを係数とする行列の多項式が零行列に等しくなるというケーリー・ハミルトンの定理は，3 次の行列に対しても成り立つことがわかった．

このことは任意の次数の行列に対しても成り立つことが知られており，d 次の正方行列 A の固有多項式を $\varphi_A(x) = 0$ (d 次方程式) とすると，$\varphi_A(A) = O$ が成立する．このことから，スカラーを係数とする行列 A の多項式 $f(A)$ は，$f(x)$ を $\varphi_A(x)$ で割った余りを $r(x)$ ($r(x)$ は $d-1$ 次以下) とすると，$f(A) = r(A)$ と A の $d-1$ 次式で表すことができることがわかる．

●問 **6.3.4.** 3 次の行列 A の固有多項式 $\varphi_A(x)$ が次の 3 次式となるとき，A のべきを A の 2 次以下の多項式で表せ．

(1) $\varphi_A(x) = -(x-\alpha)(x-\beta)(x-\gamma)$ （ただし α, β, γ はすべて異なる）

(2) $\varphi_A(x) = -(x-\alpha)^2(x-\beta)$ （ただし $\alpha \neq \beta$）

(3) $\varphi_A(x) = -(x-\alpha)^3$

6.4 行列の指数関数

ここでは，行列の指数関数を定義し，それを利用して連立微分方程式を解く方法について学ぶ．

6.4.1 行列の指数関数の定義

微分積分において，指数関数 e^x ($\exp x$ とも書く) は，

$$e^x = \lim_{n \to \infty} \sum_{k=0}^{n} \frac{1}{k!} x^k$$

のようにマクローリン展開でき，右辺の極限が任意の x に対して収束すること
を学ぶ．この等式を利用して，正方行列の指数関数 e^A を次のように定義する．

定義 6.4.1. d 次の正方行列 A に対し，その指数関数 e^A ($\exp A$ とも書く) を

$$e^A = \lim_{n \to \infty} \sum_{k=0}^{n} \frac{1}{k!} A^k = E + A + \frac{1}{2}A^2 + \frac{1}{6}A^3 + \cdots$$

によって定義する．ここで，E は d 次の単位行列とし，行列の指数関数の定
義においては，任意の正方行列 A に対して，$A^0 = E$ と約束する．この右辺
は任意の正方行列に対して収束し極限をもつことが知られている．

定理 6.4.2. d 次の零行列を O, d 次の単位行列を E とする．このとき，任
意の d 次の正方行列 A, B および任意の正則な d 次の正方行列 P について以
下が成り立つ．

(i) $e^O = E$

(ii) $AB = BA$ ならば，$e^{A+B} = e^A e^B$

(iii) $e^{-A} = (e^A)^{-1}$

(iv) $e^{P^{-1}AP} = P^{-1} e^A P$

[証明] (i) e^A の定義および零行列についても $O^0 = E$ と約束したことか
ら，

$$e^O = E + O + \frac{1}{2}O^2 + \frac{1}{6}O^3 + \cdots = E$$

である．

(ii) e^{A+B} の $A^i B^j$ の係数は $AB = BA$ のとき，$\frac{1}{(i+j)!} \cdot (A+B)^{i+j}$ の
2 項係数から $\frac{{}_{i+j}C_i}{(i+j)!} = \frac{1}{i!j!}$ となるが，これは $e^A e^B$ の $A^i B^j$ の係数 $\frac{1}{i!j!}$ に
等しい．これは任意の $i, j \geqq 0$ について成り立つので，$AB = BA$ ならば
$e^A e^B = e^{A+B}$ となる．なお，一般には $e^A e^B \neq e^{A+B}$ である．

(iii) $A(-A) = (-A)A$ であるから (ii) より,

$$e^A e^{-A} = e^{A+(-A)} = e^O = E$$

となるので $e^{-A} = (e^A)^{-1}$ が成り立つ.

(iv) 数列 a_n, b_n が収束するとき, 定数 c について

$$\lim_{n \to \infty} (a_n + b_n) = \lim_{n \to \infty} a_n + \lim_{n \to \infty} b_n, \quad \lim_{n \to \infty} (ca_n) = c \lim_{n \to \infty} a_n$$

が成り立つことと, 行列の積は成分の積と和から計算できることに注意すると, 行列の列 A_n が収束するとき, $CA_n, A_n D$ が定義される n によらない行列 C, D について

$$\lim_{n \to \infty} (CA_n) = C \left\{ \lim_{n \to \infty} A_n \right\}, \quad \lim_{n \to \infty} (A_n D) = \left\{ \lim_{n \to \infty} A_n \right\} D$$

が成り立つことがわかる. ここで, 行列の指数関数は必ず収束するので

$$e^{P^{-1}AP} = \lim_{n \to \infty} \sum_{k=0}^{n} \frac{1}{k!} (P^{-1}AP)^k$$

$$= \lim_{n \to \infty} \sum_{k=0}^{n} \frac{1}{k!} P^{-1} A^k P$$

$$= P^{-1} \left\{ \lim_{n \to \infty} \sum_{k=0}^{n} \frac{1}{k!} A^k \right\} P = P^{-1} e^A P$$

が成り立つ. ■

6.4.2 対角化可能な場合の行列の指数関数

行列 A が対角化可能な場合は, 対角化する行列 P を用いて, 行列の指数関数 e^A を次のように計算することができる.

例 6.4.3. $A = \begin{pmatrix} -1 & 2 \\ -3 & 4 \end{pmatrix}$ のとき, e^A を求めよ.

[解] 例 5.4.2 (1) より, A は $P = \begin{pmatrix} 1 & 2 \\ 1 & 3 \end{pmatrix}$ で $P^{-1}AP = \begin{pmatrix} 1 & 0 \\ 0 & 2 \end{pmatrix}$ と対角化される. よって, 定理 6.4.2 (iv) から

$$e^A = P(e^{P^{-1}AP})P^{-1}$$

$$= P\left\{\exp\begin{pmatrix} 1 & 0 \\ 0 & 2 \end{pmatrix}\right\}P^{-1}$$

$$= P\left\{\lim_{n\to\infty}\sum_{k=0}^{n}\frac{1}{k!}\begin{pmatrix} 1 & 0 \\ 0 & 2^k \end{pmatrix}\right\}P^{-1}$$

$$= P\begin{pmatrix} \lim_{n\to\infty}\sum_{k=0}^{n}\frac{1}{k!} & 0 \\ 0 & \lim_{n\to\infty}\sum_{k=0}^{n}\frac{1}{k!}2^k \end{pmatrix}P^{-1}$$

$$= P\begin{pmatrix} e & 0 \\ 0 & e^2 \end{pmatrix}P^{-1}$$

となる. ここで, $P^{-1} = \begin{pmatrix} 3 & -2 \\ -1 & 1 \end{pmatrix}$ より,

$$e^A = \begin{pmatrix} 1 & 2 \\ 1 & 3 \end{pmatrix}\begin{pmatrix} e & 0 \\ 0 & e^2 \end{pmatrix}\begin{pmatrix} 3 & -2 \\ -1 & 1 \end{pmatrix} = \begin{pmatrix} 3e - 2e^2 & -2e + 2e^2 \\ 3e - 3e^2 & -2e + 3e^2 \end{pmatrix}$$

である.   □

　同様に考えると, d 次の正方行列 A が対角化可能な場合, この対角行列の対角成分である A の固有値 λ_i を e^{λ_i} の置き換えて得られる行列が e^A となることがわかる.

6.4.3　ジョルダン標準形に基づく行列の指数関数 (発展)

　なお, 対角化可能でない場合については, 定理 6.4.4 にあるように, n 次の正方行列 A は, 適当な n 次の正則行列 P を用いて

$$P^{-1}AP = J(\lambda_1) \oplus J(\lambda_2) \oplus \cdots \oplus J(\lambda_r)$$

と書くことができ, このとき

$$P^{-1}e^A P = e^{J(\lambda_1)} \oplus e^{J(\lambda_2)} \oplus \cdots \oplus e^{J(\lambda_r)}$$

が成り立つので, ジョルダン細胞の指数関数 $e^{J_r(\lambda)}$ がわかれば e^A を求めるこ

とができる.

ここで, $J_r(\lambda) = \lambda E_r + J_r(0)$ (E_r は r 次の単位行列) であり, E_r と $J_r(0)$ は積について交換可能であるから

$$e^{J_r(\lambda)} = e^{\lambda E_r} e^{J_r(0)} = e^\lambda e^{J_r(0)}$$

が成立するので $e^{J_r(0)}$ が求まればよい. ここで, $\{J_r(0)\}^r = O_r$ (O_r は r 次の零行列) であるから,

$$e^{J_r(0)} = \lim_{n \to \infty} \sum_{k=0}^{n} \frac{1}{k!} \{J_2(0)\}^k = \sum_{k=0}^{r} \frac{1}{k!} \{J_2(0)\}^k$$

が成立する. 以上から

$$e^{J_r(0)} = e^\lambda \sum_{k=0}^{r} \frac{1}{k!} \{J_2(0)\}^k$$

となる. 特に

$$e^{J_2(\lambda)} = e^\lambda (E_2 + J_2(0)) = e^\lambda \begin{pmatrix} 1 & 1 \\ 0 & 1 \end{pmatrix}$$

$$e^{J_3(\lambda)} = e^\lambda \left\{ E_3 + J_3(0) + \frac{1}{2} \{J_3(0)\}^2 \right\} = e^\lambda \begin{pmatrix} 1 & 1 & \frac{1}{2} \\ 0 & 1 & 1 \\ 0 & 0 & 1 \end{pmatrix}$$

となる.

定理 6.4.4. A を正方行列とするとき, $|e^A| = e^{\mathrm{tr}(A)}$ が成り立つ.

この定理の証明は難しいので, 証明の概略を述べるに留める.

ジョルダン細胞 $J_r(\lambda)$ の指数関数 $e^{J_r(\lambda)}$ は上三角行列であり, 対角成分はすべて e^λ となる.

よって, A のジョルダン標準形が上三角行列で対角成分が重複度も込めた固有値が並ぶことから, e^A のジョルダン標準形は上三角行列で対角成分が重複度も込めた固有値の指数関数が並ぶことになる.

さらに, 上三角行列の行列式が対角成分の積となることに注意すると,

$$|e^A| = (e^A \text{の重複度も込めた固有値の積})$$
$$= (e^A \text{のジョルダン標準形の対角成分の積})$$
$$= e^{(A \text{のジョルダン標準形の対角成分の和})}$$
$$= e^{(A \text{の重複度も込めた固有値の和})} = e^{\mathrm{tr}(A)}$$

が成立する.

●問 **6.4.5.** 次の対角化可能な行列 A の指数関数 e^A を計算せよ.

(1) $\begin{pmatrix} 1 & 2 \\ 3 & 2 \end{pmatrix}$ (2) $A = \begin{pmatrix} 9 & -4 & 4 \\ 16 & -7 & 8 \\ 2 & -1 & 2 \end{pmatrix}$

●問 **6.4.6.** 次の対角化が可能でない行列 A の指数関数 e^A を計算せよ.

(1) $\begin{pmatrix} 2 & 1 \\ -1 & 4 \end{pmatrix}$ (2) $A = \begin{pmatrix} 1 & 3 & 2 \\ 0 & -1 & 0 \\ 1 & 2 & 0 \end{pmatrix}$

6.4.4 1 階線形定数係数の連立微分方程式

ここでは, 1 階線形定数係数の連立微分方程式の解法を行列を用いて解くことを考える.

例 6.4.7. x_1, x_2 を t の 1 回連続微分可能な関数で, 次の方程式をみたすとする. ただし, a_{11}, a_{12}, a_{21}, a_{22} は実定数とする.

$(*)$ $\begin{cases} \dfrac{dx_1}{dt} = a_{11}x_1 + a_{12}x_2 \\ \dfrac{dx_2}{dt} = a_{21}x_1 + a_{22}x_2 \end{cases}$

ここで, $A = \begin{pmatrix} a_{11} & a_{12} \\ a_{21} & a_{22} \end{pmatrix}$ とおくとき, A が正則行列 P で

$$P^{-1}AP = \begin{pmatrix} \lambda_1 & 0 \\ 0 & \lambda_2 \end{pmatrix} \quad (\lambda_1, \lambda_2 \text{ は異なる実数})$$

と対角化されるとする. このとき, 次が成り立つ.

(1) (∗) の一般解は次で与えられる.

$$\begin{pmatrix} x_1 \\ x_2 \end{pmatrix} = P \begin{pmatrix} c_1 e^{\lambda_1 t} \\ c_2 e^{\lambda_2 t} \end{pmatrix}$$

$$= P \begin{pmatrix} e^{\lambda_1 t} & 0 \\ 0 & e^{\lambda_2 t} \end{pmatrix} \begin{pmatrix} c_1 \\ c_2 \end{pmatrix} \qquad (c_1,\ c_2\ \text{は任意の数})$$

(2) 初期条件 $x_1(0) = b_1$, $x_2(0) = b_2$ をみたす (∗) の解は, 次式で与えられる.

$$\begin{pmatrix} x_1 \\ x_2 \end{pmatrix} = P \begin{pmatrix} e^{\lambda_1 t} & 0 \\ 0 & e^{\lambda_2 t} \end{pmatrix} P^{-1} \begin{pmatrix} b_1 \\ b_2 \end{pmatrix}$$

[**解**] (1) (∗) より,

$$\begin{pmatrix} \dfrac{dx_1}{dt} \\ \dfrac{dx_2}{dt} \end{pmatrix} = \begin{pmatrix} a_{11}x_1 + a_{12}x_2 \\ a_{21}x_1 + a_{22}x_2 \end{pmatrix} = A \begin{pmatrix} x_1 \\ x_2 \end{pmatrix}$$

と書ける. ここで, 正則行列 $P = \begin{pmatrix} p_{11} & p_{12} \\ p_{21} & p_{22} \end{pmatrix}$ を用いて, 関数 x_1, x_2 を y_1, y_2 へ変換する. すなわち

$$\begin{pmatrix} x_1 \\ x_2 \end{pmatrix} = P \begin{pmatrix} y_1 \\ y_2 \end{pmatrix}$$

$$= \begin{pmatrix} p_{11} & p_{12} \\ p_{21} & p_{22} \end{pmatrix} \begin{pmatrix} y_1 \\ y_2 \end{pmatrix} = \begin{pmatrix} p_{11}y_1 + p_{12}y_2 \\ p_{21}y_1 + p_{22}y_2 \end{pmatrix}$$

ここで, (∗) を y_1, y_2 の微分方程式に書きなおすと,

$$P \begin{pmatrix} \dfrac{dy_1}{dt} \\ \dfrac{dy_2}{dt} \end{pmatrix} = \begin{pmatrix} \dfrac{dx_1}{dt} \\ \dfrac{dx_2}{dt} \end{pmatrix} = A \begin{pmatrix} x_1 \\ x_2 \end{pmatrix} = AP \begin{pmatrix} y_1 \\ y_2 \end{pmatrix}$$

ここで, $P^{-1}AP = \begin{pmatrix} \lambda_1 & 0 \\ 0 & \lambda_2 \end{pmatrix}$ であるから, (∗) は次のように書ける.

$$\begin{cases} \dfrac{dy_1}{dt} = \lambda_1 y_1 \\[2mm] \dfrac{dy_2}{dt} = \lambda_2 y_2 \end{cases}$$

よって，$y_1 = c_1 e^{\lambda_1 t}$, $y_2 = c_2 e^{\lambda_2 t}$ （c_1, c_2 は任意の数）．したがって，

$$\begin{pmatrix} x_1 \\ x_2 \end{pmatrix} = P \begin{pmatrix} y_1 \\ y_2 \end{pmatrix} = P \begin{pmatrix} c_1 e^{\lambda_1 t} \\ c_2 e^{\lambda_2 t} \end{pmatrix} \qquad (c_1,\ c_2 \text{ は任意の数})$$

である．

(2) $\begin{pmatrix} b_1 \\ b_2 \end{pmatrix} = \begin{pmatrix} x_1(0) \\ x_2(0) \end{pmatrix} = P \begin{pmatrix} c_1 \\ c_2 \end{pmatrix}$ より，$\begin{pmatrix} c_1 \\ c_2 \end{pmatrix} = P^{-1} \begin{pmatrix} b_1 \\ b_2 \end{pmatrix}$ だから

$$\begin{pmatrix} x_1 \\ x_2 \end{pmatrix} = P \begin{pmatrix} e^{\lambda_1 t} & 0 \\ 0 & e^{\lambda_2 t} \end{pmatrix} \begin{pmatrix} c_1 \\ c_2 \end{pmatrix} = P \begin{pmatrix} e^{\lambda_1 t} & 0 \\ 0 & e^{\lambda_2 t} \end{pmatrix} P^{-1} \begin{pmatrix} b_1 \\ b_2 \end{pmatrix}$$

である． □

この結果は tA の固有値が $\lambda_1 t$, $\lambda_2 t$ であることに注意すると

$$\begin{pmatrix} x_1 \\ x_2 \end{pmatrix} = e^{tA} \begin{pmatrix} b_1 \\ b_2 \end{pmatrix}$$

と行列の指数関数を用いて簡潔に表現することができる．

定理 6.4.8. 微分方程式 $\dfrac{d\boldsymbol{x}}{dt} = A\boldsymbol{x}$ の一般解は

$$\boldsymbol{x} = e^{tA}\boldsymbol{x}(0)$$

である．ここで，ベクトルや行列の微分を成分ごとに行うものとする．

[証明] 実変数 t を含む行列 tA について，微分と極限の順序に注意して計算すると

$$\frac{d}{dt} e^{tA} = \lim_{n \to \infty} \sum_{k=0}^{n} \frac{1}{k!} \frac{d}{dt}(tA)^k$$
$$= A \left\{ \lim_{n \to \infty} \sum_{k=1}^{n} \frac{1}{(k-1)!}(tA)^{k-1} \right\} = A e^{tA}$$

が成立する．定理 6.4.2 (iii) により，e^{tA} には逆行列 e^{-tA} が存在するので $\boldsymbol{y} = e^{-tA}\boldsymbol{x}$ とおくと，もとの微分方程式は

$$\frac{d}{dt}(e^{tA}\boldsymbol{y}) = Ae^{tA}\boldsymbol{y}$$

となる．左辺に積の微分法を適用すると

$$Ae^{tA}\boldsymbol{y} + e^{tA}\frac{d\boldsymbol{y}}{dt} = Ae^{tA}\boldsymbol{y}$$

が成立するので，$e^{tA}\dfrac{d\boldsymbol{y}}{dt} = \boldsymbol{0}$ となり，e^{tA} が正則であることから $\dfrac{d\boldsymbol{y}}{dt} = \boldsymbol{0}$ が成り立つ．つまり $\boldsymbol{y}$ は t を含まない定数ベクトルとなる．

したがって，微分方程式の一般解は $\boldsymbol{x} = e^{tA}\boldsymbol{y}$ となり，$t = 0$ を代入すると $\boldsymbol{y} = \boldsymbol{x}(0)$ となるので，この微分方程式の解は

$$\boldsymbol{x} = e^{tA}\boldsymbol{x}(0)$$

となる．　　　　　　　　　　　　　　　　　　　　　　　　　　　　　■

例 6.4.9.　x_1, x_2 を t の 1 回連続微分可能な関数とするとき，次の微分方程式を解け．

$$\begin{cases} \dfrac{dx_1}{dt} = -\ x_1 + 2x_2 \\[2mm] \dfrac{dx_2}{dt} = -3x_1 + 4x_2 \end{cases} \quad (x_1(0) = 1, \quad x_2(0) = 2)$$

[解]　$A = \begin{pmatrix} -1 & 2 \\ -3 & 4 \end{pmatrix}$ とおくと，$x_1(0) = 1$, $x_2(0) = 2$ により，微分方程式の解は $\begin{pmatrix} x_1 \\ x_2 \end{pmatrix} = e^{tA}\begin{pmatrix} 1 \\ 2 \end{pmatrix}$ となる．

例 6.4.3 と同様に，tA は $P = \begin{pmatrix} 1 & 2 \\ 1 & 3 \end{pmatrix}$ で $P^{-1}(tA)P = \begin{pmatrix} t & 0 \\ 0 & 2t \end{pmatrix}$ と対角化されるので，

$$e^{tA} = P\begin{pmatrix} e^t & 0 \\ 0 & e^{2t} \end{pmatrix}P^{-1}$$

である．$P^{-1} = \begin{pmatrix} 3 & -2 \\ -1 & 1 \end{pmatrix}$ により，求める微分方程式の解は

$$\begin{pmatrix} x_1 \\ x_2 \end{pmatrix} = e^{tA} \begin{pmatrix} 1 \\ 2 \end{pmatrix}$$

$$= P \begin{pmatrix} e^t & 0 \\ 0 & e^{2t} \end{pmatrix} P^{-1} \begin{pmatrix} 1 \\ 2 \end{pmatrix}$$

$$= \begin{pmatrix} 1 & 2 \\ 1 & 3 \end{pmatrix} \begin{pmatrix} e^t & 0 \\ 0 & e^{2t} \end{pmatrix} \begin{pmatrix} 3 & -2 \\ -1 & 1 \end{pmatrix} \begin{pmatrix} 1 \\ 2 \end{pmatrix}$$

$$= \begin{pmatrix} e^t & 2e^{2t} \\ e^t & 3e^{2t} \end{pmatrix} \begin{pmatrix} -1 \\ 1 \end{pmatrix} = \begin{pmatrix} -e^t + 2e^{2t} \\ -e^t + 3e^{2t} \end{pmatrix}$$

となる.   □

例 6.4.10. x_1, x_2 を t の 1 回連続微分可能な関数とするとき, 次の微分方程式を解け.

$$\begin{cases} \dfrac{dx_1}{dt} = x_1 + x_2 \\ \dfrac{dx_2}{dt} = -x_1 + 3x_2 \end{cases} \qquad (x_1(0) = 1, \quad x_2(0) = 3)$$

[解] $A = \begin{pmatrix} 1 & 1 \\ -1 & 3 \end{pmatrix}$ とおくと, $x_1(0) = 1$, $x_2(0) = 3$ により, 微分方程式の解は $\begin{pmatrix} x_1 \\ x_2 \end{pmatrix} = e^{tA} \begin{pmatrix} 1 \\ 3 \end{pmatrix}$ となる.

行列 A は $P = \begin{pmatrix} 1 & -1 \\ 1 & 0 \end{pmatrix}$ により, $A = P \begin{pmatrix} 2 & 1 \\ 0 & 2 \end{pmatrix} P^{-1} = PJ_2(2)P^{-1}$ と変形できるので,

$$e^{tJ_2(2)} = e^{2tE_2 + tJ_2(0)} = e^{2t} e^{tJ_2(0)}$$

$$= e^{2t}\{E + tJ_2(0)\} = e^{2t} \begin{pmatrix} 1 & t \\ 0 & 1 \end{pmatrix}$$

により,

$$e^{tA} = Pe^{tJ_2(2)}P^{-1} = P\left\{ e^{2t} \begin{pmatrix} 1 & t \\ 0 & 1 \end{pmatrix} \right\} P^{-1}$$

である. $P^{-1} = \begin{pmatrix} 0 & 1 \\ -1 & 1 \end{pmatrix}$ により，求める微分方程式の解は

$$\begin{pmatrix} x_1 \\ x_2 \end{pmatrix} = P \left\{ e^{2t} \begin{pmatrix} 1 & t \\ 0 & 1 \end{pmatrix} \right\} P^{-1} \begin{pmatrix} 1 \\ 3 \end{pmatrix}$$

$$= \begin{pmatrix} 1 & -1 \\ 1 & 0 \end{pmatrix} \left\{ e^{2t} \begin{pmatrix} 1 & t \\ 0 & 1 \end{pmatrix} \right\} \begin{pmatrix} 0 & 1 \\ -1 & 1 \end{pmatrix} \begin{pmatrix} 1 \\ 3 \end{pmatrix}$$

$$= \begin{pmatrix} (2t+1)e^{2t} \\ (2t+3)e^{2t} \end{pmatrix}$$

となる. □

●問 6.4.11. t の関数 x_1, x_2 に関する次の 1 階線形連立微分方程式の一般解を求めよ.

(1) $\begin{cases} \dfrac{dx_1}{dt} = -\ x_1 + 2x_2 \\ \dfrac{dx_2}{dt} = -3x_1 + 4x_2 \end{cases}$ (2) $\begin{cases} \dfrac{dx_1}{dt} =\quad x_1 +\ x_2 \\ \dfrac{dx_2}{dt} = -4x_1 + 5x_2 \end{cases}$

●問 6.4.12. t の関数 $x_1 \sim x_3$ に関する次の 1 階線形連立微分方程式の解を求めよ.

$$\begin{cases} \dfrac{dx_1}{dt} =\quad 6x_1 - 3x_2 - 7x_3 \\ \dfrac{dx_2}{dt} = -\ x_1 + 2x_2 +\ x_3 \qquad (x_1(0) = 2,\ \ x_2(0) = 2,\ \ x_3(0) = 2) \\ \dfrac{dx_3}{dt} =\quad 5x_1 - 3x_2 - 6x_3 \end{cases}$$

6.4.5 ケーリー・ハミルトンの定理と行列の指数関数

A を 2 次の実行列とする．このとき，ケーリー・ハミルトンの定理から

$$A^n = p_n A + q_n E_2 \qquad (n = 0, 1, 2, \cdots)$$

なる実数列 $\{p_n\}$, $\{q_n\}$ $(n = 0, 1, 2, \cdots)$ が存在する．このとき

$$e^A = \lim_{n \to \infty} \sum_{k=0}^{n} \frac{1}{k!}(p_k A + q_k E_2)$$

$$= \lim_{n \to \infty} \left\{ \left(\sum_{k=0}^{n} \frac{p_k}{k!} \right) A + \left(\sum_{k=0}^{n} \frac{q_k}{k!} \right) E_2 \right\}$$

が成立し, e^A が存在することから, この右辺は収束するので $\displaystyle\sum_{k=0}^{n} \frac{p_k}{k!} = p$,

$\displaystyle\sum_{k=0}^{n} \frac{q_k}{k!} = q$ とおくことにより,

$$e^A = pA + qE_2$$

なる実数 p, q が存在することがわかる.

　同様に考えると次の定理が成り立つ.

　定理 6.4.13. A が d 次の実正方行列のとき, e^A は A の $d-1$ 次多項式で表すことができる.

　では, A が 2 次の正方行列のときの e^A を具体的に表現してみよう. これは多項式の場合と同様に

$$e^A = \begin{cases} \dfrac{e^\beta - e^\alpha}{\beta - \alpha}(A - \alpha E_2) + e^\alpha E_2 & (\alpha \neq \beta), \\ e^\alpha(A - \alpha E_2) + e^\alpha E_2 = e^\alpha\{A - (\alpha - 1)E_2\} & (\alpha = \beta) \end{cases}$$

のように A の 1 次式で表すことができる. 特に, $\alpha = a + bi$, $\beta = a - bi$ (a は実数, b は 0 でない実数, i は虚数単位) のとき, $e^{a \pm bi} = e^a(\cos b \pm i \sin b)$ となることに注意すると,

$$\frac{e^\beta - e^\alpha}{\beta - \alpha}(x - \alpha) + e^\alpha = \frac{e^{a+bi} - e^{a-bi}}{(a+bi) - (a-bi)}\{x - (a + bi)\} + e^{a+bi}$$

$$= \frac{e^a \sin b}{b}(x - a) + e^a \cos b$$

から

$$e^A = \frac{e^a \sin b}{b}(A - aE_2) + (e^a \cos b)E_2$$

となる.

例 6.4.14. ケーリー・ハミルトンの定理を用いて, $e^{tJ_2(\lambda)}$ を求めよ.

[解] $tJ_2(\lambda)$ の固有値は $t\lambda$ で重解をもつので

$$e^{tJ_2(\lambda)} = e^{t\lambda}\{tJ_2(\lambda) - (t\lambda - 1)E_2\}$$

$$= e^{t\lambda}\left\{\begin{pmatrix} t\lambda & t \\ 0 & t\lambda \end{pmatrix} - \begin{pmatrix} t\lambda - 1 & 0 \\ 0 & t\lambda - 1 \end{pmatrix}\right\}$$

$$= e^{t\lambda}\begin{pmatrix} 1 & t \\ 0 & 1 \end{pmatrix}$$

となる. □

●問 **6.4.15.** 2 次の実正方行列 A が以下の条件をみたすとき, e^A を $\alpha A + \beta E_2$ (α, β は実数) の形で表せ.

(1) $(A - E_2)(A - 2E_2) = O$

(2) $(A - 2E_2)^2 = O$

(3) $A^2 + A + E_2 = O$

●問 **6.4.16.** 3 次の実正方行列 A の固有値が $1, 2, 3$ であるとき, e^A を $\alpha A^2 + \beta A + \gamma E_3$ (α, β, γ は実数) の形で表せ.

6 章の問題 A

6.1. $A = \begin{pmatrix} 6 & 6 \\ -2 & -1 \end{pmatrix}$ とするとき, 以下を計算せよ.

(1) A^n (n は任意の正の整数)

(2) $E_2 + A + A^2 + \cdots + A^n$ (n は任意の正の整数)

6.2. 次の漸化式を解け.

(1) $a_1 = 1$, $a_2 = 7$, $a_{n+2} = 2a_{n+1} + 3a_n$ ($n \geqq 1$)

(2) $a_1 = 2$, $a_2 = 3$, $a_{n+2} = 6a_{n+1} - 9a_n$ ($n \geqq 1$)

6.3. t の関数 x_1, x_2 に関する次の 1 階線形連立微分方程式の一般解を求めよ.

(1) $\begin{cases} \dfrac{dx_1}{dt} = x_1 + 2x_2 \\ \dfrac{dx_2}{dt} = 3x_1 + 2x_2 \end{cases}$ $\quad (x_1(0) = 3, \quad x_2(0) = 2)$

(2) $\begin{cases} \dfrac{dx_1}{dt} = x_1 - 2x_2 \\ \dfrac{dx_2}{dt} = 2x_1 - 3x_2 \end{cases}$ $\quad (x_1(0) = 1, \quad x_2(0) = 2)$

6章の問題 B

6.4. 次の行列 A のべき A^n (n は任意の正の整数) を計算せよ.

(1) $A = \begin{pmatrix} 2 & 0 & 0 \\ 1 & 1 & 1 \\ 1 & -1 & 3 \end{pmatrix}$ $\quad$ (2) $A = \begin{pmatrix} 2 & 1 & 1 \\ 1 & 2 & 1 \\ 1 & 1 & 2 \end{pmatrix}$

6.5. 次の漸化式を解け.

(1) $a_1 = 1$, $a_2 = 1$, $a_{n+2} = a_{n+1} + a_n$ $\quad (n \geqq 1)$

(2) $a_1 = 2$, $a_{n+1} = \dfrac{4a_n + 1}{2a_n + 3}$ $\quad (n \geqq 1)$

(3) $a_1 = 1$, $a_2 = 1$, $a_3 = 3$, $a_{n+3} = 6a_{n+2} - 11a_{n+1} + 6a_n$ $\quad (n \geqq 1)$

6.6. t の関数 x_1, x_2 に関する次の 1 階線形連立微分方程式の一般解を求めよ.

$$\begin{cases} \dfrac{dx_1}{dt} = -x_1 + 2x_2 \\ \dfrac{dx_2}{dt} = -x_1 + x_2 \end{cases}$$

6.7. t の関数 $x_1 \sim x_3$ に関する次の 1 階線形連立微分方程式の解を求めよ.

(1)
$$
\begin{cases}
\dfrac{dx_1}{dt} = \ 3x_1 + x_2 + x_3 \\[2mm]
\dfrac{dx_2}{dt} = -2x_1 \qquad\ - x_3 \\[2mm]
\dfrac{dx_3}{dt} = -2x_1 - x_2
\end{cases}
\qquad (x_1(0) = 1, \ \ x_2(0) = 2, \ \ x_3(0) = 1)
$$

(2)
$$
\begin{cases}
\dfrac{dx_1}{dt} = \ 3x_1 - 3x_2 - \ x_3 \\[2mm]
\dfrac{dx_2}{dt} = \ 3x_1 - 4x_2 - 2x_3 \\[2mm]
\dfrac{dx_3}{dt} = -4x_1 + 7x_2 + 4x_3
\end{cases}
\qquad (x_1(0) = -1, \ x_2(0) = 1, \ x_3(0) = 2)
$$

6.8. 2 次の正方行列 $A = \begin{pmatrix} a & b \\ c & d \end{pmatrix}$ $(a \sim d$ は実数$)$ について, $\displaystyle\lim_{n\to\infty} A^n$ が収束するための必要十分条件を $p = a + d, \ q = ad - bc$ を用いて表せ.

6.9. 3 次の実交代行列 $A = \begin{pmatrix} 0 & -a_3 & a_2 \\ a_3 & 0 & -a_1 \\ -a_2 & a_1 & 0 \end{pmatrix}$ について,

$a = \sqrt{a_1^2 + a_2^2 + a_3^2}$ とおく. $a \neq 0$ のとき, e^A を $\alpha A^2 + \beta A + \gamma E_3$ $(\alpha, \beta, \gamma$ は実数$)$ の形で表せ.

第 III 部

付　　録

A 4次以上の行列式

A.1 n 次の行列式

定義 A.1.1. n 次の行列 $A = \begin{pmatrix} a_{11} & a_{12} & \dots & a_{1n} \\ a_{21} & a_{22} & \dots & a_{2n} \\ \vdots & \vdots & \ddots & \vdots \\ a_{n1} & a_{n2} & \dots & a_{nn} \end{pmatrix}$ に対して，$\boldsymbol{n}$ 次

の行列式 $|A|$ を，$(n-1)$ 次の行列式を用いて次式で定義する．

$$|A| = \begin{vmatrix} a_{11} & a_{12} & \dots & a_{1n} \\ a_{21} & a_{22} & \dots & a_{2n} \\ \vdots & \vdots & \ddots & \vdots \\ a_{n1} & a_{n2} & \dots & a_{nn} \end{vmatrix} = \sum_{i=1}^{n} a_{i1} \widetilde{a}_{i1}$$

ここで，$\widetilde{a}_{i1}$ は行列 A の $(i,1)$ 余因子である．

　上の定義式は，第 1 列で展開している形であるが，任意の列あるいは行で
展開してもかまわない．このとき，n 次の行列式に関して，第 3 章の 3.4 節に
ある 3 次の行列式の性質と同様な 6 つの性質が成り立つ．
　まずは 4 次の行列式についての例題である．定義より 3 次の行列式を用い
て計算されるが，6 つの性質を工夫して使用すれば計算量を少なくすることが
できる．

　例 A.1.2. 次の 4 次の行列式の値を求めてみよう．

(1) $\begin{vmatrix} 1 & 5 & 9 & 13 \\ 2 & 6 & 10 & 14 \\ 3 & 7 & 11 & 15 \\ 4 & 8 & 12 & 16 \end{vmatrix}$
(2) $\begin{vmatrix} 3 & 1 & 4 & 1 \\ 5 & 9 & 2 & -6 \\ 5 & 3 & 5 & 8 \\ 9 & 7 & 9 & 3 \end{vmatrix}$

[解]　(1)

$$\begin{vmatrix} 1 & 5 & 9 & 13 \\ 2 & 6 & 10 & 14 \\ 3 & 7 & 11 & 15 \\ 4 & 8 & 12 & 16 \end{vmatrix} = \begin{vmatrix} 1 & 3 & 9 & 13 \\ 2 & 2 & 10 & 14 \\ 3 & 1 & 11 & 15 \\ 4 & 0 & 12 & 16 \end{vmatrix} = \begin{vmatrix} 1 & 3 & 6 & 13 \\ 2 & 2 & 4 & 14 \\ 3 & 1 & 2 & 15 \\ 4 & 0 & 0 & 16 \end{vmatrix} = 2 \begin{vmatrix} 1 & 3 & 3 & 13 \\ 2 & 2 & 2 & 14 \\ 3 & 1 & 1 & 15 \\ 4 & 0 & 0 & 16 \end{vmatrix}$$

$$= 0$$

(2)

$$\begin{vmatrix} 3 & 1 & 4 & 1 \\ 5 & 9 & 2 & -6 \\ 5 & 3 & 5 & 8 \\ 9 & 7 & 9 & 3 \end{vmatrix} = \begin{vmatrix} 3 & 1 & 4 & 1 \\ 0 & 6 & -3 & -14 \\ 5 & 3 & 5 & 8 \\ 0 & 4 & -3 & 0 \end{vmatrix} = 3 \begin{vmatrix} 6 & -3 & -14 \\ 3 & 5 & 8 \\ 4 & -3 & 0 \end{vmatrix} + 5 \begin{vmatrix} 1 & 4 & 1 \\ 6 & -3 & -14 \\ 4 & -3 & 0 \end{vmatrix}$$

$$= 3 \left(-14 \begin{vmatrix} 3 & 5 \\ 4 & -3 \end{vmatrix} - 8 \begin{vmatrix} 6 & -3 \\ 4 & -3 \end{vmatrix} \right) + 5 \left(\begin{vmatrix} 6 & -3 \\ 4 & -3 \end{vmatrix} + 14 \begin{vmatrix} 1 & 4 \\ 4 & -3 \end{vmatrix} \right) = 2 \qquad \square$$

例 A.1.3.　次の行列式を因数分解せよ.

(1) $\begin{vmatrix} x & y & y & y \\ x & y & x & x \\ x & x & y & x \\ y & y & y & x \end{vmatrix}$
　　　(2) $\begin{vmatrix} a & b & c & d \\ b & a & d & c \\ c & d & a & b \\ d & c & b & a \end{vmatrix}$

[解]　(1)

$$\begin{vmatrix} x & y & y & y \\ x & y & x & x \\ x & x & y & x \\ y & y & y & x \end{vmatrix} = \begin{vmatrix} x-y & y & y & y \\ x-y & y & x & x \\ 0 & x & y & x \\ 0 & y & y & x \end{vmatrix}$$

$$= \begin{vmatrix} x-y & 0 & 0 & y \\ x-y & y-x & 0 & x \\ 0 & 0 & y-x & x \\ 0 & y-x & y-x & x \end{vmatrix} = \begin{vmatrix} x-y & 0 & 0 & y \\ x-y & y-x & 0 & x \\ 0 & 0 & y-x & x \\ 0 & y-x & 0 & 0 \end{vmatrix}$$

$$= (y-x) \begin{vmatrix} x-y & 0 & y \\ x-y & 0 & x \\ 0 & y-x & x \end{vmatrix}$$

$$= -(x-y)^2 \begin{vmatrix} x-y & y \\ x-y & x \end{vmatrix} = -(x-y)^3 \begin{vmatrix} 1 & y \\ 1 & x \end{vmatrix} = -(x-y)^4$$

(2) $\begin{vmatrix} a & b & c & d \\ b & a & d & c \\ c & d & a & b \\ d & c & b & a \end{vmatrix} = (a+b+c+d) \begin{vmatrix} 1 & b & c & d \\ 1 & a & d & c \\ 1 & d & a & b \\ 1 & c & b & a \end{vmatrix}$ (2, 3, 4 列を 1 列に加えて共通因子を出した)

$= (a+b+c+d)(a+b-c-d) \begin{vmatrix} 0 & 1 & -1 & -1 \\ 1 & a & d & c \\ 1 & d & a & b \\ 1 & c & b & a \end{vmatrix}$ (2 行を 1 行に加え 3, 4 行を 1 行から引き共通因子を出した)

$= (a+b+c+d)(a+b-c-d) \begin{vmatrix} 0 & 1 & 0 & 0 \\ 1 & a & a+d & a+c \\ 1 & d & a+d & b+d \\ 1 & c & b+c & a+c \end{vmatrix}$ (2 列を 3, 4 列に加えた)

$= (a+b+c+d)(a+b-c-d)(-1) \begin{vmatrix} 1 & a+d & a+c \\ 1 & a+d & b+d \\ 1 & b+c & a+c \end{vmatrix}$ (1 行で展開した)

$= (a+b+c+d)(a+b-c-d)(-1) \begin{vmatrix} 1 & a+d & a+c \\ 0 & 0 & b+d-a-c \\ 0 & b+c-a-d & 0 \end{vmatrix}$

$= (a+b+c+d)(a+b-c-d)(a-b+c-d)(a-b-c+d)$ □

●問 **A.1.4.** 次の 4 次の行列式を計算せよ.

(1) $\begin{vmatrix} 1 & 2 & 3 & 4 \\ 2 & 3 & 4 & 5 \\ 3 & 4 & 5 & 6 \\ 4 & 5 & 6 & 7 \end{vmatrix}$ (2) $\begin{vmatrix} 1 & 2 & -1 & 3 \\ 5 & 0 & 6 & 2 \\ 3 & 4 & 5 & 6 \\ 4 & 5 & 6 & 7 \end{vmatrix}$ (3) $\begin{vmatrix} 1 & 2 & 3 & 4 \\ 6 & 5 & 4 & 5 \\ 1 & 2 & 3 & 6 \\ 0 & 9 & 8 & 7 \end{vmatrix}$

●問 **A.1.5.** 次の行列式を因数分解せよ.

(1) $\begin{vmatrix} x & x & x & x \\ 1 & a & 0 & 0 \\ 1 & 0 & b & 0 \\ 1 & 0 & 0 & c \end{vmatrix}$ (2) $\begin{vmatrix} a & b & c & d \\ -b & a & -d & c \\ -c & d & a & -b \\ -d & c & b & a \end{vmatrix}$ (3) $\begin{vmatrix} t & t^2 & t^3 & t^4 \\ t & t^2 & t^3 & t \\ t & t^2 & t^2 & t \\ t & t^3 & t^2 & t \end{vmatrix}$

●問 **A.1.6.** 次式が成立することを示せ.

$$\begin{vmatrix} 1 & 2 & x & y \\ 3 & 4 & z & w \\ 0 & 0 & a & b \\ 0 & 0 & c & d \end{vmatrix} = \begin{vmatrix} 1 & 2 & 0 & 0 \\ 3 & 4 & 0 & 0 \\ x & y & a & b \\ z & w & c & d \end{vmatrix} = \begin{vmatrix} 1 & 2 \\ 3 & 4 \end{vmatrix} \begin{vmatrix} a & b \\ c & d \end{vmatrix}$$

最後に, 一般の n 次の行列式についての例題である.

例 A.1.7. 次の n 次の行列式を求めてみよう.

(1) $\quad |A| = \begin{vmatrix} 1-x & 1 & \dots & 1 \\ 1 & 1-x & \dots & 1 \\ \vdots & \vdots & \ddots & \vdots \\ 1 & 1 & \dots & 1-x \end{vmatrix}$

(2) $\quad |B| = \begin{vmatrix} x & y & y & \dots & y \\ y & x & y & \dots & y \\ y & y & x & \dots & y \\ \vdots & \vdots & \ddots & \vdots & \vdots \\ y & y & y & \dots & x \end{vmatrix}$

[解]

(1) $\quad |A| = \begin{vmatrix} 1-x & 1 & \dots & 1 \\ 1 & 1-x & \dots & 1 \\ \vdots & \vdots & \ddots & \vdots \\ 1 & 1 & \dots & 1-x \end{vmatrix}$

$\quad = \begin{vmatrix} n-x & 1 & \dots & 1 \\ n-x & 1-x & \dots & 1 \\ \vdots & \vdots & \ddots & \vdots \\ n-x & 1 & \dots & 1-x \end{vmatrix}$

$\quad = (n-x) \begin{vmatrix} 1 & 0 & \dots & 0 \\ 1 & -x & \dots & 0 \\ \vdots & \vdots & \ddots & \vdots \\ 1 & 0 & \dots & -x \end{vmatrix} = (n-x)(-x)^{n-1}$

$$(2) \quad |B| = \begin{vmatrix} x+(n-1)y & y & y & \cdots & y \\ x+(n-1)y & x & y & \cdots & y \\ x+(n-1)y & y & x & \cdots & y \\ x+(n-1)y & y & y & \cdots & y \\ \vdots & \vdots & \ddots & \vdots & \vdots \\ x+(n-1)y & y & y & \cdots & x \end{vmatrix}$$

$$= (x+(n-1)y) \begin{vmatrix} 1 & y & y & \cdots & y \\ 1 & x & y & \cdots & y \\ 1 & y & x & \cdots & y \\ 1 & y & y & \cdots & y \\ \vdots & \vdots & \ddots & \vdots & \vdots \\ 1 & y & y & \cdots & x \end{vmatrix}$$

$$= (x+(n-1)y) \begin{vmatrix} 1 & y & y & \cdots & \cdots & y \\ 0 & x-y & 0 & \cdots & \cdots & 0 \\ 0 & 0 & x-y & 0 & \cdots & 0 \\ 0 & 0 & 0 & \ddots & \ddots & 0 \\ \vdots & \vdots & \vdots & \ddots & \ddots & 0 \\ 0 & 0 & 0 & \cdots & 0 & x-y \end{vmatrix}$$

$$= (x+(n-1)y)(x-y)^{n-1} \qquad\qquad \Box$$

例 A.1.8. 次の等式が成立することを数学的帰納法により示してみよう.

$$(1) \quad |A| = \begin{vmatrix} a_0 & -1 & 0 & \cdots & 0 \\ a_1 & x & -1 & \cdots & 0 \\ a_2 & 0 & x & \cdots & 0 \\ \vdots & \vdots & \ddots & \vdots & \vdots \\ a_{n-1} & 0 & \cdots & x & -1 \\ a_n & 0 & \cdots & 0 & x \end{vmatrix} = a_0 x^n + a_1 x^{n-1} + \cdots + a_n$$

$$(2) \quad |B| = \begin{vmatrix} 1 & 1 & \cdots & 1 \\ x_1 & x_2 & \cdots & x_n \\ x_1^2 & x_2^2 & \cdots & x_n^2 \\ \vdots & \vdots & \ddots & \vdots \\ x_1^{n-1} & x_2^{n-1} & \cdots & x_n^{n-1} \end{vmatrix} = \prod_{1 \leqq i < j \leqq n} (x_j - x_i)$$

(ヴァンデルモンドの行列式)

[解]

$$
(1)\quad |A| = a_0
\begin{vmatrix}
x & -1 & 0 & \dots & 0 \\
0 & x & -1 & \dots & 0 \\
0 & 0 & x & \dots & 0 \\
\vdots & \vdots & \ddots & \vdots & \vdots \\
0 & 0 & \dots & x & -1 \\
0 & 0 & \dots & 0 & x
\end{vmatrix}
+
\begin{vmatrix}
a_1 & -1 & 0 & \dots & 0 \\
a_2 & x & -1 & \dots & 0 \\
a_3 & 0 & x & \dots & 0 \\
\vdots & \vdots & \ddots & \vdots & \vdots \\
a_{n-1} & 0 & \dots & x & -1 \\
a_n & 0 & \dots & 0 & x
\end{vmatrix}
$$

$$
= a_0 x^n + (a_1 x^{n-1} + \cdots + a_n)
$$

$$
(2)\quad |B| =
\begin{vmatrix}
1 & 1 & \dots & 1 \\
0 & x_2 - x_1 & \dots & x_n - x_1 \\
0 & x_2^2 - x_2 x_1 & \dots & x_n^2 - x_n x_1 \\
\vdots & \vdots & \ddots & \vdots \\
0 & x_2^{n-1} - x_2^{n-2} x_1 & \dots & x_n^{n-1} - x_n^{n-2} x_1
\end{vmatrix}
$$

$$
= (x_2 - x_1)(x_3 - x_1) \cdots (x_n - x_1)
\begin{vmatrix}
1 & 1 & \dots & 1 \\
x_2 & x_3 & \dots & x_n \\
x_2^2 & x_3^2 & \dots & x_n^2 \\
\vdots & \vdots & \ddots & \vdots \\
x_2^{n-2} & x_3^{n-2} & \dots & x_n^{n-2}
\end{vmatrix}
$$

$$
= (x_2 - x_1)(x_3 - x_1) \cdots (x_n - x_1) \prod_{2 \le i < j \le n} (x_j - x_i)
$$

$$
= \prod_{1 \le i < j \le n} (x_j - x_i) \qquad\qquad \square
$$

●問 **A.1.9.** n 次の行列 A が三角行列のとき，A の固有値は対角成分であることを示せ.

●問 **A.1.10.** n 次の行列 A の固有値を，重複度を考慮して $\lambda_1, \lambda_2, \cdots, \lambda_n$ とするとき，次が成り立つことを示せ.

(1)　$\lambda_1 \lambda_2 \cdots \lambda_n = |A|$

(2)　$\lambda_1 + \lambda_2 + \cdots + \lambda_n = \mathrm{tr}\,(A)$

問と章末問題の略解

第1章：ベクトルと行列

問 1.2.3. 9

問 1.2.4. $\langle \boldsymbol{a}, \boldsymbol{b} \rangle = |\boldsymbol{a}||\boldsymbol{b}|\cos\theta = a_1 b_1 + a_2 b_2$ なので

$$\cos\theta = \frac{a_1 b_1 + a_2 b_2}{|\boldsymbol{a}||\boldsymbol{b}|} = \frac{a_1 b_1 + a_2 b_2}{\sqrt{a_1^2 + a_2^2}\sqrt{b_1^2 + b_2^2}}$$

問 1.2.6. 0

問 1.2.7. $\langle \boldsymbol{a}, \boldsymbol{b} \rangle = |\boldsymbol{a}||\boldsymbol{b}|\cos\theta = a_1 b_1 + a_2 b_2 + a_3 b_3$ なので

$$\cos\theta = \frac{a_1 b_1 + a_2 b_2 + a_3 b_3}{|\boldsymbol{a}||\boldsymbol{b}|} = \frac{a_1 b_1 + a_2 b_2 + a_3 b_3}{\sqrt{a_1^2 + a_2^2 + a_3^2}\sqrt{b_1^2 + b_2^2 + b_3^2}}$$

問 1.2.11. $|\boldsymbol{a}| = \sqrt{3}, \ |\boldsymbol{b}| = \sqrt{6}, \ \langle \boldsymbol{a}, \boldsymbol{b} \rangle = -3$

問 1.3.4. (1) 1×3 型   (2) 3×1 型   (3) 3×3 型

問 1.3.5. $a = -1, 0, 1$

問 1.3.6. $a_{11} = b_{11}, \ a_{12} = b_{12}, \ a_{13} = b_{13}, \ a_{21} = b_{21}, \ a_{22} = b_{22}, \ a_{23} = b_{23}$

問 1.4.2. (1) $(3,5),\ \begin{pmatrix} 43 & 23 \\ 11 & 12 \end{pmatrix}$ (2) $2A - 5B = \begin{pmatrix} 0 & 18 \\ -36 & 2 \\ -35 & -22 \end{pmatrix}$, B^2 は計算

が定義できない. $AC = \begin{pmatrix} 32 & 0 & 41 \\ 20 & 0 & 26 \\ 12 & 0 & 16 \end{pmatrix}, CA = \begin{pmatrix} 5 & 13 \\ 15 & 43 \end{pmatrix}$

問 1.4.3. ヒント：3 角関数の加法定理を用いて導かれる.

問 1.4.5. (1) $\begin{pmatrix} ap + br & aq + bs \\ cp + dr & cq + ds \end{pmatrix}$ (2) $\begin{pmatrix} ap + br \\ cp + dr \end{pmatrix}$

(3) $(ap + br, aq + bs)$

(4) $\begin{pmatrix} xa & xb & xc \\ ya & yb & yc \\ za & zb & zc \end{pmatrix}$ (5) $\begin{pmatrix} b_1a_1 & b_1a_2 & \ldots & b_1a_n \\ b_2a_1 & b_2a_2 & \ldots & b_2a_n \\ \ldots & \ldots & \ldots & \ldots \\ b_ma_1 & b_ma_2 & \ldots & b_ma_n \end{pmatrix}$

問 1.4.6. $\begin{pmatrix} a \\ b \\ c \end{pmatrix}$, $\begin{pmatrix} 2 \\ 5 \\ 8 \end{pmatrix}$, $\begin{pmatrix} x \\ y \\ z \end{pmatrix}$, $(a, 2, x)$, $(b, 5, y)$, $(c, 8, z)$

問 1.4.7. (1) $\begin{pmatrix} x & 2 & a \\ y & 5 & b \\ z & 8 & c \end{pmatrix}$ および $\begin{pmatrix} c & 8 & z \\ b & 5 & y \\ a & 2 & x \end{pmatrix}$ (行列 $\begin{pmatrix} 0 & 0 & 1 \\ 0 & 1 & 0 \\ 1 & 0 & 0 \end{pmatrix}$ を右から掛

けると列の交換，左から掛けると行の交換を行っていることに注意せよ.)

(2) 行列 $\begin{pmatrix} 0 & 1 & 0 \\ 1 & 0 & 0 \\ 0 & 0 & 1 \end{pmatrix}$ を左から掛ける. 行列 $\begin{pmatrix} 1 & 0 & 0 \\ 0 & 0 & 1 \\ 0 & 1 & 0 \end{pmatrix}$ を右から掛ける.

問 1.4.8. ヒント：非零行列は成分がどこか 1 か所だけ 0 でなければよい.

例えば，$A = \begin{pmatrix} 1 & 0 \\ 0 & 0 \end{pmatrix}$, $B = \begin{pmatrix} 0 & 0 \\ 0 & 1 \end{pmatrix}$ や $A = \begin{pmatrix} 1 & 2 \\ 0 & 0 \end{pmatrix}$, $B = \begin{pmatrix} -2 & 0 \\ 1 & 0 \end{pmatrix}$ など

でよい.

問 1.4.9. $AB = \begin{pmatrix} 38 & 13 \\ 8 & 9 \end{pmatrix}$, $BA = \begin{pmatrix} 25 & 12 \\ 26 & 22 \end{pmatrix}$

問 1.4.10. $A = \begin{pmatrix} 1 & 0 \\ 0 & 1 \end{pmatrix}$, $B = \begin{pmatrix} 1 \\ 2 \end{pmatrix}$ など.

問 1.4.11. $\begin{pmatrix} 30 \\ 18 \end{pmatrix}$, $\begin{pmatrix} 1 & 3 \\ -9 & -27 \end{pmatrix}$

問 1.4.14. (1) $\begin{pmatrix} a^3 & 0 \\ ba^2 & 0 \end{pmatrix}$ (2) $\begin{pmatrix} \lambda^3 & 3\lambda^2 \\ 0 & \lambda^3 \end{pmatrix}$

問 1.4.15. $\begin{pmatrix} 1 & n & \frac{n(n+1)}{2} \\ 0 & 1 & n \\ 0 & 0 & 1 \end{pmatrix}$

問 1.4.16. (1) $A^2 + AB + BA + B^2$, $A^3 + A^2B + ABA + AB^2 + BA^2 + BAB + B^2A + B^3$ (2) $A^2 + 2AB + B^2$, $A^3 + 3A^2B + 3AB^2 + B^3$

問 1.4.17. $A^2 + 6A + 9E$, $A^3 + 9A^2 + 27A + 27E$

問 1.5.3. どちらも $\begin{pmatrix} ad - bc & 0 \\ 0 & ad - bc \end{pmatrix} = \begin{pmatrix} |A| & 0 \\ 0 & |A| \end{pmatrix}$ である. したがっ

て，$|A| \neq 0$ のとき，A の逆行列が存在して $A^{-1} = \dfrac{1}{|A|} \begin{pmatrix} d & -b \\ -c & a \end{pmatrix}$ である．

問 1.5.4. $\begin{pmatrix} -7 & 4 \\ 2 & -1 \end{pmatrix}$

問 1.5.5. $A\boldsymbol{x} = \boldsymbol{b}$ の両辺に左から A^{-1} を掛けて，$A^{-1}A\boldsymbol{x} = A^{-1}\boldsymbol{b}$ なので $E\boldsymbol{x} = A^{-1}\boldsymbol{b}$，すなわち $\boldsymbol{x} = A^{-1}\boldsymbol{b}$ を得る．実際，$\boldsymbol{x} = A^{-1}\boldsymbol{b}$ ならば，$A\boldsymbol{x} = A(A^{-1}\boldsymbol{b}) = \boldsymbol{b}$ であり，解であることが確かめられる．(注意：A^{-1} の公式を用いて $\boldsymbol{x} = A^{-1}\boldsymbol{b} = \dfrac{1}{|A|} \begin{pmatrix} d & -b \\ -c & a \end{pmatrix} \begin{pmatrix} e \\ f \end{pmatrix}$ を計算すると定理 3.6.2 の結果が得られる．)

問 1.5.7. (1) $A^{-1}(AX) = A^{-1}(AY)$ なので $(A^{-1}A)X = (A^{-1}A)Y$ である．ゆえに，$EX = EY$ となるので $X = Y$ である．

(2) $X = A^{-1}O = O$ である．

問 1.6.3. (1) $\begin{pmatrix} ax & 0 & 0 \\ 0 & by & 0 \\ 0 & 0 & cz \end{pmatrix}$　　(2) $\begin{pmatrix} a^n & 0 & 0 \\ 0 & b^n & 0 \\ 0 & 0 & c^n \end{pmatrix}$

(3) $\begin{pmatrix} ax & ay + bw & az + bu + cv \\ 0 & dw & du + ev \\ 0 & 0 & fv \end{pmatrix}$　　(4) $\begin{pmatrix} 1 & 0 & 0 \\ a+x & 1 & 0 \\ b+y & 0 & 1 \end{pmatrix}$

問 1.6.5. (1) $\begin{pmatrix} 1 & 3 \\ 2 & 4 \end{pmatrix}$　　(2) $\begin{pmatrix} 4 & 2 \\ 3 & 1 \end{pmatrix}$　　(3) $\begin{pmatrix} 8 & 5 \\ 20 & 13 \end{pmatrix}$　　(4) $\begin{pmatrix} 8 & 20 \\ 5 & 13 \end{pmatrix}$

(5) $\begin{pmatrix} 8 & 20 \\ 5 & 13 \end{pmatrix}$　　(6) $\begin{pmatrix} 13 & 5 \\ 20 & 8 \end{pmatrix}$

問 1.7.1. $(a_1\ a_2\ a_3) \begin{pmatrix} x_1 \\ x_2 \\ x_3 \end{pmatrix}$

問 1.7.2. ヒント：積 AB の定義を参照せよ．

問 1.8.2. (1) $\begin{pmatrix} x' \\ y' \end{pmatrix} = \begin{pmatrix} -1 & 0 \\ 0 & 1 \end{pmatrix} \begin{pmatrix} x \\ y \end{pmatrix}$　　(2) $\begin{pmatrix} x' \\ y' \end{pmatrix} = \begin{pmatrix} -1 & 0 \\ 0 & -1 \end{pmatrix} \begin{pmatrix} x \\ y \end{pmatrix}$

問 1.8.4. $\begin{pmatrix} \frac{1}{\sqrt{2}} & \frac{-1}{\sqrt{2}} \\ \frac{1}{\sqrt{2}} & \frac{1}{\sqrt{2}} \end{pmatrix}$

問 1.8.5. $\begin{pmatrix} x' \\ y' \end{pmatrix} = \begin{pmatrix} \frac{1}{\sqrt{2}} & \frac{-1}{\sqrt{2}} \\ \frac{1}{\sqrt{2}} & \frac{1}{\sqrt{2}} \end{pmatrix} \begin{pmatrix} x \\ y \end{pmatrix} = \begin{pmatrix} \frac{1}{\sqrt{2}}(x - y) \\ \frac{1}{\sqrt{2}}(x + y) \end{pmatrix}$

問 1.8.6. $\dfrac{\pi}{6} + 2n\pi$　(n は任意の整数)

1章の問題 A

1.1. (1) $\sqrt{29}$ (2) $\pm\sqrt{3}$

1.2. $(x, y) = (2, -3)$

1.3. (1) (38) (2) $\begin{pmatrix} 46 \\ 110 \end{pmatrix}$

(3) $\begin{pmatrix} 3x + y + 4z + w & 3a + b + 4c + d \\ 5x + 9y + 2z + 6w & 5a + 9b + 2c + 6d \end{pmatrix}$

(4) $\begin{pmatrix} 0 & 2x & -2x & 0 \\ 0 & -2y & 2y & 0 \\ 0 & 2z & -2z & 0 \\ 0 & -2w & 2w & 0 \end{pmatrix}$

1.4. (1) 与えられた行列を A とおくと，$A^{2n} = E_3$，$A^{2n+1} = A$ である．ただし，n は自然数．

(2) $\begin{pmatrix} \lambda^n & n\lambda^{n-1} \\ 0 & \lambda^n \end{pmatrix}$ (3) $\begin{pmatrix} \lambda^n & n\lambda^{n-1} & n(n-1)\lambda^{n-2}/2 \\ 0 & \lambda^n & n\lambda^{n-1} \\ 0 & 0 & \lambda^n \end{pmatrix}$

1章の問題 B

1.5. ヒント：定理 1.2.9 (2)，(3) を用いよ．

1.6. (1) ヒント：$\begin{pmatrix} a & b \\ c & d \end{pmatrix}^2 - (a+d)\begin{pmatrix} a & b \\ c & d \end{pmatrix} + (ad - bc)\begin{pmatrix} 1 & 0 \\ 0 & 1 \end{pmatrix}$ を計算する．

(2) $A^2 = 5A + 2E = \begin{pmatrix} 7 & 10 \\ 15 & 22 \end{pmatrix}$,

$A^3 = 5A^2 + 2A = 5(5A + 2E) + 2A = 27A + 10E = \begin{pmatrix} 37 & 54 \\ 81 & 118 \end{pmatrix}$

1.7. ヒント：例えば，$B^3 = BBB = (P^{-1}AP)(P^{-1}AP)(P^{-1}AP) = P^{-1}A(PP^{-1})A(PP^{-1})AP = P^{-1}AEAEAP = P^{-1}AAAP = P^{-1}A^3P$ である．

1.8. (1)，(2) 省略 (3) ヒント：$A^T = aE - bJ$ であることを用いよ．

1.9. ヒント：$(AB)^T = B^T A^T$ を用いよ．

1.10. (1) E (2) ヒント：(1) を用いよ．

1.11. 原点を中心にして角 θ の回転移動を表す行列は $\begin{pmatrix} \cos\theta & -\sin\theta \\ \sin\theta & \cos\theta \end{pmatrix}$ であ

るので，次のように計算すればよい.

(1) $\theta = \dfrac{\pi}{3}$ より, $\begin{pmatrix} \frac{1}{2} & -\frac{\sqrt{3}}{2} \\ \frac{\sqrt{3}}{2} & \frac{1}{2} \end{pmatrix}\begin{pmatrix} 4 \\ 2 \end{pmatrix} = \begin{pmatrix} 2 - \sqrt{3} \\ 2\sqrt{3} + 1 \end{pmatrix}$

(2) $\theta = \frac{2\pi}{3}$ より, $\begin{pmatrix} -\frac{1}{2} & -\frac{\sqrt{3}}{2} \\ \frac{\sqrt{3}}{2} & -\frac{1}{2} \end{pmatrix}\begin{pmatrix} 1 \\ 2 \end{pmatrix} = \begin{pmatrix} -\frac{1}{2} - \sqrt{3} \\ \frac{\sqrt{3}}{2} - 1 \end{pmatrix}$

(3) $\theta = \frac{2\pi}{n}(k-1)$ より,

$$\begin{pmatrix} \cos \frac{2(k-1)\pi}{n} & -\sin \frac{2(k-1)\pi}{n} \\ \sin \frac{2(k-1)\pi}{n} & \cos \frac{2(k-1)\pi}{n} \end{pmatrix}\begin{pmatrix} \alpha \\ \beta \end{pmatrix} = \begin{pmatrix} \alpha \cos \frac{2(k-1)\pi}{n} - \beta \sin \frac{2(k-1)\pi}{n} \\ \alpha \sin \frac{2(k-1)\pi}{n} + \beta \cos \frac{2(k-1)\pi}{n} \end{pmatrix}$$

1.12. ここでは，点 P′ の座標を直接計算せずに，図 1 のような方法を考えてみよう.

まず，点 P を原点 O を中心にして $-\theta$ だけ回転して点 Q に移し，次に点 Q を x 軸に対称に点 Q′ に移し，最後に，点 Q′ を原点 O を中心にして θ だけ回転すると点 P′ に移ることがわかる. したがって，それぞれの点の座標を P$\begin{pmatrix} x \\ y \end{pmatrix}$, P′$\begin{pmatrix} x' \\ y' \end{pmatrix}$, Q$\begin{pmatrix} a \\ b \end{pmatrix}$, Q′$\begin{pmatrix} a' \\ b' \end{pmatrix}$ とすれば,

$$Q\begin{pmatrix} a \\ b \end{pmatrix} = \begin{pmatrix} \cos(-\theta) & -\sin(-\theta) \\ \sin(-\theta) & \cos(-\theta) \end{pmatrix}\begin{pmatrix} x \\ y \end{pmatrix} = \begin{pmatrix} x\cos\theta + y\sin\theta \\ -x\sin\theta + y\cos\theta \end{pmatrix},$$

$$Q'\begin{pmatrix} a' \\ b' \end{pmatrix} = \begin{pmatrix} 1 & 0 \\ 0 & -1 \end{pmatrix}\begin{pmatrix} x\cos\theta + y\sin\theta \\ -x\sin\theta + y\cos\theta \end{pmatrix} = \begin{pmatrix} x\cos\theta + y\sin\theta \\ x\sin\theta - y\cos\theta \end{pmatrix},$$

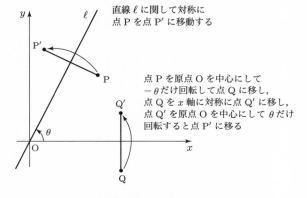

直線 ℓ に関して対称に点 P を点 P′ に移動する

点 P を原点 O を中心にして $-\theta$ だけ回転して点 Q に移し，点 Q を x 軸に対称に点 Q′ に移し，点 Q′ を原点 O を中心にして θ だけ回転すると点 P′ に移る

図 1　直線に関して対称な点を求める

$$\mathrm{P}'\begin{pmatrix} x' \\ y' \end{pmatrix} = \begin{pmatrix} \cos\theta & -\sin\theta \\ \sin\theta & \cos\theta \end{pmatrix}\begin{pmatrix} x\cos\theta + y\sin\theta \\ x\sin\theta - y\cos\theta \end{pmatrix}$$

$$= \begin{pmatrix} x(\cos\theta\cos\theta - \sin\theta\sin\theta) + y(\cos\theta\sin\theta + \sin\theta\cos\theta) \\ x(\sin\theta\cos\theta + \cos\theta\sin\theta) + y(\sin\theta\sin\theta - \cos\theta\cos\theta) \end{pmatrix}$$

したがって，点 $\mathrm{P}\begin{pmatrix} x \\ y \end{pmatrix}$ に，直線 ℓ に関する対称点 $\mathrm{P}'\begin{pmatrix} x' \\ y' \end{pmatrix}$ を対応させる 1 次変換を行列を用いて表すと

$$\mathrm{P}'\begin{pmatrix} x' \\ y' \end{pmatrix} = \begin{pmatrix} \cos 2\theta & \sin 2\theta \\ \sin 2\theta & -\cos 2\theta \end{pmatrix}\begin{pmatrix} x \\ y \end{pmatrix}$$

となる．

第 2 章：連立方程式の解法

問 2.1.2. 省略

問 2.1.4. (1) $\begin{pmatrix} x \\ y \end{pmatrix} = \begin{pmatrix} 2 \\ -1 \end{pmatrix}$　(2) $\begin{pmatrix} x \\ y \\ z \end{pmatrix} = \begin{pmatrix} 2 \\ 1 \\ 3 \end{pmatrix}$　(3) $\begin{pmatrix} x \\ y \\ z \end{pmatrix} = \begin{pmatrix} 1 \\ -1 \\ 3 \end{pmatrix}$

(4) $\begin{pmatrix} x \\ y \\ z \end{pmatrix} = \begin{pmatrix} 3 \\ -1 \\ 2 \end{pmatrix}$

問 2.1.8. (1) $\begin{pmatrix} x_1 \\ x_2 \\ x_3 \end{pmatrix} = \begin{pmatrix} -1 \\ 0 \\ 0 \end{pmatrix} + c\begin{pmatrix} 1 \\ -1 \\ 1 \end{pmatrix}$　(c は任意の数)

(2) $\begin{pmatrix} x_1 \\ x_2 \\ x_3 \\ x_4 \end{pmatrix} = \begin{pmatrix} \frac{7}{2} \\ -\frac{1}{2} \\ 0 \\ 0 \end{pmatrix} + c_1\begin{pmatrix} -\frac{7}{6} \\ \frac{5}{6} \\ 1 \\ 0 \end{pmatrix} + c_2\begin{pmatrix} -3 \\ 1 \\ 0 \\ 1 \end{pmatrix}$　(c_1, c_2 は任意の数)

(3) 解は存在しない．

(4) $\begin{pmatrix} x_1 \\ x_2 \\ x_3 \end{pmatrix} = \begin{pmatrix} 3 \\ 1 \\ -1 \end{pmatrix}$

(5) $\begin{pmatrix} x_1 \\ x_2 \\ x_3 \end{pmatrix} = \frac{1}{11}\begin{pmatrix} 16 \\ 26 \\ 0 \end{pmatrix} + \frac{c}{11}\begin{pmatrix} -5 \\ 7 \\ 11 \end{pmatrix}$　(c は任意の数)

問 2.1.10. (1) $\begin{pmatrix} x \\ y \\ z \end{pmatrix} = \begin{pmatrix} 0 \\ 0 \\ -1 \end{pmatrix} + c \begin{pmatrix} 2 \\ 1 \\ 0 \end{pmatrix}$ (c は任意の数)

(2) $\begin{pmatrix} x \\ y \\ z \end{pmatrix} = c \begin{pmatrix} 2 \\ 1 \\ 0 \end{pmatrix}$ (c は任意の数)   (3) $\begin{pmatrix} x \\ y \\ z \end{pmatrix} = \begin{pmatrix} 1 \\ -2 \\ 4 \end{pmatrix}$

問 2.1.12. (1) $\begin{pmatrix} x \\ y \\ z \\ w \end{pmatrix} = \begin{pmatrix} 2 \\ 1 \\ 0 \\ 0 \end{pmatrix} + c \begin{pmatrix} 0 \\ 2 \\ 1 \\ 0 \end{pmatrix} + d \begin{pmatrix} -3 \\ -2 \\ 0 \\ 1 \end{pmatrix}$ (c, d は任意の数)

(2) $\begin{pmatrix} x \\ y \\ z \\ w \end{pmatrix} = c \begin{pmatrix} 0 \\ 2 \\ 1 \\ 0 \end{pmatrix} + d \begin{pmatrix} -3 \\ -2 \\ 0 \\ 1 \end{pmatrix}$ (c, d は任意の数)

(3) $\begin{pmatrix} x \\ y \\ z \\ w \end{pmatrix} = \begin{pmatrix} 3 \\ -1 \\ 0 \\ 0 \end{pmatrix} + c \begin{pmatrix} 1 \\ -1 \\ 1 \\ 0 \end{pmatrix} + d \begin{pmatrix} 4 \\ -3 \\ 0 \\ 1 \end{pmatrix}$ (c, d は任意の数)

(4) $\begin{pmatrix} x \\ y \\ z \\ w \end{pmatrix} = c \begin{pmatrix} 1 \\ -1 \\ 1 \\ 0 \end{pmatrix} + d \begin{pmatrix} 4 \\ -3 \\ 0 \\ 1 \end{pmatrix}$ (c, d は任意の数)

問 2.1.13. $\begin{pmatrix} x_1 \\ x_2 \\ x_3 \\ x_4 \\ x_5 \end{pmatrix} = \begin{pmatrix} 2 \\ -4 \\ 0 \\ 0 \\ -3 \end{pmatrix} + c_1 \begin{pmatrix} -3 \\ 9 \\ 0 \\ 1 \\ 5 \end{pmatrix} + c_2 \begin{pmatrix} 5 \\ -15 \\ 1 \\ 0 \\ -7 \end{pmatrix}$ (c_1, c_2 は任意の数)

問 2.2.2. 省略

問 2.2.6. (1) $\begin{pmatrix} 3 & -5 \\ -1 & 2 \end{pmatrix}$ (2) 存在しない.   (3) $\begin{pmatrix} 21 & -8 & -11 \\ 13 & -5 & -7 \\ -2 & 1 & 1 \end{pmatrix}$

(4) 存在しない.   (5) $\dfrac{1}{3} \begin{pmatrix} 1 & 0 & 1 \\ -3 & 3 & -3 \\ -8 & 6 & -5 \end{pmatrix}$

問 2.3.3. 省略

問 2.4.5. (1) 3   (2) 3   (3) 2   (4) 2

問 **2.5.2.**

	rank(A)	rank($A\ \boldsymbol{b}$)	未知数 n 個	解の類別	任意定数の個数 t
(1)	2	2	3	無数	1
(2)	2	2	4	無数	2
(3)	2	3	3	存在しない	——
(4)	3	3	3	1 組	0
(5)	2	2	3	無数	1

問 **2.6.6.** (1) $\begin{pmatrix} x \\ y \\ z \end{pmatrix} = \begin{pmatrix} 0 \\ 0 \\ 0 \end{pmatrix}$ (2) $\begin{pmatrix} x_1 \\ x_2 \\ x_3 \\ x_4 \end{pmatrix} = c_1 \begin{pmatrix} -\frac{7}{6} \\ \frac{5}{6} \\ 1 \\ 0 \end{pmatrix} + c_2 \begin{pmatrix} -3 \\ 1 \\ 0 \\ 1 \end{pmatrix}$

$(c_1,\ c_2$ は任意の数$)$

問 **2.7.2.** 基本解 $\begin{pmatrix} -\frac{7}{6} \\ \frac{5}{6} \\ 1 \\ 0 \end{pmatrix}$, $\begin{pmatrix} -3 \\ 1 \\ 0 \\ 1 \end{pmatrix}$

問 **2.7.3.** 省略

2 章の問題 A

2.1. (1) $\begin{pmatrix} x_1 \\ x_2 \\ x_3 \end{pmatrix} = \begin{pmatrix} 1 \\ 2 \\ 3 \end{pmatrix}$ (2) 解は存在しない.

(3) 解の表現の 1 つ: $\begin{pmatrix} x_1 \\ x_2 \\ x_3 \\ x_4 \end{pmatrix} = \begin{pmatrix} -18 \\ 7 \\ 0 \\ 0 \end{pmatrix} + c_1 \begin{pmatrix} -8 \\ 3 \\ 1 \\ 0 \end{pmatrix} + c_2 \begin{pmatrix} -5 \\ 1 \\ 0 \\ 1 \end{pmatrix}$

$(c_1,\ c_2$ は任意の数$)$

2.2. (1) $\begin{pmatrix} x_1 \\ x_2 \\ x_3 \\ x_4 \end{pmatrix} = \begin{pmatrix} 2 \\ -1 \\ 3 \\ -2 \end{pmatrix}$ (2) $\begin{pmatrix} x_1 \\ x_2 \\ x_3 \\ x_4 \\ x_5 \end{pmatrix} = \begin{pmatrix} 3 \\ 0 \\ 2 \\ -1 \\ -2 \end{pmatrix} + c \begin{pmatrix} -2 \\ 1 \\ 0 \\ 0 \\ 0 \end{pmatrix}$ (c は任意の数)

2.3. (1) $\dfrac{1}{25} \begin{pmatrix} 6 & 2 & 5 \\ 8 & 11 & -10 \\ -1 & 8 & -5 \end{pmatrix}$ (2) 存在しない.

2.4. (1) 係数行列の階数　3,　拡大係数行列の階数　3

(2) 係数行列の階数　3,　拡大係数行列の階数　4

(3) 係数行列の階数　2,　拡大係数行列の階数　2

2.5. (1) $\begin{pmatrix} x_1 \\ x_2 \\ x_3 \\ x_4 \\ x_5 \end{pmatrix} = \begin{pmatrix} 6 \\ -9 \\ 14 \\ 0 \\ 0 \end{pmatrix} + c_1 \begin{pmatrix} -2 \\ 2 \\ 0 \\ 1 \\ 0 \end{pmatrix} + c_2 \begin{pmatrix} -6 \\ 11 \\ -19 \\ 0 \\ 1 \end{pmatrix}$　(c_1, c_2 は任意の数)

係数行列の階数　3,　拡大係数行列の階数　3

(2) 解は存在しない. 係数行列の階数　3,　拡大係数行列の階数　4

(3) $\begin{pmatrix} x_1 \\ x_2 \\ x_3 \\ x_4 \\ x_5 \end{pmatrix} = c_1 \begin{pmatrix} -2 \\ 2 \\ 0 \\ 1 \\ 0 \end{pmatrix} + c_2 \begin{pmatrix} -6 \\ 11 \\ -19 \\ 0 \\ 1 \end{pmatrix}$　(c_1, c_2 は任意の数)

係数行列の階数　3,　拡大係数行列の階数　3

2.6. (1) 省略

(2) 基本解 $\begin{pmatrix} x \\ y \\ z \end{pmatrix} = \begin{pmatrix} 1 \\ -2 \\ 1 \end{pmatrix}$,　一般解 $\begin{pmatrix} x \\ y \\ z \end{pmatrix} = \begin{pmatrix} 1 \\ -1 \\ 1 \end{pmatrix} + c \begin{pmatrix} 1 \\ -2 \\ 1 \end{pmatrix}$

(c は任意の数).

2章の問題 B

2.7. (1) $(A \quad \boldsymbol{b}) = \begin{pmatrix} 1 & a & -3 \\ a & 1 & 3 \end{pmatrix} \sim \begin{pmatrix} 1 & a & -3 \\ 0 & 1-a^2 & 3+3a \end{pmatrix}$ なので, 解は次
の (i), (ii), (iii) の場合に分けられる.

(i) $1 - a^2 \neq 0$ のとき

$(A \quad \boldsymbol{b}) \sim \begin{pmatrix} 1 & 0 & \frac{-3}{1-a} \\ 0 & 1 & \frac{3}{1-a} \end{pmatrix}$ なので, $\begin{pmatrix} x \\ y \end{pmatrix} = \begin{pmatrix} \frac{-3}{1-a} \\ \frac{3}{1-a} \end{pmatrix} = \frac{3}{1-a} \begin{pmatrix} -1 \\ 1 \end{pmatrix}$.

(ii) $a = -1$ のとき

$(A \quad \boldsymbol{b}) \sim \begin{pmatrix} 1 & -1 & -3 \\ 0 & 0 & 0 \end{pmatrix}$ であり, $y = c$ (c は任意の数) とおくと, $x =$

$-3+c$. これをベクトルで表すと, $\begin{pmatrix} x \\ y \end{pmatrix} = \begin{pmatrix} -3 \\ 0 \end{pmatrix} + c \begin{pmatrix} 1 \\ 1 \end{pmatrix}$ (c は任意の数).

(iii) $a=1$ のとき

$(A \ \boldsymbol{b}) \sim \begin{pmatrix} 1 & 1 & -3 \\ 0 & 0 & 6 \end{pmatrix}$ となり矛盾が生じるので, 解は存在しない.

(2) $a \neq \pm 2$ のとき, $\begin{pmatrix} x \\ y \end{pmatrix} = \dfrac{2}{2-a} \begin{pmatrix} 2 \\ 1 \end{pmatrix}$.

$a = -2$ のとき, $\begin{pmatrix} x \\ y \end{pmatrix} = \begin{pmatrix} 2 \\ 0 \end{pmatrix} + c \begin{pmatrix} -2 \\ 1 \end{pmatrix}$ (c は任意の数).

$a = 2$ のとき, 解は存在しない.

(3) $a \neq 1,\ -2$ のとき, $\begin{pmatrix} x_1 \\ x_2 \\ x_3 \end{pmatrix} = \dfrac{1}{a-1} \begin{pmatrix} -a-2 \\ 2a+2 \\ -1 \end{pmatrix}$.

$a = -2$ のとき, $\begin{pmatrix} x_1 \\ x_2 \\ x_3 \end{pmatrix} = \begin{pmatrix} 0 \\ 1 \\ 0 \end{pmatrix} + c \begin{pmatrix} 0 \\ -1 \\ 1 \end{pmatrix}$ (c は任意の数).

$a = 1$ のとき, 解は存在しない.

2.8. (1) $a \neq -1,\ 2$ のとき, $\dfrac{1}{(a+1)(a-2)} \begin{pmatrix} 0 & a+1 & 0 \\ -(a+1)(a-2) & a+2 & a-2 \\ 0 & 1 & a-2 \end{pmatrix}$

(2) $\begin{pmatrix} 22 & -6 & -26 & 17 \\ -17 & 5 & 20 & -13 \\ -1 & 0 & 2 & -1 \\ 4 & -1 & -5 & 3 \end{pmatrix}$　　(3) $\begin{pmatrix} -35 & -13 & 7 & -20 \\ 11 & 4 & -2 & 6 \\ 8 & 3 & -1 & 5 \\ -5 & -2 & 1 & -3 \end{pmatrix}$

2.9. $c_1 \begin{pmatrix} -2 \\ 2 \\ 0 \\ 1 \\ 0 \end{pmatrix} + c_2 \begin{pmatrix} -6 \\ 11 \\ -19 \\ 0 \\ 1 \end{pmatrix} = \begin{pmatrix} 0 \\ 0 \\ 0 \\ 0 \\ 0 \end{pmatrix}$ ($c_1,\ c_2$ は任意の数) とおくとき, この

方程式をみたす $c_1,\ c_2$ は $c_1 = c_2 = 0$ 以外にない. これによって, この斉次方程式の基本解は 1 次独立であることが確かめられる.

2.10. (1) PA は A の第 3 行が 2 倍される. AP は A の第 3 列が 2 倍される.

(2) QB は B の第 2 行に第 4 行の 10 倍が加算される. $B^T Q$ は B^T の第 4 列に第 2 列の 10 倍が加算される.

(3) RC は C の第 2 行と第 4 行が入れ替わる. CR は C の第 2 列と第 4 列

が入れ替わる.

2.11. (1) 省略

(2) $P_4(3;2),\ Q_4(2,4;10),\ R_4(2,4)$

(3) $AP_n(i;c),\ AQ_n(i,j;c)$

(4) ヒント：$P_n(i;\frac{1}{c})P_n(i;c)=E_n$ などを示せばよい.

2.12. A を n 次の正則行列とすると，A の行に操作 I, II, III を行うことにより，A は単位行列に変形できる.行の変形は基本行列 $P_n(i;c),\ Q_n(i,j;c),\ R_n(i,j)$ を左から掛けることと同じなので，$PA=E_n$ とできる.ここで，P は基本行列の積である.基本行列はすべて正則行列なのでそれらの積 P も正則行列であり，P^{-1} も基本行列の積で表されている.したがって，$A=P^{-1}$ も基本行列の積である.

第3章：行 列 式

問 **3.1.2.** (1) 3　(2) -3　(3) -2　(4) 0　(5) $xy(y-x)$　(6) 1

問 **3.1.3.** $x=0,3$

問 **3.1.4.** ヒント：定義 3.1.1 を用いて，それぞれの行列式を計算して比較せよ.

問 **3.1.5.** ヒント：性質 1 を用いよ.

問 **3.2.2.** (1) 1　(2) 24　(3) 0　(4) 46

問 **3.2.3.** $a_{11}a_{22}a_{33}$

問 **3.2.4.** ヒント：両辺を定義に従って計算せよ.

問 **3.3.3.** $\widetilde{a}_{12}=-\begin{vmatrix}7&3\\5&6\end{vmatrix},\ \widetilde{a}_{22}=\begin{vmatrix}2&0\\5&6\end{vmatrix},\ \widetilde{a}_{32}=-\begin{vmatrix}2&0\\7&3\end{vmatrix},$

$\widetilde{a}_{13}=\begin{vmatrix}7&4\\5&9\end{vmatrix},\ \widetilde{a}_{23}=-\begin{vmatrix}2&1\\5&9\end{vmatrix},\ \widetilde{a}_{33}=\begin{vmatrix}2&1\\7&4\end{vmatrix}$

問 **3.3.5.** $|A|=a_{13}\widetilde{a}_{13}+a_{23}\widetilde{a}_{23}+a_{33}\widetilde{a}_{33}$

問 **3.3.7.** $|A|=a_{21}\widetilde{a}_{21}+a_{22}\widetilde{a}_{22}+a_{23}\widetilde{a}_{23},\ \ |A|=a_{31}\widetilde{a}_{31}+a_{32}\widetilde{a}_{32}+a_{33}\widetilde{a}_{33}$

問 **3.3.8.** (1) $3\begin{vmatrix}4&5\\7&8\end{vmatrix}=-9$　(2) $5\begin{vmatrix}1&3\\7&9\end{vmatrix}=-60$　(3) $-4\begin{vmatrix}2&3\\8&9\end{vmatrix}=24$

(4) $a\begin{vmatrix}b&0\\0&c\end{vmatrix}=abc$　(5) $1\begin{vmatrix}1&0\\0&1\end{vmatrix}=1$　(6) $1\begin{vmatrix}0&1\\1&0\end{vmatrix}=-1$

問 **3.4.2.** ヒント：2 次の行列式のページ (例 3.1.7) を参照せよ.

問 **3.4.4.** (1) 0　(2) 46　(3) 59　(4) 24

問 3.4.7. (1) $\begin{vmatrix} a & b & b \\ a & b & a \\ a & a & b \end{vmatrix} = a \begin{vmatrix} 1 & b & b \\ 1 & b & a \\ 1 & a & b \end{vmatrix} = a \begin{vmatrix} 1 & b & b \\ 0 & 0 & a-b \\ 0 & a-b & 0 \end{vmatrix}$

$= a \begin{vmatrix} 0 & a-b \\ a-b & 0 \end{vmatrix} = -a(a-b)^2$

(2) $\begin{vmatrix} 2-x & 1 \\ 3 & 4-x \end{vmatrix} = \begin{vmatrix} 2-x & 1 \\ 5-x & 5-x \end{vmatrix} = (5-x) \begin{vmatrix} 2-x & 1 \\ 1 & 1 \end{vmatrix}$

$= (5-x)(2-x-1) = (5-x)(1-x)$

(3) $\begin{vmatrix} 2-x & 2 & 2 \\ -1 & 2-x & 1 \\ 1 & -1 & -x \end{vmatrix} = \begin{vmatrix} 2-x & 0 & 2 \\ -1 & 1-x & 1 \\ 1 & -1+x & -x \end{vmatrix}$

$= (1-x) \begin{vmatrix} 2-x & 0 & 2 \\ -1 & 1 & 1 \\ 1 & -1 & -x \end{vmatrix} = (1-x) \begin{vmatrix} 2-x & 0 & 2 \\ -1 & 1 & 1 \\ 0 & 0 & 1-x \end{vmatrix}$

$= (1-x) \begin{vmatrix} 2-x & 2 \\ 0 & 1-x \end{vmatrix} = -(x-1)^2(x-2)$

問 3.4.9. $|A| = -2, \ |B| = -5, \ |AB| = 10$

問 3.4.10. ヒント：$|AX| = |A||X| = |E| = 1$ と定理 3.5.1 を用いよ.

問 3.5.3. (1) $\begin{pmatrix} 1 & 0 \\ 0 & 1 \end{pmatrix}$ (2) $\begin{pmatrix} -2 & 1 \\ \frac{3}{2} & \frac{-1}{2} \end{pmatrix}$ (3) $\dfrac{1}{24}\begin{pmatrix} 24 & -12 & -2 \\ 0 & 6 & -5 \\ 0 & 0 & 4 \end{pmatrix}$

(4) $\dfrac{1}{48}\begin{pmatrix} -21 & -8 & 19 \\ 12 & 16 & -20 \\ 15 & -8 & 7 \end{pmatrix}$

問 3.6.4. (1) $\begin{pmatrix} x \\ y \end{pmatrix} = \begin{pmatrix} 1 \\ 1 \end{pmatrix}$ (2) $\begin{pmatrix} x \\ y \\ z \end{pmatrix} = \begin{pmatrix} \frac{75}{19} \\ -\frac{13}{19} \\ -\frac{4}{19} \end{pmatrix}$

問 3.6.6. $a = -2, 2$

問 3.6.7. $ax+by+c = 0, \ aa_1+ba_2+c = 0, \ ab_1+bb_2+c = 0$ をみたす.

$A = \begin{pmatrix} x & y & 1 \\ a_1 & a_2 & 1 \\ b_1 & b_2 & 1 \end{pmatrix}$ とおいて行列で表すと $A\begin{pmatrix} a \\ b \\ c \end{pmatrix} = 0$ となる. ゆえに, $\begin{pmatrix} a \\ b \\ c \end{pmatrix}$

が, 連立 1 次方程式 $A\boldsymbol{x} = \boldsymbol{0}$ の自明でない解となっているので $|A| = 0$ である. $|A^T| = 0$ が求める答えである.

問 3.7.2. 例 3.7.1 の結果から，求める面積は $\dfrac{1}{2}\begin{vmatrix} a & c \\ b & d \end{vmatrix}$ の絶対値である．

問 3.7.3. $\overrightarrow{PQ} = \begin{pmatrix} a_1 - a_0 \\ b_1 - b_0 \end{pmatrix}$，$\overrightarrow{PR} = \begin{pmatrix} a_2 - a_0 \\ b_2 - b_0 \end{pmatrix}$ なので，求める面積は

$\dfrac{1}{2}\begin{vmatrix} a_1 - a_0 & a_2 - a_0 \\ b_1 - b_0 & b_2 - b_0 \end{vmatrix}$ の絶対値である．

問 3.7.4. 5 (問 3.7.3 の結果を用いよ.)

問 3.7.5. (1) $f(\boldsymbol{x} + \boldsymbol{y}) = A(\boldsymbol{x} + \boldsymbol{y}) = A\boldsymbol{x} + A\boldsymbol{y} = f(\boldsymbol{x}) + f(\boldsymbol{y})$

(2) $f(s\boldsymbol{x}) = A(s\boldsymbol{x}) = sA\boldsymbol{x} = sf(\boldsymbol{x})$

問 3.7.6. 点 $\boldsymbol{p}$ を通り，方向ベクトルが $\boldsymbol{u}$ である直線は $\boldsymbol{x} = \boldsymbol{p} + t\boldsymbol{u}$ (t は任意の実数) で表される．このとき

$$f(\boldsymbol{x}) = f(\boldsymbol{p} + t\boldsymbol{u}) = f(\boldsymbol{p}) + tf(\boldsymbol{u})$$

である．したがって，$f(\boldsymbol{x})$ は，$f(\boldsymbol{u}) \neq \boldsymbol{0}$ のとき，点 $f(\boldsymbol{p})$ を通り，方向ベクトルが $f(\boldsymbol{u})$ である直線を表し，$f(\boldsymbol{u}) = \boldsymbol{0}$ のときは 1 点 $f(\boldsymbol{p})$ になる．

3 章の問題 A

3.1. (1) $\begin{vmatrix} 1-x & 0 & 1 \\ 0 & 1-x & -2 \\ 2 & -2 & -x \end{vmatrix} = \begin{vmatrix} 1-x & 0 & 1 \\ 1-x & 1-x & -2 \\ 0 & -2 & -x \end{vmatrix}$

$= (1-x)\begin{vmatrix} 1 & 0 & 1 \\ 1 & 1-x & -2 \\ 0 & -2 & -x \end{vmatrix} = (1-x)\begin{vmatrix} 1 & 0 & 1 \\ 0 & 1-x & -3 \\ 0 & -2 & -x \end{vmatrix} = (1-x)\begin{vmatrix} 1-x & -3 \\ -2 & -x \end{vmatrix}$

$= (1-x)\begin{vmatrix} -2-x & -3 \\ -2-x & -x \end{vmatrix} = (1-x)(-2-x)\begin{vmatrix} 1 & -3 \\ 1 & -x \end{vmatrix}$

$= (1-x)(-2-x)(-x+3) = (1-x)(x+2)(x-3)$

(2) $\begin{vmatrix} 1-x & -2 & 2 \\ -1 & 1-x & 1 \\ -1 & -2 & 4-x \end{vmatrix} = \begin{vmatrix} 2-x & 0 & -2+x \\ -1 & 1-x & 1 \\ -1 & -2 & 4-x \end{vmatrix}$

$= \begin{vmatrix} 2-x & 0 & 0 \\ -1 & 1-x & 0 \\ -1 & -2 & 3-x \end{vmatrix} = (2-x)\begin{vmatrix} 1-x & 0 \\ -2 & 3-x \end{vmatrix}$

$= (2-x)\{(1-x)(3-x) - (-2) \cdot 0\} = (1-x)(2-x)(3-x)$

$$(3) \begin{vmatrix} 2-x & -4 & 8 \\ -1 & 2-x & 1 \\ 1 & -1 & -x \end{vmatrix} = \begin{vmatrix} 2-x & -12 & 8 \\ -1 & 1-x & 1 \\ 1 & x-1 & -x \end{vmatrix} = \begin{vmatrix} 2-x & -12 & 8 \\ -1 & 1-x & 1 \\ 0 & 0 & 1-x \end{vmatrix}$$

$$= (1-x)\begin{vmatrix} 2-x & -12 \\ -1 & 1-x \end{vmatrix} = (1-x)\begin{vmatrix} 2-x & -3x-6 \\ -1 & -2-x \end{vmatrix}$$

$$= (1-x)(-2-x)\begin{vmatrix} 2-x & 3 \\ -1 & 1 \end{vmatrix} = (1-x)(-2-x)\begin{vmatrix} 5-x & 3 \\ 0 & 1 \end{vmatrix}$$

$$= (1-x)(-2-x)(5-x)$$

3.2. 行列式は平行四辺形の面積を表しているので，性質5は，平行四辺形がつぶれた状態を表し，面積0である．性質6は，1つの辺を底辺として固定したとき，高さが一定のすべての平行四辺形の面積は同じになることを表す．

3.3. ベクトル $\overrightarrow{AC} = \begin{pmatrix} x-a_1 \\ y-a_2 \end{pmatrix}$ とベクトル $\overrightarrow{AB} = \begin{pmatrix} b_1-a_1 \\ b_2-a_2 \end{pmatrix}$ を2辺とする平行四辺形の面積は0だから，求める直線の方程式は

$$\begin{vmatrix} x-a_1 & b_1-a_1 \\ y-a_2 & b_2-a_2 \end{vmatrix} = 0$$

である．(問 3.6.7 の結果と比較してみよ.)

3章の問題 B

3.4. $\begin{vmatrix} x-2 & -1-2 \\ y-7 & 1-7 \end{vmatrix} = 0, \quad y = 2x+3$

3.5. ヒント：第2列に $(-1)\times$ 第1列を足してみよ．

3.6. $|A| = 0$ または $|A| = 1$ (ヒント：$|A^2| = |A|$ である．ここで，左辺に定理 3.4.8 を用いよ.)

第4章：固有値と固有ベクトル

問 4.2.6. (1) 1次独立　(2) 1次独立　(3) 1次従属　$c = b+d$
(4) 1次従属　$c = b+d$

問 4.2.9. (1) 1次独立　(2) 1次従属

問 4.3.3. $\dim \mathbf{R} = 1,\ \dim \mathbf{R}^2 = 2,\ \dim \mathbf{R}^3 = 3$

問 4.3.4. 空間 $\mathbf{R}^3$ の0次元部分空間はベクトル $\mathbf{0}$ だけからなる集合 $\{\mathbf{0}\}$ で

ある．1次元部分空間は原点を通る直線と同一視される集合である．2次元部分空間は原点を通る平面と同一視される集合である．3次元部分空間は全空間 $\mathbf{R}^3$ である．

問 4.3.8. (1) $\dim V = 2$, $\left\{ \begin{pmatrix} -1 \\ 1 \end{pmatrix}, \begin{pmatrix} 1 \\ 3 \end{pmatrix} \right\}$　　(2) $\dim U = 1$, $\left\{ \begin{pmatrix} 12 \\ 6 \\ 4 \\ 3 \end{pmatrix} \right\}$

問 4.6.7. (1) 固有値は 2, 4. $E_A(2) = \mathrm{Span}\left\{ \begin{pmatrix} 3 \\ 1 \end{pmatrix} \right\}$, $E_A(4) = \mathrm{Span}\left\{ \begin{pmatrix} 1 \\ 1 \end{pmatrix} \right\}$

(2) 固有値は $2 \pm 3i$.

$$E_B(2+3i) = \mathrm{Span}\left\{ \begin{pmatrix} i \\ -1 \end{pmatrix} \right\}, \ E_B(2-3i) = \mathrm{Span}\left\{ \begin{pmatrix} i \\ 1 \end{pmatrix} \right\}$$

(3) 固有値は 1, 5.

$$E_C(1) = \mathrm{Span}\left\{ \begin{pmatrix} 1 \\ 0 \\ -1 \end{pmatrix}, \begin{pmatrix} 0 \\ 1 \\ -1 \end{pmatrix} \right\}, \ E_C(5) = \mathrm{Span}\left\{ \begin{pmatrix} 1 \\ 2 \\ 1 \end{pmatrix} \right\}$$

4章の問題 A

4.1. (1) 1次独立　　(2) 1次独立　　(3) 1次従属　$\boldsymbol{c} = 3\boldsymbol{b} - 2\boldsymbol{a}$

4.2. $\boldsymbol{a}_3 = \boldsymbol{a}_1 + 2\boldsymbol{a}_2$

4.3. (1) 1次独立　　(2) 1次従属　$\boldsymbol{a}_3 = \boldsymbol{a}_1 - 2\boldsymbol{a}_2$　　(3) 1次独立

4.4. (1) $\dim V = 2$, 基底 $\left\{ \begin{pmatrix} 3 \\ 1 \end{pmatrix}, \begin{pmatrix} 2 \\ -1 \end{pmatrix} \right\}$

(2) $\dim V = 2$, 基底 $\left\{ \begin{pmatrix} -2 \\ 1 \\ 0 \end{pmatrix}, \begin{pmatrix} -3 \\ 0 \\ 1 \end{pmatrix} \right\}$

(3) $\dim V = 2$, 基底 $\left\{ \begin{pmatrix} 1 \\ 1 \\ 2 \end{pmatrix}, \begin{pmatrix} 2 \\ -2 \\ 3 \end{pmatrix} \right\}$

(4) $\dim V = 1$, 基底 $\left\{ \begin{pmatrix} 3 \\ 4 \\ 6 \\ 12 \end{pmatrix} \right\}$

4.5. (1) 基底である　　(2) 基底ではない

4.6. (1) $\boldsymbol{b} = \boldsymbol{a}_1 - 2\boldsymbol{a}_2 + \boldsymbol{a}_3$　　(2) $\boldsymbol{b} = i\boldsymbol{a}_1 + \boldsymbol{a}_2 - (1+i)\boldsymbol{a}_3$

4.7. (1) 固有値は $2, 3$. $E_A(2) = \text{Span}\left\{\begin{pmatrix} 1 \\ 0 \end{pmatrix}\right\}$, $\quad E_A(3) = \text{Span}\left\{\begin{pmatrix} 0 \\ 1 \end{pmatrix}\right\}$

(2) 固有値は $1, -2$. $E_A(1) = \text{Span}\left\{\begin{pmatrix} 4 \\ -1 \end{pmatrix}\right\}$, $\quad E_A(-2) = \text{Span}\left\{\begin{pmatrix} 1 \\ -1 \end{pmatrix}\right\}$

(3) 固有値は $1 \pm 2i$.
$$E_A(1 + 2i) = \text{Span}\left\{\begin{pmatrix} 1 \\ i \end{pmatrix}\right\}, \quad E_A(1 - 2i) = \text{Span}\left\{\begin{pmatrix} 1 \\ -i \end{pmatrix}\right\}$$

(4) 固有値は $5, -1$. $E_A(5) = \text{Span}\left\{\begin{pmatrix} 2 \\ -i \end{pmatrix}\right\}$, $\quad E_A(-1) = \text{Span}\left\{\begin{pmatrix} 1 \\ i \end{pmatrix}\right\}$

(5) 固有値は $1, 4, 6$.
$$E_A(1) = \text{Span}\left\{\begin{pmatrix} 1 \\ 0 \\ 0 \end{pmatrix}\right\}, \quad E_A(4) = \text{Span}\left\{\begin{pmatrix} 2 \\ 3 \\ 0 \end{pmatrix}\right\}, \quad E_A(6) = \text{Span}\left\{\begin{pmatrix} 16 \\ 25 \\ 10 \end{pmatrix}\right\}$$

(6) 固有値は $1, \ 2$.
$$E_A(1) = \text{Span}\left\{\begin{pmatrix} -1 \\ 2 \\ 1 \end{pmatrix}\right\}, \quad E_A(2) = \text{Span}\left\{\begin{pmatrix} 1 \\ -3 \\ 0 \end{pmatrix}, \begin{pmatrix} 0 \\ -2 \\ 1 \end{pmatrix}\right\}$$

(7) 固有値は $3, 6, 9$.
$$E_A(3) = \text{Span}\left\{\begin{pmatrix} -2 \\ -2 \\ 1 \end{pmatrix}\right\}, \quad E_A(6) = \text{Span}\left\{\begin{pmatrix} 2 \\ -1 \\ 2 \end{pmatrix}\right\},$$
$$E_A(9) = \text{Span}\left\{\begin{pmatrix} -1 \\ 2 \\ 2 \end{pmatrix}\right\}$$

(8) 固有値は $1, 4, -1$.
$$E_A(1) = \text{Span}\left\{\begin{pmatrix} 1 \\ 0 \\ -1 \end{pmatrix}\right\}, \quad E_A(4) = \text{Span}\left\{\begin{pmatrix} 2 \\ -i \\ 2 \end{pmatrix}\right\},$$
$$E_A(-1) = \text{Span}\left\{\begin{pmatrix} 1 \\ 2i \\ 1 \end{pmatrix}\right\}$$

4 章の問題 B

4.8. $A = \begin{pmatrix} a_1 & b & c \\ 0 & a_2 & d \\ 0 & 0 & a_3 \end{pmatrix}$ または $A = \begin{pmatrix} a_1 & 0 & 0 \\ b & a_2 & 0 \\ c & d & a_3 \end{pmatrix}$ のとき,

$|A - xE_3| = (a_1 - x)(a_2 - x)(a_3 - x)$ となる. ただし, b, c, d は任意の数でよい.

4.9. ヒント：(1), (2) $A\boldsymbol{x} = \lambda\boldsymbol{x}$ の両辺に左から A^{-1} を掛けてみよ.

(3) $A\boldsymbol{x} = \lambda\boldsymbol{x}$ なら，$A^2\boldsymbol{x} = A(A\boldsymbol{x}) = A(\lambda\boldsymbol{x}) = \lambda(A\boldsymbol{x}) = \lambda^2\boldsymbol{x}$ である.

4.10. (1) $A = (a_{ij}), B = (b_{ij})$ に対して，

$$\text{tr}(A + B) = (a_{11} + b_{11}) + (a_{22} + b_{22}) + \cdots + (a_{nn} + b_{nn})$$
$$= (a_{11} + a_{22} + \cdots + a_{nn}) + (b_{11} + b_{22} + \cdots + b_{nn})$$
$$= \text{tr}(A) + \text{tr}(B)$$

(2) $\text{tr}(AB) = \sum_{i=1}^{n}\sum_{j=1}^{n} a_{ij}b_{ji} = \sum_{j=1}^{n}\sum_{i=1}^{n} a_{ij}b_{ji} = \sum_{j=1}^{n}\sum_{i=1}^{n} b_{ji}a_{ij} = \text{tr}(BA)$

(3) $P^{-1}AP = P^{-1}(AP)$ に対し (2) を用いると，
$$\text{tr}(P^{-1}AP) = \text{tr}(APP^{-1}) = \text{tr}(A)$$

4.11. (1) $|A - xE_3| = (\lambda_1 - x)(\lambda_2 - x)(\lambda_3 - x)$ だから，$x = 0$ を代入すればよい.

(2) ヒント：$(\lambda_1 - x)(\lambda_2 - x)(\lambda_3 - x)$ の x^2 の係数と $|A - xE_3| = \begin{vmatrix} a_{11} - x & a_{12} & a_{13} \\ a_{21} & a_{22} - x & a_{23} \\ a_{31} & a_{32} & a_{33} - x \end{vmatrix}$ の x^2 の係数とを比較すればよい.

4.12. A と $P^{-1}AP$ の固有方程式が等しいことを示せばよい. つまり，
$$|P^{-1}AP - xE_n| = |P^{-1}(A - xE_n)P| = |P^{-1}||A - xE_n||P| = |A - xE_n|.$$

第5章：行列の対角化

問 5.1.3. ヒント：$P = \begin{pmatrix} p_{11} & p_{12} & p_{13} \\ p_{21} & p_{22} & p_{23} \\ p_{31} & p_{32} & p_{33} \end{pmatrix}$ として，$AP = P\begin{pmatrix} \lambda_1 & 0 & 0 \\ 0 & \lambda_2 & 0 \\ 0 & 0 & \lambda_3 \end{pmatrix}$ の両辺の 1 列，2 列，3 列をそれぞれ求めてみよ.

問 5.2.3. (1) 固有値 -2, 固有ベクトル $c_1\begin{pmatrix} 1 \\ 1 \end{pmatrix}(c_1 \neq 0)$, 固有値 2, 固有ベクトル $c_2\begin{pmatrix} 2 \\ 1 \end{pmatrix}(c_2 \neq 0)$. $\boldsymbol{p}_1 = \begin{pmatrix} 1 \\ 1 \end{pmatrix}$, $\boldsymbol{p}_2 = \begin{pmatrix} 2 \\ 1 \end{pmatrix}$ は 1 次独立だから，A は対角化可能.

(2) 固有値 3 (重複度 2)，固有ベクトル $c_1\begin{pmatrix} 1 \\ 1 \end{pmatrix}(c_1 \neq 0)$. 2 個の 1 次独立な固有ベクトルは存在しないので，A は対角化可能でない.

問 5.3.4. 例 5.3.3 の解で用いたものと同じ記号を用いて，$Q = (\boldsymbol{p}_3, \boldsymbol{p}_2, \boldsymbol{p}_1)$
$= \begin{pmatrix} 1 & 0 & 1 \\ 0 & 1 & 1 \\ 1 & 1 & 1 \end{pmatrix}$ とおくと，$Q^{-1}AQ = \begin{pmatrix} 3 & 0 & 0 \\ 0 & 2 & 0 \\ 0 & 0 & 1 \end{pmatrix}$ と対角化される.

問 5.3.5. (1) 対角化可能，$P = \begin{pmatrix} -1 & 2 \\ 1 & 3 \end{pmatrix}$, $P^{-1}AP = \begin{pmatrix} -1 & 0 \\ 0 & 4 \end{pmatrix}$

(2) 対角化可能，$P = \begin{pmatrix} -1 & 1 \\ 1 & 3 \end{pmatrix}$, $P^{-1}AP = \begin{pmatrix} 2 & 0 \\ 0 & 6 \end{pmatrix}$

(3) 対角化可能，$P = \begin{pmatrix} -1 & 0 & -1 \\ -2 & 1 & 4 \\ 1 & 1 & 1 \end{pmatrix}$, $P^{-1}AP = \begin{pmatrix} -2 & 0 & 0 \\ 0 & 3 & 0 \\ 0 & 0 & 4 \end{pmatrix}$

(4) 対角化可能，$P = \begin{pmatrix} -1 & -i & i \\ 1 & -1 & -1 \\ 1 & 1 & 1 \end{pmatrix}$, $P^{-1}AP = \begin{pmatrix} -1 & 0 & 0 \\ 0 & i & 0 \\ 0 & 0 & -i \end{pmatrix}$

問 5.4.3. (1) 対角化可能でない.

(2) 対角化可能，$P = \begin{pmatrix} 1 & -1 \\ 1 & 1 \end{pmatrix}$, $P^{-1}AP = \begin{pmatrix} 3 & 0 \\ 0 & -1 \end{pmatrix}$

(3) 対角化可能でない.

(4) 対角化可能，$P = \begin{pmatrix} -1 & -1 \\ 1 & 2 \end{pmatrix}$, $P^{-1}AP = \begin{pmatrix} 1 & 0 \\ 0 & 2 \end{pmatrix}$

問 5.5.3. (1) 固有値は 2 (重複度 2) と 6. 基底は $\left\{ \begin{pmatrix} -1 \\ 1 \\ 0 \end{pmatrix}, \begin{pmatrix} -1 \\ 0 \\ 1 \end{pmatrix} \right\}$.
次元は 2.

(2) 固有値は 2 (重複度 2) と 5. 基底は $\left\{ \begin{pmatrix} -1 \\ -1 \\ 1 \end{pmatrix} \right\}$. 次元は 1.

問 5.5.7. (1) 対角化可能，$P = \begin{pmatrix} 1 & -1 & -1 \\ 1 & 0 & -1 \\ 0 & 2 & 1 \end{pmatrix}$, $P^{-1}AP = \begin{pmatrix} 1 & 0 & 0 \\ 0 & 1 & 0 \\ 0 & 0 & 0 \end{pmatrix}$

(2) 対角化可能でない.

(3) 対角化可能，$P = \begin{pmatrix} -2 & -1 & 1 \\ 1 & 0 & 1 \\ 0 & 1 & 1 \end{pmatrix}$, $P^{-1}AP = \begin{pmatrix} 1 & 0 & 0 \\ 0 & 1 & 0 \\ 0 & 0 & 5 \end{pmatrix}$

(4) 対角化可能，$P = \begin{pmatrix} 1 & -1 & -1 \\ 1 & 0 & 1 \\ 0 & 2 & 1 \end{pmatrix}$, $P^{-1}AP = \begin{pmatrix} 1 & 0 & 0 \\ 0 & 1 & 0 \\ 0 & 0 & 4 \end{pmatrix}$

問 5.6.2. (1) 対角化可能, $P = \begin{pmatrix} i & -i \\ 1 & 1 \end{pmatrix}$, $P^{-1}AP = \begin{pmatrix} i & 0 \\ 0 & -i \end{pmatrix}$

(2) 対角化可能, $P = \begin{pmatrix} -i & i \\ 1 & 1 \end{pmatrix}$, $P^{-1}AP = \begin{pmatrix} 1 & 0 \\ 0 & 3 \end{pmatrix}$

(3) 対角化可能, $P = \begin{pmatrix} i & 1 & -1 \\ 1 & 0 & i \\ 0 & 1 & 1 \end{pmatrix}$, $P^{-1}AP = \begin{pmatrix} 3 & 0 & 0 \\ 0 & 3 & 0 \\ 0 & 0 & 2 \end{pmatrix}$

(4) 対角化可能, $P = \begin{pmatrix} 0 & 1+i & 1-i \\ 2 & 2 & 2 \\ 3 & 2 & 2 \end{pmatrix}$, $P^{-1}AP = \begin{pmatrix} -1 & 0 & 0 \\ 0 & i & 0 \\ 0 & 0 & -i \end{pmatrix}$

問 5.7.6. $\begin{pmatrix} 1 & 1 \\ 0 & 1 \end{pmatrix}$, $P = \begin{pmatrix} 2 & -1 \\ 2 & 0 \end{pmatrix}$ (ヒント：$\boldsymbol{p}_1 = \begin{pmatrix} 2 \\ 2 \end{pmatrix}$ として，連立 1 次方程式 $(A - 1E)\boldsymbol{x} = \boldsymbol{p}_1$ の解を求めよ.)

問 5.7.8. $P = \begin{pmatrix} -1 & 1 & 1 \\ 1 & 0 & 1 \\ -1 & 0 & 0 \end{pmatrix}$ (ヒント：正則行列 P を $P = (\boldsymbol{p}_1 \;\; \boldsymbol{p}_2 \;\; \boldsymbol{p}_3)$ と

列ベクトル表示し，$AP = P\begin{pmatrix} -3 & 1 & 0 \\ 0 & -3 & 0 \\ 0 & 0 & -3 \end{pmatrix}$ の両辺の行列の各列ベクトル

を P の列ベクトル $\boldsymbol{p}_1$, $\boldsymbol{p}_2$, $\boldsymbol{p}_3$ を用いて表すとき，$\boldsymbol{p}_1$, $\boldsymbol{p}_2$, $\boldsymbol{p}_3$ は,

$$A\boldsymbol{p}_1 = -3\boldsymbol{p}_1, \quad A\boldsymbol{p}_2 = \boldsymbol{p}_1 - 3\boldsymbol{p}_2, \quad A\boldsymbol{p}_3 = -3\boldsymbol{p}_3$$

をみたすことを示せ. さらに，$\boldsymbol{p}_1 = \begin{pmatrix} -1 \\ 1 \\ -1 \end{pmatrix}$ とせよ.)

問 5.7.9. $P = \begin{pmatrix} -1 & 0 & 0 \\ -2 & 0 & 1 \\ 2 & -1 & 1 \end{pmatrix}$ (ヒント：$AP = P\begin{pmatrix} -3 & 1 & 0 \\ 0 & -3 & 1 \\ 0 & 0 & -3 \end{pmatrix}$ の両

辺の行列の各列ベクトルを P の列ベクトル $\boldsymbol{p}_1$, $\boldsymbol{p}_2$, $\boldsymbol{p}_3$ を用いて表すとき,

$$A\boldsymbol{p}_1 = -3\boldsymbol{p}_1, \quad A\boldsymbol{p}_2 = \boldsymbol{p}_1 - 3\boldsymbol{p}_2, \quad A\boldsymbol{p}_3 = \boldsymbol{p}_2 - 3\boldsymbol{p}_3$$

をみたすことを示せ. さらに，$\boldsymbol{p}_1 = \begin{pmatrix} -1 \\ -2 \\ 2 \end{pmatrix}$ とせよ.)

5章の問題 A

5.1. (1) 対角化可能, $P = \begin{pmatrix} 1 & -2 \\ 2 & 3 \end{pmatrix}$, $P^{-1}AP = \begin{pmatrix} 5 & 0 \\ 0 & -2 \end{pmatrix}$

(2) 対角化可能でない.　　　(3) 対角化可能でない.

(4) 対角化可能,

$$P = \begin{pmatrix} -1-\sqrt{2} & -1+\sqrt{2} \\ 1 & 1 \end{pmatrix}, \quad P^{-1}AP = \begin{pmatrix} 3-\sqrt{2} & 0 \\ 0 & 3+\sqrt{2} \end{pmatrix}$$

5.2. (1) 対角化可能, $P = \begin{pmatrix} 1-i & 1+i \\ 1 & 1 \end{pmatrix}$, $P^{-1}AP = \begin{pmatrix} 2+i & 0 \\ 0 & 2-i \end{pmatrix}$

(2) 対角化可能でない.

(3) 対角化可能,

$$P = \begin{pmatrix} (1+\sqrt{2})i & (1-\sqrt{2})i \\ 1 & 1 \end{pmatrix}, \quad P^{-1}AP = \begin{pmatrix} 2-\sqrt{2} & 0 \\ 0 & 2+\sqrt{2} \end{pmatrix}$$

(4) 対角化可能, $P = \begin{pmatrix} 1 & -1 \\ 1 & 1 \end{pmatrix}$, $P^{-1}AP = \begin{pmatrix} i & 0 \\ 0 & -i \end{pmatrix}$

5.3. (1) 対角化可能, $P = \begin{pmatrix} -1 & 1 & -1 \\ -1 & -1 & 1 \\ 1 & 1 & 1 \end{pmatrix}$, $P^{-1}AP = \begin{pmatrix} 2 & 0 & 0 \\ 0 & 4 & 0 \\ 0 & 0 & 6 \end{pmatrix}$

(2) 対角化可能, $P = \begin{pmatrix} 1 & -1 & -1 \\ 0 & -i & i \\ 0 & 1 & 1 \end{pmatrix}$, $P^{-1}AP = \begin{pmatrix} 1 & 0 & 0 \\ 0 & i & 0 \\ 0 & 0 & -i \end{pmatrix}$

(3) 対角化可能, $P = \begin{pmatrix} 1 & 2 & 1 \\ 0 & 1 & -1 \\ 1 & 1 & 1 \end{pmatrix}$, $P^{-1}AP = \begin{pmatrix} -1 & 0 & 0 \\ 0 & 1 & 0 \\ 0 & 0 & 2 \end{pmatrix}$

(4) 対角化可能, $P = \begin{pmatrix} 0 & 1-i & 1+i \\ 2 & 2 & 2 \\ 3 & 2 & 2 \end{pmatrix}$, $P^{-1}AP = \begin{pmatrix} -1 & 0 & 0 \\ 0 & -i & 0 \\ 0 & 0 & i \end{pmatrix}$

5.4. (1) 対角化可能,

$$P = \begin{pmatrix} -1+3i & 1 & -1-i \\ -1-3i & 1 & -1+i \\ 2 & 1 & 2 \end{pmatrix}, \quad P^{-1}AP = \begin{pmatrix} -1 & 0 & 0 \\ 0 & 2 & 0 \\ 0 & 0 & 3 \end{pmatrix}$$

(2) 対角化可能, $P = \begin{pmatrix} -1 & -2 & -2 \\ 0 & -i & 3i \\ 2 & 1 & 1 \end{pmatrix}$, $P^{-1}AP = \begin{pmatrix} i & 0 & 0 \\ 0 & 2i & 0 \\ 0 & 0 & -2i \end{pmatrix}$

5.5. (1) 対角化可能, $P = \begin{pmatrix} 1 & 2 & 1 \\ -1 & 1 & 0 \\ 1 & 1 & 1 \end{pmatrix}$, $\quad P^{-1}AP = \begin{pmatrix} 2 & 0 & 0 \\ 0 & 1 & 0 \\ 0 & 0 & -1 \end{pmatrix}$

(2) 対角化可能でない.

(3) 対角化可能でない.

(4) 対角化可能, $P = \begin{pmatrix} -1 & -1 & 2 \\ 1 & 0 & -1 \\ 0 & 1 & 1 \end{pmatrix}$, $\quad P^{-1}AP = \begin{pmatrix} -1 & 0 & 0 \\ 0 & -1 & 0 \\ 0 & 0 & 1 \end{pmatrix}$

5.6. (1) 対角化可能, $P = \begin{pmatrix} 1 & i & -i \\ 1 & 0 & i \\ 0 & 1 & 1 \end{pmatrix}$, $\quad P^{-1}AP = \begin{pmatrix} 1 & 0 & 0 \\ 0 & 1 & 0 \\ 0 & 0 & -2 \end{pmatrix}$

(2) 対角化可能, $P = \begin{pmatrix} -i & 0 & i \\ 1 & 0 & 1 \\ 0 & 1 & 0 \end{pmatrix}$, $\quad P^{-1}AP = \begin{pmatrix} i & 0 & 0 \\ 0 & i & 0 \\ 0 & 0 & 2+i \end{pmatrix}$

(3) 対角化可能でない.

(4) 対角化可能, $P = \begin{pmatrix} i & 1 & -1 \\ 1 & 0 & i \\ 0 & 1 & 1 \end{pmatrix}$, $\quad P^{-1}AP = \begin{pmatrix} 3 & 0 & 0 \\ 0 & 3 & 0 \\ 0 & 0 & 2 \end{pmatrix}$

5 章の問題 B

5.7. (1) 対角化可能であるのは $a \neq 0$ のときである. このとき,
$$P = \begin{pmatrix} 1 & 1-a \\ 1 & 1 \end{pmatrix}, \qquad P^{-1}AP = \begin{pmatrix} 2a+1 & 0 \\ 0 & a+1 \end{pmatrix}.$$

(2) 対角化可能であるのは $a \neq 1$ のときである. このとき,
$$P = \begin{pmatrix} -1 & -a \\ 1 & 1 \end{pmatrix}, \qquad P^{-1}AP = \begin{pmatrix} 2a+1 & 0 \\ 0 & a+2 \end{pmatrix}.$$

5.8. (1) $P = \begin{pmatrix} -1 & -1 \\ 1 & 0 \end{pmatrix}$, $\; P^{-1}AP = \begin{pmatrix} 3 & 1 \\ 0 & 3 \end{pmatrix}$

(2) $P = \begin{pmatrix} -3 & -1 \\ 9 & 0 \end{pmatrix}$, $\; P^{-1}AP = \begin{pmatrix} -4 & 1 \\ 0 & -4 \end{pmatrix}$

(3) $P = \begin{pmatrix} 2 & 1 \\ 4 & 0 \end{pmatrix}$, $\quad P^{-1}AP = \begin{pmatrix} -1 & 1 \\ 0 & -1 \end{pmatrix}$

(4) $P = \begin{pmatrix} i & 1 \\ 1 & 0 \end{pmatrix}$, $\quad P^{-1}AP = \begin{pmatrix} i & 1 \\ 0 & i \end{pmatrix}$

5.9. (1) $P = \begin{pmatrix} -1 & -1 & -1 \\ -1 & -1 & 0 \\ 1 & 0 & 1 \end{pmatrix}$, $P^{-1}AP = \begin{pmatrix} -1 & 1 & 0 \\ 0 & -1 & 0 \\ 0 & 0 & 1 \end{pmatrix}$

(2) $P = \begin{pmatrix} -1 & 1 & -1 \\ 1 & 2 & 0 \\ 1 & 0 & 1 \end{pmatrix}$, $P^{-1}AP = \begin{pmatrix} 2 & 1 & 0 \\ 0 & 2 & 0 \\ 0 & 0 & 3 \end{pmatrix}$

(3) $P = \begin{pmatrix} 1 & 0 & 1 \\ 2 & 0 & 1 \\ -2 & 1 & 0 \end{pmatrix}$, $P^{-1}AP = \begin{pmatrix} 2 & 1 & 0 \\ 0 & 2 & 0 \\ 0 & 0 & 2 \end{pmatrix}$

(4) $P = \begin{pmatrix} -1 & 0 & 0 \\ -2 & 0 & 1 \\ 2 & -1 & 1 \end{pmatrix}$, $P^{-1}AP = \begin{pmatrix} 2 & 1 & 0 \\ 0 & 2 & 1 \\ 0 & 0 & 2 \end{pmatrix}$

第6章：行列の多項式と指数関数

問 **6.2.6.** (1) $(-7)^{n-1}A = \begin{pmatrix} (-7)^{n-1} & -2 \cdot (-7)^{n-1} \\ 4 \cdot (-7)^{n-1} & -8 \cdot (-7)^{n-1} \end{pmatrix}$

(2) $\dfrac{1}{5} \begin{pmatrix} 2 \cdot 4^n + 3(-1)^n & 2 \cdot 4^n - 2(-1)^n \\ 3 \cdot 4^n - 3(-1)^n & 3 \cdot 4^n + 2(-1)^n \end{pmatrix}$

問 **6.2.7.**

(1) $\dfrac{1}{2} \begin{pmatrix} 2^{n+1} - 4(-1)^n + 4 & -2^{n+1} + 2(-1)^n & -2^{n+1} + 6(-1)^n - 4 \\ -2^{n+1} + 2 & 2^{n+1} & 2^{n+1} - 2 \\ 2^{n+1} - 4(-1)^n + 2 & -2^{n+1} + 2(-1)^n & -2^{n+1} + 6(-1)^n - 2 \end{pmatrix}$

(2) $\begin{pmatrix} 8 \cdot 2^n - 7 & -4 \cdot 2^n + 4 & 4 \cdot 2^n - 4 \\ 16 \cdot 2^n - 16 & -8 \cdot 2^n + 9 & 8 \cdot 2^n - 8 \\ 2 \cdot 2^n - 2 & -2^n + 1 & 2^n \end{pmatrix}$

問 **6.2.8.** (1) $\begin{pmatrix} 2^n - n \cdot 2^{n-1} & n \cdot 2^{n-1} \\ -n \cdot 2^{n-1} & 2^n + n \cdot 2^{n-1} \end{pmatrix}$

(2) $\begin{pmatrix} 2^n & 2^{n+1} - 2 & 2^{n+1} - 2 \\ -2^n + 1 & -2^{n+1} + 3n + 3 & -2^{n+1} + 3n + 2 \\ 2^n - 1 & 2^{n+1} - 3n - 2 & 2^{n+1} - 3n - 1 \end{pmatrix}$

問 **6.2.9.** (1) $a_n = 2 \cdot 2^n - 3^n$ (2) $a_n = (5 - n)2^{n-2}$

(3) $a_n = \begin{cases} 0 & (n \text{ が } 3 \text{ の倍数のとき}) \\ 2^{n-1} & (\text{それ以外}) \end{cases}$

問 **6.2.10.** (1) $a_n = \dfrac{2 \cdot 4^{n-1} - 2}{4^{n-1} + 2}$ (2) $a_n = \dfrac{n + 5}{n + 2}$

問 **6.2.11.** (1) $x_n = \dfrac{3 \cdot 4^{n-1} - (-2)^{n-1}}{2}$, $y_n = \dfrac{3 \cdot 4^{n-1} + (-2)^{n-1}}{2}$

(2) $x_n = (n+2)3^{n-2}$, $y_n = (n+5)3^{n-2}$

問 6.3.1. (1) $(2^n - 1)A - (2^n - 2)E_2$

(2) $2^{n-1}A - (n-1)2^n E_2$

(3) $\begin{cases} E_2 & (n = 3m \text{ のとき}) \\ A & (n = 3m+1 \text{ のとき}) \\ -A - E_2 & (n = 3m+2 \text{ のとき}) \end{cases}$

問 6.3.2. $-\dfrac{1}{5}A + \dfrac{3}{5}E_2$

問 6.3.3. $\dfrac{1}{5}\begin{pmatrix} 2 & 3 \\ 2 & 3 \end{pmatrix}$

問 6.3.4. (1) $A^n = \dfrac{\alpha^n}{(\alpha - \beta)(\alpha - \gamma)}(A - \beta E)(A - \gamma E)$
$+ \dfrac{\beta^n}{(\beta - \alpha)(\beta - \gamma)}(A - \alpha E)(A - \gamma E) + \dfrac{\gamma^n}{(\gamma - \alpha)(\gamma - \beta)}(A - \alpha E)(A - \beta E)$

(2) $A^n = \left\{ \dfrac{n\gamma^{n-1}}{\gamma - \alpha} - \dfrac{\gamma^n - \alpha^n}{(\gamma - \alpha)^2} \right\}(A - \alpha E)^2 + n\alpha^{n-1}(A - \alpha E) + \alpha^n E$

(3) $A^n = \dfrac{n(n-1)\alpha^{n-2}}{2}(A - \alpha E)^2 + n\alpha^{n-1}(A - \alpha E) + \alpha^n E$

問 6.4.5. (1) $\begin{pmatrix} 3e^{-1} - 2e^4 & -2e^{-1} + 2e^4 \\ 3e^{-1} - 3e^4 & -2e^{-1} + 3e^4 \end{pmatrix}$

(2) $\begin{pmatrix} -7e + 8e^2 & 4e - 4e^2 & -4e + 4e^2 \\ -16e + 16e^2 & 9e - 8e^2 & -8e + 8e^2 \\ -2e + 2e^2 & e - e^2 & e^2 \end{pmatrix}$

問 6.4.6. (1) $\begin{pmatrix} 0 & e^3 \\ -e^3 & 2e^3 \end{pmatrix}$ (2) $\dfrac{1}{9e}\begin{pmatrix} 6e^3 + 3 & 10e^3 - 13 & 6e^3 - 6 \\ 0 & 9 & 0 \\ 3e^3 - 3 & 5e^3 - 2 & 3e^3 + 6 \end{pmatrix}$

問 6.4.11. (1) $\begin{pmatrix} x_1 \\ x_2 \end{pmatrix} = \begin{pmatrix} -2e^{2t} + 2e^t & 2e^{2t} - e^t \\ -3e^{2t} + 3e^t & 3e^{2t} - 2e^t \end{pmatrix}\begin{pmatrix} C_1 \\ C_2 \end{pmatrix}$

$(C_1, C_2 \text{ は任意の実数})$

(2) $\begin{pmatrix} x_1 \\ x_2 \end{pmatrix} = \begin{pmatrix} (-2t+1)e^{3t} & te^{3t} \\ -4te^{3t} & (2t+1)e^{3t} \end{pmatrix}\begin{pmatrix} C_1 \\ C_2 \end{pmatrix}$

$(C_1, C_2 \text{ は任意の実数})$

問 6.4.12. $\begin{pmatrix} x_1 \\ x_2 \\ x_3 \end{pmatrix} = \begin{pmatrix} -2e^{2t} + 4e^{-t} \\ 2e^{2t} \\ -2e^{2t} + 2e^t + 2e^{-t} \end{pmatrix}$

問 6.4.15. (1) $(e^2 - e)A + (2e - e^2)E_2$

(2) $e^2 A - e^2 E_2$

(3) $\left(\dfrac{2\sqrt{3}}{3} e^{-\frac{1}{2}} \sin \dfrac{\sqrt{3}}{2} \right) A + e^{-\frac{1}{2}} \left(\dfrac{2\sqrt{3}}{6} \sin \dfrac{\sqrt{3}}{2} + \cos \dfrac{\sqrt{3}}{2} \right) E_2$

問 6.4.16. $\dfrac{e^3 - 3e^2 + e}{2} A^2 + \dfrac{-3e^3 + 11e^2 - 5e}{2} A + (e^3 - 4e^2 + 3e)E_3$

6 章の問題 A

6.1. (1) $\begin{pmatrix} -3 \cdot 2^n + 4 \cdot 3^n & -3 \cdot 2^{n+1} + 2 \cdot 3^{n+1} \\ 2^{n+1} - 2 \cdot 3^n & 2^{n+2} - 3^{n+1} \end{pmatrix}$

(2) $\begin{pmatrix} 1 - 3 \cdot 2^n + 2 \cdot 3^n & 3 - 3 \cdot 2^{n+1} + 3^{n+1} \\ -1 + 2^{n+1} - 3^n & -\dfrac{5}{2} + 2^{n+2} - \dfrac{1}{2} \cdot 3^{n+1} \end{pmatrix}$

6.2. (1) $a_n = 2 \cdot 3^{n-1} + (-1)^n$ (2) $a_n = (3 - n) \cdot 3^{n-1}$

6.3. (1) $\begin{pmatrix} x_1 \\ x_2 \end{pmatrix} = \begin{pmatrix} 2e^{4t} - 2e^{-t} + 3 \\ 3e^{4t} - 3e^{-t} + 2 \end{pmatrix}$ (2) $\begin{pmatrix} x_1 \\ x_2 \end{pmatrix} = e^{-t} \begin{pmatrix} -2 + t \\ -2 + 2t \end{pmatrix}$

6 章の問題 B

6.4. (1) $2^{n-1} \begin{pmatrix} 2 & 0 & 0 \\ n & -n+2 & n \\ n & -n & n+2 \end{pmatrix}$

(2) $\dfrac{1}{3} \begin{pmatrix} 4^n + 2 & 4^n - 1 & 4^n - 1 \\ 4^n - 1 & 4^n + 2 & 4^n - 1 \\ 4^n - 1 & 4^n - 1 & 4^n + 2 \end{pmatrix}$

6.5. (1) $a_n = \dfrac{1}{\sqrt{5}} \left\{ \left(\dfrac{1 + \sqrt{5}}{2} \right)^n - \left(\dfrac{1 - \sqrt{5}}{2} \right)^n \right\}$

(2) $a_n = \dfrac{5^n + 2^{n-1}}{5^n - 2^n}$ (3) $a_n = 2 - 2 \cdot 2^{n-1} + 3^{n-1}$

6.6. $\begin{pmatrix} x_1 \\ x_2 \end{pmatrix} = \dfrac{1}{t} \begin{pmatrix} c_1 t \cos t + (2c_2 - c_1) \sin t \\ c_2 t \cos t + (c_2 - c_1) \sin t \end{pmatrix}$

6.7. (1) $\begin{pmatrix} x_1 \\ x_2 \\ x_3 \end{pmatrix} = \begin{pmatrix} 5te^t + e^t \\ -5te^t + 2e^t \\ 5te^t + e^t \end{pmatrix}$

(2) $\begin{pmatrix} x_1 \\ x_2 \\ x_3 \end{pmatrix} = \begin{pmatrix} 2t^2 e^t - 3te^t - e^t \\ 2t^2 e^t - 6te^t + e^t \\ -2t^2 e^t + 9te^t + 2e^t \end{pmatrix}$

6.8. 「$1 + p + q > 0$ かつ $1 - p + q \geqq 0$ かつ $0 < q < 1$」または「$(p, q) = (2, 1)$」

6.9. $\dfrac{1 - \cos a}{a^2} A^2 + \dfrac{\sin a}{a} A + E_3$

付録 A：4次以上の行列式

問 A.1.4. (1) 0　　(2) 37　　(3) -140

問 A.1.5. (1) $x(abc - ab - bc - ca)$

(2) $(a^2 + b^2 + c^2 + d^2)(a^2 + b^2 - c^2 + d^2)$

(3) $-t^6(t-1)^3(t^2 + t + 1)$

問 A.1.6. $1\begin{vmatrix} 4 & z & w \\ 0 & a & b \\ 0 & c & d \end{vmatrix} - 3\begin{vmatrix} 2 & x & y \\ 0 & a & b \\ 0 & c & d \end{vmatrix} = 1 \cdot 4\begin{vmatrix} a & b \\ c & d \end{vmatrix} - 3 \cdot 2\begin{vmatrix} a & b \\ c & d \end{vmatrix}$

$= (1 \cdot 4 - 3 \cdot 2)\begin{vmatrix} a & b \\ c & d \end{vmatrix}$

問 A.1.9. $A = \begin{pmatrix} a_1 & & & * \\ & a_2 & & \\ & & \ddots & \\ 0 & & & a_n \end{pmatrix}$ または $A = \begin{pmatrix} a_1 & & & 0 \\ & a_2 & & \\ & & \ddots & \\ * & & & a_n \end{pmatrix}$

のとき，$|A - xE_n| = (a_1 - x)(a_2 - x)\cdots(a_n - x)$ となる．ただし，$*$ のついている三角部分の成分は任意の数でよく，0 のついている三角部分の成分はすべて 0 であることを表している．

問 A.1.10. (1) ヒント：$|A - xE_n| = (\lambda_1 - x)(\lambda_2 - x)\cdots(\lambda_n - x)$ だから，$x = 0$ を代入すればよい．

(2) ヒント：$(\lambda_1 - x)(\lambda_2 - x)\cdots(\lambda_n - x)$ の x^{n-1} の係数と $|A - xE_n| =$

$\begin{vmatrix} a_{11} - x & a_{12} & \cdots & a_{1n} \\ a_{21} & a_{22} - x & \cdots & a_{2n} \\ \vdots & \vdots & & \vdots \\ a_{n1} & a_{n2} & \cdots & a_{nn} - x \end{vmatrix}$ の x^{n-1} の係数とを比較すればよい．

索　引

著者紹介

石 黒 賢 士
いし ぐろ けん し
1979 年　山形大学理学部数学科卒業
1986 年　Wayne State 大学 Ph.D.
現　在　福岡大学理学部教授

桑 江 一 洋
くわ え かず ひろ
1985 年　京都大学理学部卒業
　　　　（主として数学）
1992 年　大阪大学　博士（理学）
現　在　福岡大学理学部教授

佐 野 友 二
さ の ゆう じ
1998 年　東京工業大学理学部数学科卒業
2004 年　東京工業大学　博士（理学）
現　在　福岡大学理学部教授

白 石 修 二
しら いし しゅう じ
1979 年　鹿児島大学理学部数学科卒業
1984 年　九州大学　理学博士
現　在　福岡大学理学部教授

藤 木　　淳
ふじ き じゅん
1993 年　東京大学工学部計数工学科卒業
2010 年　筑波大学　博士（工学）
現　在　福岡大学理学部教授

宮 内 敏 行
みや うち とし ゆき
2001 年　信州大学理学部数理・自然情報
　　　　科学科卒業
2006 年　九州大学　博士（数理学）
現　在　福岡大学理学部准教授

© 石黒・桑江・佐野・白石・藤木・宮内　　2022

2014 年 12 月 19 日　　初 版 発 行
2022 年 12 月 23 日　　改 訂 版 発 行
2024 年 2 月 26 日　　改訂第 2 刷発行

初めて学ぶ人のための
行列と行列式

　　　　　　石 黒 賢 士
　　　　　　桑 江 一 洋
著　者　　佐 野 友 二
　　　　　　白 石 修 二
　　　　　　藤 木　　淳
　　　　　　宮 内 敏 行
発行者　山 本　　格

発 行 所　株式会社　培 風 館
東京都千代田区九段南 4-3-12・郵便番号 102-8260
電 話（03）3262-5256（代表）・振 替 00140-7-44725

平文社印刷・牧 製本

PRINTED IN JAPAN

ISBN 978-4-563-01243-4 C3041